中国共产党领导下中国现代技术思维方式的演进研究

曾丹凤 著

SPM 南方出版传媒 广东人民出版社
·广州·

图书在版编目（CIP）数据

中国共产党领导下中国现代技术思维方式的演进研究 / 曾丹凤著 . —广州：广东人民出版社，2021.12

（马克思主义研究文库）

ISBN 978-7-218-14947-9

Ⅰ. ①中… Ⅱ. ①曾… Ⅲ. ①技术学—思维形式—研究—中国 Ⅳ. ① N0

中国版本图书馆 CIP 数据核字（2021）第 034368 号

ZHONGGUO GONGCHANDANG LINGDAO XIA ZHONGGUO XIANDAI JISHU SIWEI FANGSHI DE YANJIN YANJIU

中国共产党领导下中国现代技术思维方式的演进研究

曾丹凤 著

出 版 人：肖风华

出版统筹：卢雪华
责任编辑：伍茗欣
装帧设计：书窗设计工作室
责任技编：吴彦斌 周星奎

出版发行：广东人民出版社
地 址：广州市海珠区新港西路 204 号 2 号楼（邮政编码：510300）
电 话：（020）85716809（总编室）
传 真：（020）85716872
网 址：http://www.gdpph.com
印 刷：广州市豪威彩色印务有限公司
开 本：787mm × 1092mm 1/16
印 张：23.75 **字 数**：360千
版 次：2021年12月第1版
印 次：2021年12月第1次印刷
定 价：83.00元

如发现印装质量问题，影响阅读，请与出版社（020-85716849）联系调换。

售书热线：020-85716826

马克思主义研究文库

编委会

总 序

马克思主义深刻揭示了自然界、人类社会、人类思维发展的普遍规律，是科学的理论、人民的理论、实践的理论，为人类社会发展进步指明了方向。这一理论，犹如壮丽的日出，照亮了人类探索历史规律和寻求自身解放的道路。在人类思想史上，还没有哪一种理论像马克思主义那样对人类文明进步产生了如此广泛而巨大的影响。无论时代如何变迁，马克思主义依然显示出科学思想的伟力，依然占据着真理和道义的制高点，人类社会仍然生活在马克思所阐明的发展规律之中。

一个民族要走在时代前列，就一刻不能没有理论思维，一刻不能没有思想指引。当今世界正经历百年未有之大变局，我国正处于实现中华民族伟大复兴的关键时期。中华民族要实现伟大复兴，同样一刻也不能没有理论思维和思想指引。马克思主义是我们认识世界、把握规律、追求真理、改造世界的强大思想武器，是党和人民事业不断发展的参天大树之根本，是党和人民不断奋进的万里长河之源泉，是我们党和国家必须始终遵循的指导思想。新时代，我们仍然要学习和实践马克思主义，坚持马克思主义在意识形态领域指导地位的根本制度，确保中华民族伟大复兴的巨轮始终沿着正确航向破浪前行。

理论的生命力在于不断创新。我们党的历史，就是一部不断推进马克思主义中国化的历史，就是一部不断推进理论创新、进行理论创造的历史，推动马克思主义不断发展是中国共产党人的神圣职责。为深入推进马克思主义理论研究、马克思主义经典著作研究、马克思主义中国化研究，特别是当代中国马克思主义、21 世纪马克思主义研究，不断赋予马克思主义新的生机和活力，推动马克思主义不断焕发出强大的生命力、创造力、感召力，放射出更加灿烂的真理光芒，引导人们不断深化对共产党执政规律、社会主义建设规律、人类社会发展规律的认识，不断增强“四个意识”、坚定“四个自信”、做到“两个维护”，中共广东省委宣传部理论处组织编写了“马克思主义研究文库”丛书。该套丛书作为一个开放性的文库，将定期集中推出一批有分量、有价值、有影响的马克思主义研究学术著作，通过系列研究成果的出版，解答理论之思，回答实践之问，推进我省马克思主义研究，促进哲学社会科学繁荣发展。

“只要进一步发挥我们的唯物主义论点，并且把它应用于现时代，一个强大的、一切时代中最强大的革命远景就会立即展现在我们面前。”在全面建设社会主义现代化国家新征程中，我们要继续高扬马克思主义伟大旗帜，推动马克思、恩格斯设想的人类社会美好前景不断在广东大地、中国大地生动展现出来。

目录

CONTENTS

第四章　中国共产党领导下中国现代技术思维方式发展的历史转折（1977—1988）

第五章　中国共产党领导下中国现代技术思维方式的持续发展（1989—2012）

绪　论

在对中国科技发展之历史、现实与未来以及思维与存在关系问题的思考中，引出中国共产党领导下中国现代技术思维方式的演进这一具有理论和现实意义的研究课题。立足学界相关研究成果，厘清技术思维方式演进的相关概念和关系，阐明研究的思路和框架以及方法和创新点，从整体上把握这一课题研究的主要方向，为接下来的研究做好铺垫。

一、研究背景与意义

本课题的研究可以说是由两个问题引发的思考，而且对这些问题的思考和研究具有深刻的理论和现实意义。

（一）研究背景

本文的研究是由如下两个问题引发的思考，一个是中国科技发展之历史、现实与未来的问题，一个是思维与存在、社会意识与社会存在等的关系问题。

1. 由中国科技发展之历史、现实与未来的问题引发的思考

2014 年 6 月 9 日，习近平在两院院士大会上发表讲话时指出了中国科技发展的历史与现实状况，即明朝以后，中国同世界科技发展潮流渐行渐远，近代中国因科技落后而挨打，经过新中国成立以来 60 多年的努力，“我国科技整体水平大幅提升，一些重要领域跻身世界先进行列，某些领域正由‘跟跑者’向‘并行者’、‘领跑者’转变”[①]。而且，除了李约瑟、辛格和爱因斯坦对中国科技发展的历史问题进行过不同程度的研究外，近年来中国科技所显示出的强大复兴能力也吸引了世界各国的广泛关注。例如，美国智库“东方—西方中心”（EWC）的研究报告把“嫦娥飞天揽月、蛟龙深海捉鳖、量子天地互动、人造太阳给人类带来能源新希望”列为“世界独占鳌头的核心装备”。然而，令西方学者感到惊讶的是，这些巨大的（工程）科技成就不是美国、欧洲和日本创造的，而是被他们认为缺乏创新能力的中国创造的。EWC 把这一“中国现象”作为重点课题进行研

① 习近平：《在中国科学院第十七次院士大会、中国工程院第十二次院士大会上的讲话》，《人民日报》2014 年 6 月 10 日。

究。此外，据参考消息网 2017 年 7 月 10 日的报道，有英国媒体预言，虽然中国“无缘参加前三次工业革命，但中国显然不会缺席正在来临的第四次工业革命的浪潮”。概而言之，中国科技自明清至民国长时间落后于世界，1949 年开始走上了复兴的征途，经过 70 多年的积累，近年来显示出了强大的复兴能力，甚至还有望跻身第四次科技和产业革命的潮头。不同的人从不同的角度对此进行分析后，形成了不同的观点。

中共历代领导人从制度和政府的科技政策层面分析，一致认为长期存在的封建制度和封建统治者的闭关锁国政策导致了中国科技在明朝以后落后于西方国家，新中国成立以来的科技成就则归因于中国共产党领导下的中国政府始终高度重视科技事业。辛格将传播学和技术发明相结合来分析，认为“西方技术对东方（中国）的冲击是以传播和发明这两个孪生过程为基础的”[①]。爱因斯坦从科学和技术二者本身的特点来分析，认为中国科技在明朝以后长期落后于西方是中国贤哲没能像希腊哲学家那样“发明和发展形式逻辑体系”，“没能发现通过系统的实验可能找出因果关系”。[②]EWC 从中国文化、历史、民族、精神血脉等各方面对此进行了深入研究，最后把中国强大的复兴能力归因于“中国天生俱来的文化本源——独特而强大的文化包容性”。

然而，根据马克思主义的唯物主义历史观，中国科技的落后与复兴是生产力与生产关系、经济基础与上层建筑等综合因素相互作用的结果，并非某一方面的单独因素。而且，对马克思、恩格斯的经典著作进行文本分析后发现，他们不仅以辩证唯物主义和历史唯物主义为基础建构了思维科学理论，还运用其基本原理解析了人类科技发展进步的历史进程，形成了

---

① ［英］查尔斯·辛格等主编，王前等主译：《技术史》（第 III 卷），上海科技教育出版社 2004 年版，第 483 页。

② ［美］爱因斯坦著，许良英等编译：《爱因斯坦文集》（第 1 卷），商务印书馆 2010 年版，第 772 页。

人类技术思维方式演进的相关理论，为中国科技从落后走向复兴的问题研究奠定了理论基础。同时，习近平强调，“中国共产党领导一切”。无疑，中国科技经历了明清至民国的落后，在1949年能够开启并走上复兴的伟大征程，从根本上讲，要归功于中国共产党强有力的政治、思想和组织领导。

如此，本课题尝试着以马克思主义的无产阶级政党理论、技术思想和思维科学理论为指导，把中国共产党的领导与中国现代技术思维方式的演进结合起来，研究中国共产党领导下中国现代技术思维方式的新演进，为中国技术强大复兴能力的分析和解释提供一个视角。

2. 由思维与存在、社会意识与社会存在等的关系问题引发的思考

在恩格斯看来，建立在唯物主义历史观基础之上的精神与物质、思维与存在、社会意识与社会存在、生产关系与生产力、经济基础与上层建筑的关系原理，对于一切历史科学而言，都是具有革命意义的发现，它不仅结束了康德式和沃尔弗式的旧的形而上学思维方式，也结束了黑格尔式的逻辑学。同时，在恩格斯看来，“关于思维的科学”是“关于人的思维的历史发展的科学”，也是一种历史的科学，因而上述的关系原理也适用于思维科学。而且，恩格斯还指出，每一个时代的思维方式“都是一种历史的产物”，它在不同的时代具有完全不同的形式和内容，这“对于思维在经验领域中的实际运用也是重要的”。[①] 技术思维方式作为形成、发展并运用于技术活动中的一种思维方式，它的形式或形态也会随着时代和社会条件的变化而变化。例如，马克思把18世纪末以前的技术进步归功于世世代代的经验积累，把经济关系的发展视为科学和技术能否运用于发明和生产过程的关键。马克思一再强调，资本主义生产方式第一次使自然科学理论和方法应用于技术的发明和生产制作过程中，使自然科学与技术实践活

① 《马克思恩格斯选集》（第4卷），人民出版社1995年版，第284页。

动（科学与技术）历史性地结合起来，引发了技术思维方式的大变革。在马克思看来，正是英国资本主义的经济关系发展到了使资本有可能利用科学进步的程度，从而使得科学发现和技术发明首先在英国得到了资本主义应用。

由此，在马克思主义思维科学理论的层面，宏观的时代背景、中国自身社会历史条件的变化以及中国共产党及其领导下中国政府的不同思想和行动，都会不同程度地影响中国科技和中国技术思维方式的发展变化。本课题以 1949 年新中国成立为时间节点，以中国共产党领导下中国现代技术思维方式的新演进为主题，探究中国现代技术思维方式在 1949 年以前和以后呈现的不同演进态势以及影响它们的一些根本性因素。

（二）研究意义

粗略地看，中国共产党领导下中国现代技术思维方式的新演进涉及党史、政治学、（技术）哲学和思维学，往细看，还涉及人类学、历史学、心理学、生理学、脑科学和解剖学等，是一个多学科交叉的综合性问题。同时，技术、思维和技术思维方式都是历史的产物，难以对它们进行非历史的概念界定，这又增加了技术思维方式问题研究的复杂性。如此，再把中国共产党和中国现代技术思维方式历史和逻辑地统一起来作为整体对象加以研究，难度更大，当前学界缺乏直接以之为总体对象的研究成果。尽管难度很大，但其无论对理论的丰富和发展，还是实践的回应和指导都很有意义。

1. 理论意义

在技术、思维和技术思维方式问题上，为了寻求理论渊源和建构理论基础，笔者不仅考察和挖掘了马克思、恩格斯、毛泽东、邓小平、江泽民、胡锦涛和习近平对它们的相关研究和论述，还对它们的内涵和相互关系的历史演变进行了考察，这不仅有力地回应了是否存在马克思主义技术

（哲学）思想的问题、印证马克思主义思维学说的科学性，也有利于历史、逻辑且唯物辩证地把握它们的内涵，避免抽掉客观的社会和历史文化状况、孤立静止且形而上学地对待上述问题。

在此基础上，再深入到中国历史和现实的具体境遇下探讨中国现代技术思维方式的演进，一是运用马克思主义的技术（哲学）思想和思维科学原理分析为何现代技术思维方式诞生和兴起于西方而非中国；二是阐明毛泽东、邓小平、江泽民、胡锦涛和习近平在继承和发展马克思主义技术（哲学）思想的基础上推进中国现代技术思维方式持续不断地演进，尤其是论述毛泽东不仅将马克思主义唯物辩证的认识论与中国传统文化中的知行观相结合、实现了中国化，并用其原理来分析变革自然过程的技术发明和制造活动，还将作为理性认识的思想的内容规定为“正确地反映客观外界规律，且经受实践反复检验的理论、政策、计划或规划、办法等”，为马克思主义中国化技术思想的建构及其体系化提供了理论支撑。这不仅拓宽了中国现代科技发展创新和马克思主义中国化研究的视角，也有助于深化中国共产党和马克思主义中国化理论之于它们重要性的理解和认识。

2. 现实意义

第一，1949 年以后中国现代技术思维方式的演进呈现出不同于明清至民国的新态势，这从根本上归功于中国共产党的坚强领导。阐明这一点，有利于增强中国特色社会主义的道路、理论、制度和文化四个自信。

第二，17 世纪以前的经验时代，技术经验和知识的积累与有效传承是人类技术思维方式持续演进的基础；在 17—18 世纪中叶的新旧时代转换期，中西数学的不同思维传统和发展主流、数学（代数与几何）与系统实验方法不同程度的融合和应用及其思想文化基因是中西技术思维方式能否由经验时代进入科学时代的影响因素；进入科学时代后，各国政府对科技教育、基础与应用研究、商品或市场经济以及作为市场主体的企业所持的态度又是影响该国技术思维方式能否处于领先地位的影响因素，阐明不同因素在不同时代对技术思维方式演进的影响，有助于中国共产党及其领导下的中国政府吸收正反两方面经验、制定有利于中国现代技术思维方式发展演进的方针和政策。

二、文献综述

截至目前，在中国现代技术思维方式演进的相关问题上，学界主要围绕思维方式、技术思维、技术思维方式和中国思维方式的演进四个方面展开研究。

（一）关于思维方式概念和形态的研究

第一，关于思维方式概念的研究。目前学者主要从如下六个角度进行理解和界定。

有学者从规律与方法、内容与形式的关系上进行理解和界定。例如，田运把思维方式界定为“思维规律和思维方法的统一，思维内容与思维形式统一”[①]，它是“体现一定思想内容和一定思考方法、使用于特定领域的思维模式”[②]。

有学者从思维的内在要素、结构和活动过程上进行理解和界定。例如，高清海把思维方式界定为“人们思维活动中用以理解、把握和评价客观对象的基本依据和模式”[③]。高晨阳把思维方式规定为“人类社会发展的一定阶段上，思维主体按照自身特定需要和目的，运用思维工具去接受、反映、理解、加工客体对象或客体信息的思维活动样式或模式”，在本质上，“反映了思维主体、思维对象和思维工具三者关系的一种稳定的、定

① 田运：《思维科学简论》，福建教育出版社 1990 年版，第 127 页。

② 田运：《思维科学简论》，福建教育出版社 1990 年版，第 2 页。

③ 高清海：《高清海哲学文存》，吉林人民出版社 1997 年版，第 2 页。

型化的思维结构”，是思维诸要素所构成的思维关系的统一，是思维关系的凝结形式，在内容上包括关于对象世界的认知结构模式和价值结构模式以及关于思维方法的模式。①

有学者从社会生产角度上的概念进行理解和界定。例如，余大杭认为，广义的思维方式是“与物质生产方式相对应的精神生产方式”；狭义的思维方式是“人们进行理性认识的方式，就是人们思考问题的方式，是人在思维时所遵循的方式”。②

有学者从文化角度进行理解和界定，把思维方式理解为“一个文化体系中最深层的本质和该文化体系中各种存在形式之间保持一定张力的‘纽带’”③。蒙培元认为，思维方式作为传统哲学与文化中最深层因而也是最具稳定心态的东西，在很大程度上决定了传统文化的发展方向和价值取向，他把思维方式理解为“人们观察问题、思考问题和解决问题的最基本最稳定的思维模式和程式”，换句话说，它是思维模式、程式化、固定化了的“心理结构”。④

有学者从认识论角度进行理解和界定，即把思维方式称为思维习惯、思维偏好、思维模式和思维定式等，是“思维中惯常起作用的、由某些比较偏好的观点和方法构成的相对稳定的联结”⑤；认为是“思维活动中相对稳定的模式、程式和习惯”⑥；是“人的认识定势和认识运行模式的总和”⑦。

有学者从实践角度进行理解和界定，把思维方式理解为“主体存在方

---

① 高晨阳：《中国传统思维方式研究》，科学出版社 2012 年版，第 3–4 页。

② 涂大杭：《邓小平思维方式研究》，中共中央党校出版社 2004 年版，第 2 页。

③ 陈中立等：《思维方式与社会发展》，社会科学文献出版社 2001 年版，第 136 页。

④ 蒙培元：《中国传统哲学思维方式》，浙江人民出版社 1993 年版，第 1–2 页。

⑤ 尹全忠：《毛泽东邓小平思维方式比较研究》，华中理工大学出版社 1996 年版，第 4 页。

⑥ 闫顺利：《马克思哲学过程论——一种实践过程思维方式》，中国书籍出版社 2012 年版，第 8 页。

⑦ 陈中立等：《思维方式与社会发展》，社会科学文献出版社 2001 年版，第 136 页。

式即实践方式的内化与积淀”[①]。

第二，关于思维方式形态的研究。“形态”一是指形式或状态，二是指事物存在的样貌，或在一定条件下的表现形式，它是可以感知和把握的，也是可以理解的。它广泛应用于各个领域，其中也就包括思维科学领域。不少学者对（具体）思维方式的形态进行研究。

白屯研究了地学思维方式的形态。他认为，地学思维方式是地学家认识、理解和把握地球客体的本质和规律的思想方式，是地球客体的规律在思维领域的反映模式，它可以分为三种基本形态，即传统的地球实在思维方式和地球演化思维方式以及现代的全球运动思维方式。[②]

尹星凡和王斌研究了不同时代思维方式的形态。他们认为，“每一时代都有自己相应的思维方式，根据历史上各种思维方式的时代特征，可以把它们分为四种基本的历史形态，即直观猜测的思维方式、封闭式和教条式的思维方式、机械分析的思维方式和辩证综合的思维方式”[③]。

全联勃研究了和谐思维方式的形态。他考察人类思维方式的历史演进后认为，和谐思维方式的历史形态经历了如下这样的一个演变：古代哲学是追求和谐统一的本体论思维方式，近代哲学是主客两分的认识论思维方式，现当代哲学寻求一种超越主客意识的和谐思维方式。[④]

彭新沙和田大伦研究了辩证思维方式的形态。他们认为，“辩证思维方式并非是一成不变的，而是具有历史性。迄今为止，它已表现出四种基本形态，即矛盾思维形态、系统思维形态、信息思维形态和生态思维形态；其中，生态学思维方式是现代科技革命和生态危机的必然产物，是辩

---

① 陈中立等：《思维方式与社会发展》，社会科学文献出版社 2001 年版，第 136 页。

② 白屯：《地学思维方式的历史形态》，《自然辩证法研究》1991 年第 4 期，第 50–55 页。

③ 尹星凡、王斌：《论思维方式的四种基本历史形态》，《南昌大学学报》（人文社学科学版）2003 年第 1 期，第 15–19 页。

④ 全联勃：《论和谐思维方式的历史形态》，《沈阳大学学报》2009 年第 3 期，第 50–53 页。

证思维方式的当代典型形态”[①]。

（二）关于技术思维的研究

在技术思维的研究上，主要有对技术思维的比较、批判和认识，艺术领域中的技术思维研究，项目活动和产品设计的技术思维以及工程思维的研究。

1. 技术思维的比较、批判和认识

第一，技术思维与科学思维、艺术思维和人文思维的比较。

盛世豪和金松将技术思维的概念界定为人们在进行技术研制、开发、创新等活动过程中，通过接受、存贮和处理各种技术信息，并导致对技术客体进行加工的这样一种认识活动，简单地说，就是解决技术问题过程中的一种特有的思维活动。其内容包括技术原理、技术要素、技术结构；其过程包括技术观察、对需求的分析、技术原理的确立、技术参数的具体化、综合性创造。它与科学思维和艺术思维在思维要素、思维方法和思维方式上都有所不同。[②]

章立凡认为，重大决策中的人文思维和技术思维，都是不可或缺的思路，人文思维侧重于宏观，技术思维侧重于微观，但前者的外延更为广泛，足以将后者包容在内；技术论证上可行的项目，从历史、人文的角度未必可行，21 世纪是环保世纪，涵盖了从人文到自然的多学科思维，从经济上将环境资源列为社会成本，重视可持续发展；精密的技术思维如果能与沉稳的人文思维结合，思维模式就会相对完整。[③]

---

① 彭新沙、田大伦：《生态学思维方式：辩证思维方式的当代典型形态》，《湘潭大学学报》（哲学社会科学版）2012 第 2 期，第 139–142 页。

② 盛世豪、金松：《技术思维、科学思维、艺术思维比较论析》，《延边大学学报》（社会科学版）1988 年第 1 期，第 16–24 页。

③ 章立凡：《从三门峡眺望三峡——兼谈决策的人文思维与技术思维》，《博览群书》2004 年第 10 期，第 38–41 页。

第二，技术思维的批判。

张文喜和林孟清认为，科学和技术对自然的能动性问题是政治存在主义和哲学存在主义最为关切的。在两位学者看来，这种能动性不是客观抽象普遍的理性行为，它与政治行动和经济—科学技术有非常密切的关系。从经济学—科学技术思维来回应经济—技术时代所存在的被动性和无意义性问题时，对科学政治的可能性问题的辨析是关键。因为在现代，政治表现出了科学理性倾向，工程师和技师取代人文学者引领时代，一个政治决断及其导致的政治行动应当是对技术时代倾向技术的执行或审美化的政治实践模式的超越。

第三，新技术思维的认识。

周楠认为，现代科技日新月异，特别是现代科技应用于实际的设计、生产、工艺、设备的方法更是花样不断翻新，我们要采用新的技术思维才能适应产品的快速更新换代；而所谓新技术思维，就是作为第一线的技术人员要努力去掌握的现代科学与技术知识。①

2. 艺术领域中的技术思维研究

第一，工艺美术的技术思维。

田自秉认为，工艺美术的创作过程有设计过程和制作过程，也即思维过程和技术过程，在工艺美术创作中技术始终伴随创作的全过程，在设计阶段是技术的思考的过程，在制作阶段是技术的应用和实践的过程；工艺美术的特点，主要是用技术去思考，可称为技术思维；思维有三个层次即基础的、技术的和应用的，技术也有三种形态即抽象的、物化的和功能的，技术思维则是这三个层次、三种形态的结合，技术思维的提出统括着工艺美术创作的设计和制作的全过程；特别是在工业时代设计思潮的巨大影响下重新强调了

---

① 周楠：《杂谈新技术思维》，《科技管理研究》1993年第4期，第51–52页。

制作实践的重要性，为设计的体现提供了有力的理论依据。[①]

第二，建筑艺术的技术（性）思维。

梅青、王庆华和罗曼认为，建筑艺术中的技术思维就是从应用科学技术的角度出发，捕捉建筑结构、建筑构造、建筑设备技术与建筑功能、建筑造型之间的内在联系，寻求技术与建筑艺术的融合统一，将建筑技术及借鉴的高度精细复杂的技术以造型艺术的形式表现出来，简言之，即用技术解决建筑纷繁各类问题的绝佳的思维方式。它要求一是发挥建筑材料特性潜能，二是对建筑结构进行逻辑性表达，三是对建筑细部构造要精益求精，四是重视建筑设备的设施，五是要具有注重与自然融合的场所精神。[②]

丁格菲和阎广君认为，自然光的合理运用是生态建筑设计的关键，他们结合教学实践和设计实践探讨基于自然光的生态建筑技术手段，重点从形体建构、节约能源两个方面论述生态建筑设计中技术思维的拓展。[③]

3. 项目活动和产品设计的技术思维

周楠认为，友善的技术才能被市场接受，这就是产品设计的“友善性”，这是一种新技术思维。[④]

冯艳妮认为，技术思维不仅具有特殊的思维结构和思维过程，其思维方式还依赖于具体的社会背景；这种思维对职业教育项目活动的设计具有独特的意义，应加以借鉴；借助技术思维，项目活动的设计可以由表层走

---

① 田自秉：《工艺美术的技术思维》，《上海工艺美术》2004 年第 3 期，第 2–3 页。

② 梅青、王庆华、罗曼：《技术与艺术的交响——伦佐·皮亚诺以技术思维对建筑艺术的探索》，《住宅科技》2013 年第 9 期，第 25–31 页。

③ 丁格菲、阎广君:《基于自然光的生态建筑技术思维创新》,《低温建筑技术》2012 年第 10 期，第 107–108 页。

④ 周楠：《重视产品设计的“友善性 ”——谈新技术思维》，《科学学与科学技术管理》1993 年第 10 期，第 17–18 页。

向深层，充分体现项目课程的初衷和价值；更重要的是，还可以建立起其与工作任务的实质性联系。①

4. 工程思维的研究

第一，工程思维的基本问题研究。

衡孝庆和魏星梅研究了工程思维的结构、功能和特征。他们认为，工程思维的内在结构包括工程设计思维、工程实施思维和工程消费思维；工程思维的外在功能主要体现在创造功能、理性化功能和标准化功能；工程思维在现实活动过程中表现出具备综合判断和选择的能力、面向对象性、复杂性、系统性以及非线性等特征。②

李永胜认为，从工程本体论来看，工程活动有其独特的思维结构、内容、特征、运行机制与要求。其特征有：它是筹划性思维、规则性思维、科学性与艺术性兼容的思维、综合集成性思维、构建性思维、权衡性思维、殊相性思维、价值性思维、过程性思维、逻辑思维与非逻辑思维相统一的思维、复杂性思维；其基本要求有：合规律性、合目的性、社会性要求、人性化要求、审美性要求、最优化要求、协同化要求。③

第二，工程思维与理论思维、创新思维、科学思维的区别和联系。

徐长福探讨了人文社会学科中理论思维和工程思维的僭越。他认为，人脑中有两种不同的思维方式：一种是用以建构理论的理论思维，它按照从前提逻辑地推出结论的法则运作；另一种是用以设计工程的工程思维，它需要将不同层面的若干理论系统非逻辑地整合在一起。柏拉图的《理想国》既是人类正当运用理论思维进行理论建构的典范，又是僭越地运用理

① 冯艳妮：《基于技术思维的项目活动设计》，《顺德职业技术学院学报》2010年第4期，第37–39页。

② 衡孝庆、魏星梅：《工程思维简论》，《哈尔滨学院学报》2010年第1期，第13–16页。

③ 李永胜：《论工程思维的内涵、特征与要求》，《洛阳师范学院学报》2015年第4期，第12–18页。

论思维进行工程设计的典型。理论思维不能用于工程设计，否则工程不可实施；工程思维也不能用于理论建构，否则理论不可信赖。[①]

吴刚对理论思维、工程思维和评价思维的概念进行了界定，即理论思维是认知型的思维方式，理论思维的职分是揭示客观存在的道理；工程思维则是筹划型的思维方式，是介于理论思维与实践之间的筹划型思维；评价思维是筹划因素和虚体思维相分离所导致的思维方式，只以价值判断为依据。同时，三者又是相互联系的，即一个科学的理论思维，仅仅是事物内在价值间相互联系的载体，要有效地实施则必须通过工程思维，而理论思维的科学性、工程思维构建的有效性可通过评价思维进行评估。[②]

孙章探讨了工程思维与创新思维的区别与联系。他认为，二者的不同之处在于，工程思维的本质是求同思维，其特点是目标明确，“一切为实施”，因此强调成本、质量与安全，逻辑严密，力求规范与标准化；创新思维是一种求异思维，其目标是“一切为了突破”，其特点是前所未有、新颖独特、与众不同，它是质疑思维，对司空见惯的事物往往投以新的一瞥，它是跳跃式思维，初看起来似乎不合逻辑。二者的联系在于，创新思维如同天上的风筝，天高任其飞，想象力极为丰富；而工程思维如同放风筝者手中的线，它可以保证风筝的正确航向，并能使风筝最后落地，具有可操作性，以利实施。它们之间的关系如同鸟之双翼、车之两轮，相辅相成，缺一不可。[③]

李伯聪认为，工程思维是价值定向的思维，科学思维是真理定向的思

---

① 徐长福：《论人文社会学科中理论思维和工程思维的僭越》，《天津社会科学》2001年第2期，第25–31页。

② 吴刚：《理论思维、工程思维、评价思维的界定与联系——谈对缺血性脑血管病临床实践若干问题的思考》，《医学与哲学》（人文社会医学版）2006年第6期，第53–56页。

③ 孙章：《工程思维与创新思维》，《科学》2013年第3期，第1页。

维；工程思维的核心解决工程问题，科学思维的核心解决科学问题；工程思维是与具体的个别对象联系在一起的“殊相”思维，科学思维是超越具体对象的“共相”思维。①

第三，邓小平的工程思维研究。

王浩和王丹对邓小平社会工程思维的实践价值进行了透视。他们认为，首先，邓小平的社会工程思维就是把科学技术与经济发展通过工程学的方法，并结合当下中国社会发展的现状，以经济建设为中心、以科学技术为手段、以社会工程为方法、以科学发展和全面建设小康社会为目标的理论体系；其次，邓小平的社会工程思维对中国的改革与开放从模式、范围、原则等方面作了全面系统的阐述，是马克思发展理论的升华，因此，他这一科学的社会系统论断应用于中国的社会主义建设实践当中，将产生巨大的社会效应，并且在中国社会主义改革开放进程中具有重大的实践意义。②

第四，工程思维（能力）的培养。

李文庠和赵崇德认为，工科院校应当把培养学生的工程思维能力放在重要位置上。实现这一目的，要在课程设置上、教学内容上和建设第二课堂上转变观念，变知识教育为素质教育，变单一素质教育为综合素质教育，在综合素质教育中加强复合型思维的教育和训练。③

贾广社和曹丽认为，工程师的工程思维由哲学、知识、道德和行动四个元素构成，高等教育在培养工程师的工程思维时，一是要将工程教育的目标定位为培养未来工程师；二是要建构知识、能力、人格全面发展的人才素质结构；三是要建设兼具工程理论知识与实践经验的师资队伍；四是要采用师徒带教和研究性学习的教授方法；五是要构建校企联手、双赢合

① 李伯聪：《工程和工程思维》，《科学》2014 年第 6 期，第 13–16 页。

② 王浩、王丹：《邓小平社会工程思维实践价值透视》，《科技视界》2014 年第 2 期，第 221、256 页。

③ 李文庠、赵崇德：《工程思维能力刍议》，《上海高教研究》1995 年第 3 期，第 61–63 页。

作的培养机制。[①] 基于现代工程师需要具备的基本素质和工程能力，杨英杰、邱俊和金星认为，工程教育中，一是要将工程教育的价值取向和目标定位为培养现代工程师；二是要改革和完善现代工程师的培养模式；三是要构建和实施现代工程师的培养机制。[②]

第五，工程思维的应用研究。

刘秉智探讨了工程思维在应用化学教学中的应用。他认为，工程思维就是在工程的设计和应用研究中形成的思维，它是一种筹划性的思维，是根据理论为人类的实践目的预作切实可行的筹划的思维活动，是运用各种知识解决工程实践问题的核心，具有如下特征：一是具有很强的综合性；二是具有很强的实践性；三是具有创新性。基于此，应用化学教育在实施素质教育中运用工程思维教学有着事半功倍的效果。在应用化学专业的教学中，要善于通过课题教学和实践教学，注重应用并培养学生的工程思维，加强工程实践的意识，提高学生的综合素质能力。[③]

（三）关于技术思维方式的研究

1. 田运：作为职业活动中的技术思维方式具有两个特征

田运首先把思维方式理解为“体现一定思想内容和一定思考方法、使用于特定领域的思维模式”[④]。进而，他根据职业活动的内容，把思维方式划分为技术思维方式、军事思维方式、科学思维方式和艺术思维方式。他认为，技术活动中，求得“合目的的有效、优异的动作规范”是技术思维方式的基本内容，因而，技术思维方式有两个基本特征：一是同人的动作

---

① 贾广社、曹丽：《工程师的工程思维培养》，《自然辩证法研究》2008 年第 6 期，第 71–75 页。

② 杨英杰、邱俊、金星：《基于现代工程师的科学思维与工程思维培养》，《现代教育科学》2010 年第 2 期，第 149–151 页。

③ 刘秉智：《工程思维在应用化学教学中的应用》，《化学世界》2007 年第 10 期，第 638–640 页。

④ 田运：《思维方式》，福建教育出版社 1990 年版，第 2 页。

密切相联——设计、计算、识别和操作；二是围绕着技术规范来思维——模型、数据、规则、程序，也即追求、遵循、选择和优化技术规范的思维。[①] 最后，他还指出了技术思维方式的其他三个特点：一是应用相似的成分大；二是严密程度高，计量观念强；三是现实性强。[②]

2. 芒福德和奥特加：三个技术阶段有它们各自的技术思维方式

芒福德把机器体系和机器文明划分为三个连续但又互相重叠和渗透的阶段，即始生代、古生代和新生代技术时期。其中隔离和分析的思维方式是始生代最伟大的成就之一；耐心、常识和判断、深谋远虑、实验哲学、自控能力、毅力和勇气、冷静的等待、创造性的想象力、勇敢的实践以及大胆的离经叛道在始生代时期非常有用武之地；古生代时期哲学家和技术专家的概念、预期和专断的想象在新生代时期找到了合适的环境，在数学和物理学上取得成就的科学方法和科学知识在这一时期直接运用到了技术领域。[③]

奥特加认为，技术包含着人之为人的因素，即进行自我解释和自我创造的活动，这一活动经由两个阶段来完成，一是对想要实现的那个世界，创造性地想象出一种规划或态度；二是对规划加以物质性实现，现实的技术性需求相应地产生了，因而有多少种人类规划，就有多少种不同的技术。[④] 他把技术史划分为三个阶段，依次为偶尔的、工匠的和技术专家或工程师的技术，这三个阶段的技术通过三种技术思维方式来实现。其中偶尔的是通过偶然的机会发现的，没有专门的方法或技术；工匠的仅仅是技艺而已，此时的技术没有系统性或有意识地研究，它只是凭借人们意识中存在的一些技术，

---

① 田运：《思维方式》，福建教育出版社 1990 年版，第 53–55 页。

② 田运：《谈谈技术思维方式》，《科学、技术与辩证法》1988 年第 2 期，第 33–36、13 页。

③［美］刘易斯·芒福德著，陈允明等译：《技术与文明》，中国建筑工业出版社 2009 年版，第 124、189–190、196–197 页。

④［美］卡尔·米切姆著，陈凡等译：《通过技术思考——工程与哲学之间的道路》，辽宁人民出版社 2008 年版，第 60 页。

通过工匠的传授而得以流传；技术专家或工程师的技术，也称为现代技术，它是与现代科学紧密联系的分析性思维方式发展的产物。[①]

3. M. 邦格：以理论思维和实验为根据的直觉对技术发明很有用处

邦格认为，在技能和技艺中作出的判断和预测，通常需要如下几种直觉：迅速识别一个事物、事件或符号；进行类比的技巧；创造性想象；敏捷的推理能力，即跳过中间步骤，迅速从前提过渡到结论的能力；综合概括能力；常识（乃至有节制的狂想）和良好的判断能力；等等。这些能力与科学的或非科学的专门知识交织在一起，并且在实践中得到锻炼。没有这些能力，人们既不能发明理论，也不能应用它们。但是，这些能力绝不是超理性的东西，只要以理性和实验为根据，直觉是很有用处的；只有用直觉取代理论思维和实验才是危险的。[②]

4. H. 斯柯列莫夫斯基：不同的技术活动主体有不同的技术思维方式

斯柯列莫夫斯基认为，有效性是不同技术部门追求的共同主题，或者说，技术进步就是在生产某种产品的过程中追求有效性，但不同的技术部门在提高或追求有效性时，使用不同的技术思维模式。换句话说，不同技术部门的技术活动主体有不同的技术思维方式。例如，测量学思维的就是测量的精确度，或者说，测量学的思维方式就是按照精确度来思维，测量工作者把这一思维方式贯彻到实际工作中去，他的工作会做得很好；而土木工程师的思维方式是按照建筑物的耐久性要求来选择材料和建筑方法；机械工程学特有的思维方式则是按照效率的要求来思考问题。[③]

---

①［美］卡尔·米切姆著，陈凡等译：《通过技术思考——工程与哲学之间的道路》，辽宁人民出版社 2008 年版，第 62 页。

②［联邦德国］F. 拉普著，刘武译：《技术科学的思维结构》，吉林人民出版社 1988 年版，第 48 页。

③［联邦德国］F. 拉普著，刘武译：《技术科学的思维结构》，吉林人民出版社 1988 年版，第 100–102 页。

5. F. 拉普：理论思维是实际技术目标得以实现的必要手段

拉普认为，从工具性的功能角度看，技术是人类按照自己的意图控制自然力的一种手段，人们通常从实际的方面去设想现代技术。然而，技术只要一超出单纯技能的范围，要想获得预期的有益效果，人们就必须精心应用设计精良的工具和仪器来进行计划周密的活动。拉普认为这是理论思维的范畴，是实现实际技术目标所必不可少的手段，它主要是对现代技术特有的理论结构和具体的工艺方法进行方法论的乃至认识论的分析，这一分析包括演绎推理的一定模式及其所包含的实际目标和具体行动，其目的皆在对现实具体的技术功能进行抽象上升，展现有关技术知识和应用程序自身的逻辑。①

（四）关于中国思维方式演进的研究

截至目前，与中国思维方式演进有关的研究成果主要有两本专著，一本是谭元亨的《断裂与重构——中西思维方式演进比较》，另一本是王中江的《近代中国思维方式演变的趋势》。

1. 关于中西思维方式演进的比较研究

谭元亨在著作的前两章分别阐明了语言与思维方式的内在关系和作为历史科学的思维学与文史哲的密切关系，进而通过他与加拿大思维科学家哈利·加芬克（Hailey Garfunkel）的对话，宏观而系统地对中西思维发展史进行了比较研究，并以他的《中国文化史观》和《世界著名思想家的命运》两本著作作为“旁证”或参考书。

在中西思维方式演进的比较部分，谭元亨首先从整体上把中西思维方式演进的历史划分为开源、流变、中断和再续四个阶段，并运用图式（如表0–1）描绘了它们各自在演进中所循的延续与断裂轨迹。根据谭元亨的

① ［联邦德国］F. 拉普著，刘武译：《技术科学的思维结构》，吉林人民出版社1988年版，第2–3页。

图式，中西思维方式演进的延续和断裂不在同一时间。

表0–1 谭元亨的图式

中国：先秦的开源（2500年前左右）⟶秦汉⟶魏晋南北朝（4世纪前后）⟶隋唐⟶宋元（14世纪前后）……（历明、清）……现代

西方：古希腊的开源（2500前左右）⟶古罗马帝国覆灭（4世纪前后）……（历中世纪千年）……文艺复兴（14世纪左右）⟶现代

（⟶表示延续 ……表示塌陷）

时间	2500年前左右	4世纪前后	14世纪左右	现代
中国	开源（先秦）⟶ ⟶ ⟶ ⟶…… …… ……			
西方	开源（古希腊）⟶…… …… ……⟶ ⟶ ⟶ ⟶			

根据表 0–1 所示的图式，在 14 世纪之前的很长一段历史时期内，中国思维方式的演进是延续的，在此之后，开始断裂。谭元亨考察后指出，华夏文明在宋亡之际可能已经发生了塌陷乃至断裂，中国思维方式在此前后出现断裂的原因可能是受程朱理学的影响，宋代的思想主流开始由外向转而“内向”了，“人心”由此受到严酷控制，导致社会的萎缩。[①] 而西方思维方式的演进从 4 世纪前后到 14 世纪前后的近千年是断裂的，14 世纪到现代一直是延续的。哈利·加芬克博士以 75 年为一个阶段，将西方 14 世纪以来的思维发展划分为三个阶段九个层次（如表 0–2 所示）。

① 谭元亨：《断裂与重构——中西思维方式演进比较》，广东高等教育出版社 2007 年版，第 42–46 页。

表0–2 哈利·加芬克博士对西方思维发展阶段和层次的划分

阶段	时间段	思维类型	思维特点
感性阶段 初级/准备阶段	1425—1500年	共同的感觉阶段	推理的、形式的、逻辑的
	1500—1575年	实验性思维	实验（科学）—数学方法
	1575—1650年	反射性/反射思维	缜密的研究、分析， 提出假说
理性阶段 成熟/滥觞时期	1650—1725年	理论性思维	概括、归纳与综合
	1725—1800年	历史性思维	追根寻源；批判性意识
	1800—1875年	社会批判思维	研究群体发展的历史批判
非理性阶段	1875—1950年	意识性思维	从潜意识到显意识的 社会分析
	1959—2025年	女性思维	直观性、形象性及悟性
	2025年—	生态思维	—

谭元亨则把中国思维方式的演进划分为五个阶段（如表 0–3 所示）。谭元亨认为，西方思维方式的演进遵循“数—理—心”的轨迹，近代中国在经历社会革命后，中国人的思维又从“数”飞跃到了“理”的阶段，但由于这两个阶段都尚未完成也不可能完成，继而在西方进步思想的影响下，又跃进到了“心”的阶段。换句话说，到近代，中西思维相互交融、结合、重构，并在现代相互交叉和耦合，发展为悟性和生态思维。

表0–3 中国思维方式演进的五个阶段

阶段	思维类型	代表人物或学说	思维特点
起始阶段	自然直观思维	老子、庄子	自然性
第二阶段	伦理化思维	儒家学说、董仲舒	—
第三阶段	悟性思维	玄学、禅学	直觉、直感与亲历
第四阶段	后伦理思维	儒 学	重内向的伦理心性
第五阶段	悟性思维	—	—

2. 关于中国近代思维方式演变的研究

首先，王中江从文化角度探讨了近代前后中国认知、规范和理解外部世界时的思维方式演变，并划分为三个历史时期。第一个时期是16—19世纪前期：中国“世界秩序图像”与“欧风西力”的初期相遇，中国以“自我为中心”和“朝贡体制”的思维方式和行为形式来“认识”和“规范”异质世界。第二个时期是1842—1901年：晚清帝国与西方世界签订了大大小小不计其数的条约，中国认知和理解外部世界的方式转变为近代的“条约制度”和“万国公法”。第三个时期是1918—1919年前后，即“五四”之前的清末民初，这一时期世界发生了两大事件，一是一战德国战败和协约国胜利，二是巴黎和会上中国收回山东主权失败，中国人士认识和看待国际关系及世界秩序的立场和出发点整体上或是基于“强权”或是基于“公理”的一元论思维方式。

其次，王中江探讨了近代中国的进化世界观与政治秩序的转变，阐明了19世纪末中国“变法”与“革命”两种政治思维的理论根据。王中江认为，从整体上看，在中国近代的历史过程中，在如何对待过去和现存秩序的问题上，存在着保守主义、激进主义和渐进改革这三种立场，而且它们的存在是交叉和错综复杂的。在王中江看来，在一系列“遭遇”和“危机”的强烈刺激下，“变法”是晚清中国开始谋求新文明和富强的渐进性政治改革，也称“自改革”，“变法”由此也成为那个时期中国社会政治的主题，也是那个时代最核心的主题。尽管“变法”的实践在中国历史上并不是什么别出心裁的新鲜事，它只是让历史中被运用过的方式在新的历史境遇中再次接受考验，但它一开始就遭到保守主义的批评和反驳。[①]为了使“变法”得到自上而下的支持，并最终成为具体的实践，人们必须要在观念上认同它。为此，晚清知识精英将进化论世界观与传统的普遍变化观

① 王中江：《近代中国思维方式演变的趋势》，四川人民出版社2008年版，第276–277页。

结合在一起，对“变法”的合理性作出论证。

与此同时，激进的革命派也从“进化主义”中为“革命”找到合理根据，即通过把进步性的“进化”设定为历史发展的“价值”目标，并把“革命”作为实现这一目标的最佳“手段”来证明“革命”的合理性。[①]具体而言，革命派在人类与自然关系问题上“相分”而陷入二元化，认为“天然力”和“人为力”是世界中两种进化的力量，他们相信，人类可以依靠自己的意志和力量完全“控制”“操纵”“驾驭”进化。如此，一方面，他们把人类从被动的自然秩序下解放出来，使之成为“创造”进化的积极“主体”，强调人类必须主动地“创造”进化，并通过“革命”迅速地推动进化；另一方面，他们又把“人为力”凌驾于“自然力”之上陷入了神速进化的神话中，忘记了“人”的“有限性”和“主体”的“人”不能够“主宰”一切。简言之，革命派从原有的思考问题的方式，即从“理性”和“设计”出发，忽略了实际的“经验”世界和传统，最终导致了中国“革命化”神话的破灭。[②]

最后，王中江探讨了清末到“五四”期间“新旧”观念的衍化及其文化选择方式。王中江认为，晚清时期，中国理解和处理内外关系的思维方式由古代的“华夷”观念（即基于具有“文化”或“文明”的“华夏”和野蛮“夷狄”的异质意识来截然划分群体内外的界限）转换到“中西”观念（即从根本上认为西方不再是“夷狄或野蛮”，它自身也具有文明，具有学术）；在理解和处理历史过程中的先后关系及其问题时，思维方式由传统的“古今”转变为“新旧”，由于中西关系是在近代“大变局”中被突出来，因而“古”仍是传统的，但“今”更多地与“西”和“新”密切地联系在了一起；在文化选择上，形成了以“旧体新用”（或“中体西用”“中

① 王中江：《近代中国思维方式演变的趋势》，四川人民出版社 2008 年版，第 298 页。

② 王中江：《近代中国思维方式演变的趋势》，四川人民出版社 2008 年版，第 313–319 页。

道西器”）为形态的“旧学”“新学”关系选择模式。[①]

到“五四”时期，晚清时期的“新旧”范式几乎泛化到一切方面或者说是各个具体的领域和事物中，由此，晚清的“新旧”观念论演变为“五四”的“新旧”之争。这时，“新”完全超出了“西艺”和“西政”的范围，泛指来自西方的或要提倡的东西，指涉“西方文化”，包括具体的各种理论、学说和具有普遍意义的价值和精神；“旧”不再限于“道”和“体”，它泛指本土固有的或要反对或要守护的东西，扩展到中国传统的一切东西，包括语言文字、心理意识和习惯。[②] 从整体上看，近代的观念形态从晚清的“技艺”“政教”演变为“五四”的“思想文化”，特别是思想方式，在“新旧”的态度和立场上，表现为“崇新”“尚旧”“新旧调和”。[③]

如上所述，学界对思维方式概念、形态和演进，技术思维和技术思维方式等进行了不同程度的研究，他们的研究成果为本课题的研究提供了丰富的文献资料，对本课题的构思和撰写都具有积极的借鉴意义。但对技术思维方式研究在深度和系统性方面明显不够。而且关于思维方式演进的已有研究少之又少，仅有的两本专著也是偏重于文化视角，谭元亨对思维方式的演进研究贯穿古今、融通中西，可谓气势恢宏，但缺少具体的归宿点和着力点；王中江对思维方式的演变研究选取中国特殊的历史转折点，承前启后，可谓细致而深刻，令人深省，重思想文化，但轻生产实践。如此，把中国共产党的领导与中国现代技术思维方式的演进结合起来，研究的空间很大，意义深远，尽管难度不小，但值得尝试。

---

① 王中江：《近代中国思维方式演变的趋势》，四川人民出版社 2008 年版，第 321–325 页。

② 王中江：《近代中国思维方式演变的趋势》，四川人民出版社 2008 年版，第 331–333 页。

③ 王中江：《近代中国思维方式演变的趋势》，四川人民出版社 2008 年版，第 334–340 页。

三、技术思维方式演进相关概念与关系的厘清

在系统地探讨中国共产党领导下中国现代技术思维方式的新演进前，先厘清技术思维方式演进相关概念与关系，以此作为研究的起点。

（一）技术的含义及其与科学和工程的关系

在马克思、恩格斯的经典著作中，一方面，“技术”在不同的语境有不同的具体所指，但它的内涵和基本形态是清楚明了的；另一方面，“技术”与“科学”在著作中几乎是单独使用的，还没有组合成“科学技术”一词出现，也极少谈及“工程”。但在毛泽东、邓小平、江泽民、胡锦涛的文选中，不仅“科学”与“技术”这两个词经常以“科学技术”一词出现，还会谈及“工程”，甚至还出现了“工程科技”一词。仔细考察后，可以发现，技术、科学和工程在马克思主义及其中国化经典著作中的使用情况，在很大程度上也反映了技术与科学和工程关系的历史演变。要阐明中国现代技术思维方式的演进，首先要阐明技术内涵及其与科学和工程关系的演变。

1. 技术的含义与四种基本形态

古代、近代和现代人们对技术的理解都不同，但它基本上可以理解为人类在有目的的实践活动中根据实践经验或科学原理发明和使用的各种工具、手段、方式和方法的总和。它有四种基本形态：一是客观实在的技术实体，如手工工具、机器、机械设备；二是经验性的操作技艺、技能和技巧；三是知识性的技术原理和理论；四是过程性的生产工艺和流程。

第一，古代对技术的理解和界定。

“techne”是最早用来表示“技术”一词的希腊语，它一般被用来指称古代技术，通常被理解为“技艺”“手艺”或“技能”；“techne”的印欧语

系的词干是tekhn-，有“木艺”或“木作”的意思。[①]亚里士多德在《物理学》中直接把关于技术的东西和工艺制品称为技术。[②]

在古代汉语中，“技”和“术”一般被分开独立使用，它们各自具有不同的内涵。“技”在中国古代一般被理解为能工巧匠使用或操作器具时的“技能、技艺和技巧”。例如，《庄子·天地》说：“能有所艺也，技也。”《韩非子·功名》说：“故人有余力于应，而技有余巧便于事。”《说文》释：“技，巧也，从手。”“术”在古代是指道路，如《说文》中对“术”的解释：“术，邑中道也。”后来引申为“途径、方法、技艺”。可见，在中国古代，较少将“技”和“术”组合为“技术”一词使用。当它们作一个词使用时，如《广韵》释“术，技术”，一般可以理解为使用或操作器具时的技艺和技巧以及制作器具的工艺方法，与古希腊语“techne”一词的内涵相似。

第二，16—19 世纪对技术的理解和界定。

16 世纪之后，拉莫斯将法语“technai”和“logos”合成为“technologia”，用来描述经系统整理和安排的技艺和科学，尤其是用来描述机械及其技艺，这个词成为近代对技术的指称，它与英语“technology”最初的词义相似，直到 17 世纪下半叶，它获得了现代英语的意义。到 18 世纪，技术被理解为关于技艺的科学和技术人工物，或者是使用物理学给技术人工物赋予理性。[③]

第三，马克思主义对技术的理解和界定。

在《哲学的贫困》中，马克思分别引用了亚·弗格森关于技术进步的观点和安德鲁·尤尔关于工厂的描述，引述的内容中出现了“技术”一词，

---

① [美] 卡尔·米切姆著，陈凡等译：《通过技术思考——工程与哲学之间的道路》，辽宁人民出版社 2008 年版，第 149 页。

② [古希腊] 亚里士多德著，徐开来译：《物理学》，中国人民大学出版社 2003 年版，第 29 页。

③ [美] 卡尔·米切姆著，陈凡等译：《通过技术思考——工程与哲学之间的道路》，辽宁人民出版社 2008 年版，第 164–167 页。

包含依靠手或脚习惯动作的制造技术和操作技艺；依靠脑力发明和制造的手工工具、机器、武器；发明机器时所需的机械学知识、制造和组装机器部件所需的生产工艺和机械技艺。在《资本论》第一卷中，马克思多次直接使用了“技术”一词，从语境上看，马克思所指的“技术”包含动力机构运行原理和与之相适应的组织结构或装置、机器的运行过程以及运用机器进行生产的工艺流程、自觉运用自然科学知识发明的飞轮和机器及其组件或部件。如此，在马克思看来，技术体现在生产实践活动的过程和结果中，作为活动的过程，它是达成某一活动目的的工具、手段和方法；作为结果，它可以是技术原理或理论、手工或机械操作的技艺、生产工艺和技术人工物。

在马克思、恩格斯看来，“人类的特性恰恰就是自由的有意识的活动”[①]，即劳动，也即感性的对象性的改造自然的实践活动。这一生产物质生活本身，即为满足吃、喝、住和穿的需要而进行的物质资料的生产活动是人类生存的第一个前提，也是人类的第一个历史活动。[②]然而，满足这些需要而进行的生产活动一般要有工具的辅助才能达到预期目的，这些工具最初是从自然界直接获取的自然物，但只要活动稍有发展，这些工具就是经过人手加工的人工物，即人类在作为工具的人工物的辅助下进行满足基本生活需要的生产活动。在活动过程中，有目的的劳动者以它为手段，将自身的活动和力量传导给劳动对象。当人的肢体或器官有效操作它，并按一定的程序和流程作用于对象时，对象才能按预定的目的发生改变。因此，在劳动过程中使用的工具、技艺和技能以及生产工艺和流程都被理解为技术，它是实现劳动目的的手段。

而且，马克思指出，直到18世纪末为止，技术的进步都是依赖于世

① 《马克思恩格斯选集》（第1卷），人民出版社1995年版，第46页。

② 《马克思恩格斯选集》（第1卷），人民出版社1995年版，第78–79页。

代的经验积累，资本主义生产方式产生了只有用科学方法才能解决的实际问题，也正是这一生产方式，使自然科学第一次直接服务于生产过程。也就是说，18 世纪末以后，由于生产力和生产关系的相互作用，人类的生产活动以及技术的进步开始依赖于科学方法和自然科学知识了。

这样，技术可以理解为人类在有目的的实践活动中根据实践经验或科学原理所发明和使用的各种手段、方式和方法的总和。它有如下四种形态：一是客观实在的技术实体，如手工工具、机器、机械设备；二是经验性的操作技艺、技能和技巧；三是知识性的技术原理和理论；四是过程性的生产工艺和流程。

2. 技术的二重性本质：基于人脑思维的实践能力及其对象化

考察物质生产劳动的过程，可以把握技术的现实生成与存在的本质以及技术本质的二重性。

第一，技术现实生成与存在的本质：思维主体在对象中确证自身力量。

在马克思、恩格斯看来，生产物质生活本身，即为满足吃、喝、住和穿的需要而进行的物质资料的生产活动是人类生存的第一个前提，也是人类的第一个历史活动。[①] 然而，满足这些需要而进行的生产活动一般要有工具的辅助才能达到预期目的，工具意味着人所特有的活动，意味着人对自然界进行改造的反作用，也就是说，意味着生产。这些工具最初是从自然界直接获取的自然物，但只要活动稍有发展，这些工具就是经过人手加工的人工物，即人类在作为工具的人工物的辅助下进行满足基本生活需要的生产活动。基于此，马克思指出，劳动资料的使用和创造是人类劳动过程独有的特征，并赞同富兰克林关于“人是制造工具的动物”的观点。恩格斯指出，“劳动是从制造工具开始的”[②]，当然，制造工具的材料是以自然

---

① 《马克思恩格斯选集》（第 1 卷），人民出版社 1995 年版，第 78–79 页。

② 《马克思恩格斯选集》（第 4 卷），人民出版社 1995 年版，第 379 页。

界提供的自然物为基础的，或者说，这些人工物（T_1）是从自然物转变而来的，而 T_1 的生成与存在，是与 T_2、T_3 和 T_4 的生成与存在互为前提和基础的。这里作为活动结果的 T_1 与 T_2、T_3 和 T_4 一起服务于人类其他物质资料的生产活动，其本质上，这一物质资料的生产过程也是新的技术人工物的产生过程。其过程是相同的，只是采取了不同的技术形式，以及技术形式在其中的角色发生了变化，即作为活动结果的 T_1 变成了活动过程中使用的工具或手段。可以用如下式子来描述：

$P \Longleftrightarrow M==A_1$

$P+A_1 \Longleftrightarrow M==A_2$

由人的劳动或者说物质生产活动引起的这一“物—物”转变过程实质上是人与自然物之间相互作用的过程，是人在有目的的意志的指导下有计划地以自身的活动来中介、调控和控制人与自然之间的物质、能量和信息的交换过程。在这一过程中，人自身作为一种与自然物相对立的自然力而存在，这一自然力由活动中的人的臂和腿、头和手的运动所产生，也就是说，为了达成预期目的，作为活动主体的人会发挥蕴藏在自身中的潜能。由于产生这一自然力的运动受主体自己的控制，因而，当主体通过这种力作用于他身外的自然物时，自然物会朝着主体预定的方向发生形式上的改变。由于人脑思维先天地具有预先设计方案的能力，因而，活动结束时要得到的产物在活动开始时就已经存在于活动主体的脑海中了，这一目的的达成，可以说是人类使脑海中的构想得以现实化了。这一构想的实现需要体力和智力以及作为注意力表现出来的意志，概而言之，即需要能思维的人的类本质力量，还有作为对象性客体的自然物。

鉴于马克思、恩格斯在不同角度将劳动视为人的类本质特性，而劳动在某种程度上就是人类在有目的的意志的指导下运用自身具有的本质力量，在已有技术的辅助下对作为对象性客体的自然物进行加工和制造，产生新的技术人工物。如此，作为活动主体的人的类本质力量也在对象中得到了确证。

第二，技术二重性本质的揭示：技术是以人脑机能为基础的实践能力及其对象化。

只要人类的生产活动稍有发展，我们都可以用如下的式子来描述技术现实生成与存在的过程 $P+A_1 \Longleftrightarrow M==A_2$。这里，M 之所以能够朝着既定方向发生改变，转变为 A_2，一是由于活动主体运用 A_1，即 T_1 来传导主体的活动，在这过程中，它是主体传导活动、发挥力量的手段；二是由于 P 对 A_1 的操作和使用，即 T_2 的存在，这是 M 发生变化的动力因；三是由于 P 有效地使用 A_1 作用于 M，即 T_3 的存在；四是由于有目的的意志，即 T_4 的存在。简言之，是活动着的主体的肢体和器官 P 与 T_1、T_2、T_3、T_4 有效地结为“共同体”，共同作用于 M。

相对于头脑中进行的技术模型或方案的构想和设计这一思维活动，“共同体”对 M 的作用属于肢体进行的实践活动，相对于头脑具有的思维能力，肢体则具有实践能力，马克思把 T_1 看成是主体身体器官的一部分，认为它是主体肢体的延长，因而也相应地具有了肢体的属性，即具有了实践能力，T_2、T_3、T_4 则直接是主体能力的一部分，A_2 则是主体能力的对象化，是人的本质力量的“对象性存在”。基于此，从活动过程看，技术是人类器官或肢体的一部分，具有了人脑的思维能力和肢体的实践能力；从活动结果看，技术则是人类思维能力和实践能力的对象化。

3. 技术与科学之间：有明确的界限，但二者经历了从分离到融合和一体化的演变

从马克思主义的观点和立场来看，科学和工业是“人对自然界的理论关系和实践关系”[①]，是人类能动地认识和改造自然或对象世界的能力。如果把技术的本质理解为基于人脑机能的一种实践能力及其对象化，是人对

---

①《马克思恩格斯全集》（第 2 卷），人民出版社 1957 年版，第 191 页。

自然的实践关系或能动地改造关系，其目的是引起对象的变化，那么科学可以理解为基于人脑机能的一种理性认识能力，是人对自然的理论关系，也是对自然的能动的理性认识和反映关系，其目的是理性地认识自然，产生科学事实、科学定律、科学假说以及科学理论等认识成果，这些成果都是以数理逻辑推理为基础，并能够经受精密的数控实验检验的。如此，科学认识成果又是建立在人们对自然界科学或理性的认识方法之上的，即通过对自然界的实验观察，找出自然现象或规律中的数学关系，用数学公式定量地描述自然现象或规律，建立假说和理论，并在系统而精密的实验中验证，这一方法简称为自然事物的数学化加系统的实验验证。

同时，马克思指出，在资本主义制度下，“社会的生产力是用固定资本来衡量的”[①]，而固定资本“既包括科学的力量，又包括生产过程中社会力量的结合，最后还包括从直接劳动转移到机器即死的生产力上的技巧”[②]，因此，“在这些生产力中也包括科学”[③]，科学也是一种生产力。这里要强调的是，科学尚未进入生产过程，它是知识形态的生产力，进入生产过程后，与有目的的劳动者、劳动工具和劳动对象相结合，转化为现实的社会生产力，凝结在劳动成果中。

在科学与技术的关系问题上，马克思考察磨的历史后，把磨在18世纪末之前的技术进步归功于过去世代的大量经验积累，而且磨的技术进步成果“在此后也只是被零星地利用，并没有推翻旧的生产方式”[④]。直到18世纪末，美国建造的第一批蒸汽磨使磨发展为自动机器体系后，“美国的面粉贸易第一次获得了大规模的发展，世界市场范围内的面粉贸易正是美

① 《马克思恩格斯全集》（第46卷下），人民出版社1980年版，第210页。

② 《马克思恩格斯全集》（第46卷下），人民出版社1980年版，第229页。

③ 《马克思恩格斯全集》（第46卷下），人民出版社1980年版，第211页。

④ 马克思：《机器、自然力和科学的应用》，人民出版社1978年版，第59页。

国首先进行的"[①]。而且，在马克思看来，自动机器体系是自然科学直接服务于生产过程的结果，自然科学也即人类理论的进步被应用于生产了。马克思更直接地指出，资本主义生产方式"第一次产生了只有用科学方法才能解决的实际问题"，也正是这一生产过程本身的迫切需要"第一次达到使科学的应用成为可能和必要的规模"，也就是说，"资本主义生产方式第一次使自然科学为直接的生产过程服务，同时，生产的发展反过来又为从理论上征服自然提供了手段"。[②]

如此，可以说，在18世纪末以前，科学与技术基本上是分离的，或者说科学基本上是脱离生产的，18世纪末以后科学才被应用于生产，与技术才有了结合。19世纪末以后，随着电力和化学工业的建立，科学与技术走向融合和一体化。

4. 技术与工程之间：相互交织

在词源学上，"工程"（engineer）用作动词时，根源于古典拉丁文"ingenero"，意为"去植入""产生""生产"，有"生产""制造"之意，但并不仅限于人造物；ingenero 的形容词是 ingeneratus，意为"天生的""自然的"，与 natura、ars 和 techne 都有联系。[③]"engineer"用作名词时译为"工程师"，相对应的拉丁语为"ingeniator"，用来指称"攻城槌、弹射器及其战争工具的建造者和操作者"。[④]这里，从人造物或人工物的产生和对它们的操作和使用上看，工程是抽象意义上的技术。

19 世纪下半叶，科学与实用技艺（广义的技术也包括实用技艺）之间建立了"联盟"，科学为解决实际难题提供方法，成为整个工程系统进

---

① 马克思：《机器、自然力和科学的应用》，人民出版社 1978 年版，第 59、67 页。

② 马克思：《机器、自然力和科学的应用》，人民出版社 1978 年版，第 206 页。

③ ［美］卡尔·米切姆著，陈凡等译：《通过技术思考——工程与哲学之间的道路》，辽宁人民出版社 2008 年版，第 188 页。

④ ［美］卡尔·米切姆著，陈凡等译：《通过技术思考——工程与哲学之间的道路》，辽宁人民出版社 2008 年版，第 189 页。

步的基础，工程也拓展了它的范围，涵盖物质、能量和产品，如化学、电机、无线电、电力、航天、原子和计算机等工程。1958 年的《韦伯斯特新国际词典》和 1984 年的《麦克劳－希尔科学与技术术语词典》均将“工程”定义为“借由可以将自然中的物质特性和能量 / 力量的来源变得在结构、机械和产品方面对人类有用的科学”，英国权威工程教育家拉尔夫·J. 史密斯（Ralph J. Smith）首先对此作了注解，认为工程是“一项应用科学的艺术”，其目的在于“最大程度地转换自然资源”，使人类的利益得到满足，进而指出，工程就是“构想、设计结构、设备、系统”，从而“以最佳的方式来满足具体的环境”，其实质就是在脑海中“设计、规划一种设备、过程或系统”，从而有效地解决难题或满足需要。[①] 如此，现代意义上的工程具有四个特点：第一，它是关于如何设计有用的人造物过程的系统知识；第二，它是一门包含纯科学和数学的“应用科学”或“工程科学”；第三，它直接指向某种社会需求和希望；第四，它通过对人工物的设计来建立和组织特殊的工程框架，实现对其他相关元素的整合。

同时，尽管工程（建造）和技术（发明）活动都是造物活动，但它们造物的具体过程各有侧重。技术（发明）活动的两大主题是生产和使用，前者是以后者为可能性的一种创造性行动，制作、发明和设计都是它的行为，制造、劳动和操作是它的工序，它的活动主体是工匠、技工和发明家，核心是发明，强调构思和设计的创造性和新颖性。《现代汉语词典》将“工程”一词解释为“土木建筑或其他生产、制造部门用比较大而复杂的设备来进行的工作，如土木工程、机械工程、化学工程、采矿工程、水利工程等，也指具体的建设工程项目”；最新第 10 版《四角号码词典》则将“工程”一词解释为“有关土木、机械、冶金、化工等的设计、制造工

① ［美］卡尔·米切姆著，陈凡等译：《通过技术思考——工程与哲学之间的道路》，辽宁人民出版社 2008 年版，第 192–193 页。

作的总称”。

这里，把工程理解为大型的建造、生产和制造活动，它的工程范围从发明、研究和开发，经过设计、生产和建造，到达操作、出售、服务和管理，活动主体是企业家、工程师和工人，强调效率、效益和实用性，基本单位是由一系列“工序”或“操作单元”组成的项目或生产流程。可见，工程（建造）活动以一定的技术（发明）活动为基础，再加以组织化、制度化和科学化的管理。随着“现代工程”作为技术发明方法用来解决现代技术发明过程中的问题，现代技术发明也具有了工程建造所具有的以上四个特征，现代技术发明已经成为现代工程建造意义上的一项工程性事业，工程（建造）和技术（发明）又融为一体。

（二）技术与思维的内在逻辑关系

恩格斯直截了当地指出，在他和马克思看来，“思维是能的一种形式，是脑的一种功能”[①]，而且，意识和思维都是人脑的产物，“而人本身又是自然界的产物，是在自己所处的环境中并且与之共同发展起来的”[②]。也就是说，一方面思维是自然界产物的人脑的产物，在自然界和人的基础上产生和发展起来，与自然界相适应；另一方面思维是人脑特有的机能，它与客观存在于人自身之外的自然或世界有着辩证统一的关系。技术是人类在自身有目的的意志的指导下，有计划地与存在于自身之外的自然物发生相互作用而产生的结果，它与人类和自然界有着密切联系。同时，解剖学的证据表明，人类在有目的的意志指导下的有计划的技术行为归因于完全进化了的人类大脑机能，因而，技术与人类的关系，本质上是技术与人脑思维的关系。

1. 技术的起源与思维器官的进化：具有历史的同一性

技术和存在于世界上的其他事物一样，有一个从无到有的产生过程，

① 《马克思恩格斯选集》（第 3 卷），人民出版社 1995 年版，第 704 页。

② 《马克思恩格斯选集》（第 3 卷），人民出版社 1995 年版，第 374–375 页。

不同历史时期的（技术）哲学家和技术史学家不约而同地把人类的本质和起源与技术紧密地联系在一起。例如，富兰克林把“人”定义为“a tool-making animal”，即“制造工具的动物”。① 布鲁诺·雅科米把“工具的出现”视为“与生命有关的不可辩驳的人类”的唯一标准，并认为应该从两个方面来区别人和动物，一是直立行走和人手的解放，二是人造工具的使用。② 辛格认为人第一次成为人的标志是“用石头、骨头和木头制作武器或工具”③，奥特加则认为“人的确是一种技术存在”④，从起源上看，甚至可以说，人是在制造和使用工具的过程中成了人。这正如勒鲁瓦·古兰所言，“工具，即技术发明了人，而非相反，人发明工具”，或者说是“人在发明工具的同时在技术中自我发明”。⑤

简言之，技术的起源与人类的起源有着不解之缘，人类的猿类祖先（类人猿）在进化为人的过程中，形成了技术，而技术在其形成的过程中又反过来促进了类人猿的肢体和器官向人类肢体和器官的转化。在这一意义上，技术的起源与人脑思维器官的进化具有历史的同一性。

第一，技术的生物学基础及其萌芽：手脚的分化以及手对自然物的操作。

从进化论角度看，人类是一种由单个卵细胞分化而来的最复杂的有机体，由类似于猴子的祖先（这里称为“人猿”，是人科动物的一种）进化

---

①《马克思恩格斯选集》（第 2 卷），人民出版社 1995 年版，第 179 页。

②［法］布鲁诺·雅科米著，蔓君译：《技术史》，北京大学出版社 2000 年版，第 12 页。

③［英］查尔斯·辛格等主编，王前等主译：《技术史》（第 I 卷），上海科技教育出版社 2004 年版，第 83 页。

④［美］卡尔·米切姆著，陈凡等译：《通过技术思考——工程与哲学之间的道路》，辽宁人民出版社 2008 年版，第 61 页。

⑤［法］贝尔纳·斯蒂格勒著，裴程译：《技术与时间——爱比米修斯的过失》，译林出版社 2000 年版，第 171 页。

而来。[①] 人类的祖先人猿就是其中的一种高度发展的人科动物，在与自然环境长期相互作用的过程中，它发育出了适应环境的合适的持物器官，如善于抓握东西的爪子或手，继承了一些本能的意向，如寻找合适的食物和饮料，甚至探险等。

对形成中的技术而言，在人猿向人进化的过程中，具有决定性意义的一步是人猿手脚的分化，这为技术提供了生物学基础。受生活方式的影响，人猿的手逐渐从爬行的功能中解放出来，从事与脚不同的活动，如采摘果实、拿取食物、摆弄物体等，同时，脚渐渐地也能摆脱手的辅助开始直立行走，手和脚分化了。手之所以为手就在于它“打开了技艺、人为、技术之门”；而脚之所以为脚，就在于它除了“承担全身的重量”之外，还解放了手，使其能够执行手的使命、使操作成为可能。[②] 例如，由于直立行走，双手自由了，他们可以用石块作投掷物，用树枝或动物的长骨头作棍棒。这些被使用的自然物便是最初的工具或武器，手对它们的操作便是最初形态的技术。据考察，在“始石器时代”，双手获得了自由的南方古猿和上新世人科动物偶尔会使用简易工具和武器。[③]

可以说，技术起始于人猿的手对身体之外的物体的操作，这发生在人

---

① 具体而言，具备适当化学的先决条件后，最初的有生命的原生质，即完全没有结构的蛋白质形成了，生命的一切主要机能，包括消化、排泄、运动、收缩、对刺激的反应以及繁殖都由它执行；当核和膜在原生质中形成时，第一个细胞产生了，由此，整个有机界也具有了它自身形态形成的基础；这些细胞继而又发展出了无数种形态的原生生物，最初的植物和动物从进一步的发展中分化出来，动物的进一步分化，又产生了具有神经系统的脊椎动物，最后发展成具有自我意识的高等动物。

② ［法］贝尔纳·斯蒂格勒著，裴程译：《技术与时间——爱比米修斯的过失》，译林出版社 2000 年版，第 133 页。

③ ［英］查尔斯·辛格等主编，王前等主译：《技术史》（第Ⅰ卷），上海科技教育出版社 2004 年版，第 14 页。

猿由树栖生活转为地上生活后。[①] 工具（包括武器）可以认为是手和牙齿之功能的延伸和扩展，它依赖于肢体或器官，又是可与之分离的附属物。据考察，在第三纪早期，人猿仍过着树栖生活，他们善于抓握的手整日忙于攀缘和进食，还没有必要也没有机会使用外在于他们肢体的物体；在中新世时期前后，在地上生活的他们才能腾出双手，适时摆弄物体。[②] 对身外物体的摆弄，一开始可能仅仅是出于好奇或对闲暇时间的打发，后来为了适应某种特殊情形，变成了为满足某种需求的有目的的行为。这些物体一般是自然物，如枝丫、木条或石块，用来作为他们的肢体在功能上的延伸，如石头用来敲打牙齿咬不动的坚果，通过木条延长了手去采取高处的果实等。外在物体的使用意味着手对它们的操作，被操作的物体就是工具或器具[③]，同时，有效的操作又需要相应的技艺和技巧，技术由此萌芽了。

第二，技术萌芽过程中语言、思维器官及其服务器官的进化。

根据达尔文进化论中的相关律，“一个有机生物的个别部分的特定形态，总是和其他部分的某些形态相联系的”[④]，基于此，手和脚的逐渐分化及其分工的日益明确不是孤立的，它只是人猿整个有机体中肢体部分的进化，凡是有利于促进肢体进化的活动，也有利于身体其他器官的进化，而且是同时进行的。如此，人猿的栖息之地由树上转到地上后，不仅工具的使用成为可能，还为语言、大脑和其他感觉器官的发展提供了空间。

---

① ［英］查尔斯·辛格等主编，王前等主译：《技术史》（第Ⅰ卷），上海科技教育出版社2004年版，第9页。

② ［英］查尔斯·辛格等主编，王前等主译：《技术史》（第Ⅰ卷），上海科技教育出版社2004年版，第9页。

③ ［法］贝尔纳·斯蒂格勒著，裴程译：《技术与时间——爱比米修斯的过失》，译林出版社2000年版，第133页。

④ 恩格斯：《自然辩证法》，人民出版社1971年版，第151页。

第一，语言是与工具相联系的[①]，伴随着工具的使用，语言有了进化和发展。当然，正如马克思、恩格斯所揭示的，人类的语言产生于群体中个体间相互交流和合作的需要，它是物质交往活动的产物[②]，因此，语言的进化过程需要群体中个体间的配合，即群居生活习性的形成，才能发展。具体而言，在人猿向人的转变过程中，手的运用不断地得到加强，视觉、听觉和大脑的使用也相应地变得频繁。由此，解放了的双手在探索外部世界的同时，视觉和听觉对外部事物的辨别能力也提高了。同时，随着双手的解放和感觉器官的发展，人猿的活动范围不断扩展，有些活动需要成员间的互相帮助和共同协作才能完成，或完成得会更好，这些正在形成的人，相互间合作和交往的日益密切，“已经到了彼此间有些什么非说不可的地步了”[③]，具有发声能力的声带、喉部、舌部及唇部肌肉都在实践活动中得到了进化和发展。根据恩格斯的考察，人猿在活动中能够发出抑扬顿挫的音调，随着这种音调的增加，人猿不发达的喉头得到了改造，口部的器官也能发出清晰的音节。[④]由于工具的使用，“是以智力行为和至少是一些语言中表达出来的原始概念的存在为先决条件的”[⑤]，因而，直到人猿开始摆弄外在物体或学习如何有效操作工具时，他们也开始使用某种形式的语言。

第二是大脑和所有服务它的感觉器官的发展。较之一般的哺乳动物依赖于嗅觉在地面生活，人猿在树上生活一是依赖于他们敏锐的视觉、触觉和听觉，尤其是敏锐的视觉，它与攀缘能力共存；二是依赖于他们大脑皮层的组织结构或中枢神经系统所具有的协调感官印象的能力或功能，在树

---

① ［英］查尔斯·辛格等主编，王前等主译：《技术史》（第Ⅰ卷），上海科技教育出版社2004年版，第4–5页。

②《马克思恩格斯选集》（第1卷），人民出版社1995年版，第72、81页。

③ 恩格斯：《自然辩证法》，人民出版社1971年版，第152页。

④ 恩格斯：《自然辩证法》，人民出版社1971年版，第152页。

⑤ ［英］查尔斯·辛格等主编，王前等主译：《技术史》（第Ⅰ卷），上海科技教育出版社2004年版，第57页。

上的生活，又使他们的手进化为持物器官和重要的感觉器官。[①] 大脑对感官印象的协调能力的进化和发展，使后来人类熟练的手工活动成为可能。[②] 人猿用手摆弄或学习如何有效操作自然物就是得益于大脑皮质的一层特化的神经细胞接收和分类了来自感觉器官（视觉、触觉和听觉）的冲动。[③] 人猿的栖息之地由树上转到地上后，为他们的肢体和器官的进一步发展提供了空间。

最后，在语言、大脑和感觉器官的共同作用下，正在形成中的人的自我意识、抽象能力和推理能力也相应地得到了发展，并反过来促进他们活动和语言的发展。

第三，石制器具的制造和使用与人脑皮层组织的完全进化：技术与人类的产生。

肢体、语言和器官的发展使正在形成中的人越来越有能力适应自然界并对其进行反作用，他们获取食物的区域不断扩大或迁移，食物也越来越多样，身体吸收的营养元素变得更为多元，直到他们有能力从自然界选取材料制造工具来获取肉类食物，他们吃的食物也由只吃植物转变为既吃植物又吃肉类，生存活动由最初的采集向狩猎发展。肉类食物的意义在于，它“几乎现成地包含着为身体新陈代谢所必需的最重要的材料”[④]，不仅有利于增强正在形成中的人的体力和独立性，而且能够促进身体机体组织结构尤其是大脑的进一步发展和完善，类人猿向人的转变又迈出了重要的一步。考古学的证据表明，人类从一开始就是食肉的，旧石器时代早期的人

---

① ［英］查尔斯·辛格等主编，王前等主译：《技术史》（第Ⅰ卷），上海科技教育出版社2004年版，第57页。

② ［英］查尔斯·辛格等主编，王前等主译：《技术史》（第Ⅰ卷），上海科技教育出版社2004年版，第5页。

③ ［英］查尔斯·辛格等主编，王前等主译：《技术史》（第Ⅰ卷），上海科技教育出版社2004年版，第4页。

④ 恩格斯：《自然辩证法》，人民出版社1971年版，第155页。

类是狩猎者。[①]

同时，获取肉类食物的狩猎活动是以人造工具的使用为前提和基础的，在这一意义上，辛格认为，工具制造是从食肉的饮食习惯中产生的，这也一定是工具制造传统的起源。[②]在旧石器时代，还没有种植植物和驯化动物的技术，肉类一般以水中捕获的鱼和山中捕获的野生动物为主，为了获得肉类，早期人类就要有能力进行捕鱼和打猎活动，而且借助自然物已经不能达到预期目的，必须对自然物进行适当的加工，目的才能达成，于是产生了人造物或人造器具。

考古发现，迄今发现的人类最古老的工具就是经过打磨的石制工具和石器，换句话说，把石头加工成能达成某一目的的器具，即石制器具的制造标志着人类的诞生和人类技术活动的开始，这也是被马克思、恩格斯认为是人类真正劳动的开始，旧石器时代因而成为人类历史的开端，攀树的人猿完成了向制造工具的人的完全转变，完全形成的人出现了，攀树的猿群进化为人类社会。

2. 完全进化了的人脑具有的能力：人类技术行为的起源

能使用工具的动物，除了人，还有蚂蚁和蜜蜂等；能制造工具的灵长目动物，除了人，还有类人猿；但有计划地制造工具的，却只有完全进化了的人。人之所以做到这一点，首先和主要的是由于手，其次是由于随着手的发展而进一步发展起来的作为思维器官的大脑中枢神经系统，特别是大脑皮层各区域的特殊组织的发展，它能够联结手和中枢神经系统。正如恩格斯所指出的，如果人脑没有随着手的发展而相应地发展起来，单凭人

① ［英］查尔斯·辛格等主编，王前等主译：《技术史》（第Ⅰ卷），上海科技教育出版社2004年版，第12页。

② ［英］查尔斯·辛格等主编，王前等主译：《技术史》（第Ⅰ卷），上海科技教育出版社2004年版，第13页。

手是制造不出蒸汽机的。[①] 善于协调的大脑皮层的进化始于东非人和新人之间，终于新人之后[②]，大脑皮层完全进化后，获得了充分的组织复杂性，较之类人猿，其有特殊的组织结构和与之相适应的生理机能，使人类有计划地制造各种形式的工具成为可能。

第一，大脑皮层的联络区：具有先见能力，是有意识、有计划行为的起源。

1913—1917 年的研究表明，由于类人猿一是缺乏对过去和未来的创见，二是缺乏说话这一宝贵技能的辅助，三是在思想成分即所谓的“想象”上存在很大的局限性，因而，尽管他们会制造工具，但这只是一种即兴行为，是“为了看得见的回报”，并不能“为了想象中可能发生的事情而去考虑修整整个物体的有用性”。[③] 而人类为了做出适应某一特定用途的工具，会在脑海中不停地想象或构想出这个工具的模样，直到现实地把它制作出来。也就是说，在“涉及不在面前的物体之间的关系”时，人类具有类人猿所缺乏的想象和思考能力，这是类人猿和最原始人类之间的主要区别。辛格把人类具有的这一能力称为“先见能力”，斯蒂格勒则称之为“超前意识”，并认为它是有计划地制造和发展工具的条件，没有它，就不可能制造和发展工具。[④] 马克思认为，最蹩脚的建筑师都比最灵巧的蜜蜂高明，因为前者“在用蜂蜡建筑蜂房以前”，就“已经在自己的头脑中把它建成了”。[⑤]

先见能力是人类大脑皮层的联络区具有的一个功能，它能够将过去和

---

① 恩格斯：《自然辩证法》，人民出版社 1971 年版，第 19 页。

② ［法］贝尔纳·斯蒂格勒著，裴程译：《技术与时间——爱比米修斯的过失》，译林出版社 2000 年版，第 168 页。

③ ［英］查尔斯·辛格等主编，王前等主译：《技术史》（第 I 卷），上海科技教育出版社 2004 年版，第 9 页。

④ ［法］贝尔纳·斯蒂格勒著，裴程译：《技术与时间——爱比米修斯的过失》，译林出版社 2000 年版，第 180–181 页。

⑤《马克思恩格斯选集》（第 2 卷），人民出版社 1995 年版，第 178 页。

现在的信息进行协调并进行推理，从而产生行动，人类在文明开端之际就具有这一心智。早在旧石器时代，某一工具的制作往往都是为了制作出另一工具。例如，在制作手斧前，往往已经制作好了石锤；在削尖木制的矛前，往往已经制作好了石片；等等。可以说，石器时代最早制作的石制器具尽管很粗糙，但也显示了早期人类相当程度的先见能力。这一先见能力来源于完全进化了的大脑皮层对个体以往经验的记录的充分利用。具体而言，大脑皮层中有一个类似于计算机内电子元件的神经元，它能组织起来接收感觉器官获取的信息，包括过去经验所留下的活动模式和当下所获取的信息，再经由一个类似于计算机中的计算机制的过程来解决问题，然后由运动细胞和控制肌肉的神经来调动适当的身体运动。[①]

由于联络区中存储着某些过去行为的模式，当它们作为记忆被唤醒时，它们便成为思想的起源，并因此成为有意识、有计划的行为的起源。[②]

第二，大脑皮层的扩展区：具有概念思维能力，是常规工具制造的基本要素。

概念思维，即抽象化的能力，是一种“从一系列的观察中分离出某一种特性的能力”，如在一堆极端混杂的物体中挑选出具有相同色调的物体，归功于“人脑中与综合能力有关的大脑皮层部分的扩展”，构成制造常规性工具的基本要素。[③]解剖学的证据表明，较之猿类，人脑一是有较大的额叶和颞叶，二是有较为重要的运动神经元区域，这一区域集中在从顶部延伸到左右大脑中部的地带，它包括了额叶的后部，可以与接受触觉感应

---

① ［英］查尔斯·辛格等主编，王前等主译：《技术史》（第Ⅰ卷），上海科技教育出版社2004年版，第10页。

② ［英］查尔斯·辛格等主编，王前等主译：《技术史》（第Ⅰ卷），上海科技教育出版社2004年版，第11页。

③ ［英］查尔斯·辛格等主编，王前等主译：《技术史》（第Ⅰ卷），上海科技教育出版社2004年版，第11页。

的顶叶的前部边缘相接。[①] 正是这两个独特之处使概念思维成为可能。

第三，大脑皮层的运动区：具有运动能力，是技能行为的组织基础。

有目的或有意识的运动能力，这完全是由大脑皮层的运动区发起的。解剖学的证据表明，这一运动区域的很大一部分控制手的运动，手工技能的发展与这一运动区域的进化有着密切的联系。[②] 具体表现在，在进化过程中，人脑皮层的这一运动区同与其相接的联络区一起，使人脑控制运动功能的程度越来越大，与之相适应，人类对所有运动的意识能力也越强，人类因此而获得了在技能行为上受教育的能力和吸取以往经验的能力。[③] 大脑的这一运动区域一旦受损，相应的运动器官会瘫痪，技能行为也会因此受到影响，如果未被彻底损坏，经过充分长的时间，某些功能可以得到一些恢复，但手的功能恢复要慢于足，且不彻底。

第四，联络区与运动区的整合：概念思维能力和逻辑思维能力的综合，是发明语言和有计划制造工具的必要条件。

尽管截至目前，我们对人类语言的起源无从所知，但是，对于某些形式的语言与人类本身的历史一样久远，以及它与工具的密切联系，却是毋庸置疑的。据考察，至少在更新世的初期就出现了某种形式的语言。而且，语言和工具依靠大脑中的同一运行机制，它们二者的可能性几乎也是同时产生的，因而，二者也无疑共同构成了人类之所以是人类的两大因素。[④]

---

① ［英］查尔斯·辛格等主编，王前等主译：《技术史》（第Ⅰ卷），上海科技教育出版社2004年版，第11页。

② ［英］查尔斯·辛格等主编，王前等主译：《技术史》（第Ⅰ卷），上海科技教育出版社2004年版，第11页。

③ ［英］查尔斯·辛格等主编，王前等主译：《技术史》（第Ⅰ卷），上海科技教育出版社2004年版，第11页。

④ ［法］贝尔纳·斯蒂格勒，裴程译：《技术与时间——爱比米修斯的过失》，译林出版社2000年版，第183页。

概括地讲，人类语言与动物的声音、信号或姿势有着本质的区别。动物的“语言”是物种的特性，几乎是与生俱来的，而且它们一般是不分音节的整体，无法分解成词语，仅限于表达特殊的场合，对于一般事物则无法表达。[①] 人类的语言是分音节的，而且可以分解成词语，具有给事物以及感觉命名的功能，并以一定的词序将它们表达出来，这是概念思维和逻辑思维所发挥的功能，只有人类的大脑才具有。[②] 因此，人类不仅是工具的制造者，还是词语的创造者。

要特别强调的是，人类的祖先在发明语言之前，也和动物一样，把一系列事件看成是一个整体，发明语言之后，才把它们看成是一个一个有名称或符号的单个事件。当事物有了名字或某种形式的符号，人类的大脑不仅可以把事物看成是一系列连续事件的一部分，而且还可以对它们进行分离和重组。而对记忆进行选择，且同时能够对它们进行分离和重组，进而提供想法的能力，是人类进行技术发明或有计划地制造工具的必要条件。[③]

具体地讲，语言的形式包括手势、符号、口语或言语、文字。其中的口语作为语言的一种形式，它首先是技术性的辅助手段，是人类发明的一种工具，有了口语后，人才具有了逻辑思维能力。在这一层面上，古兰认为，技术和逻辑（逻格斯）、语言是一个属性的两个方面；辛格认为，有了言语或等价的符号的使用，有效的思考、计划或发明才成为可能，否则，“即使不是不可能实现，也会非常困难”[④]。辛格甚至做出了这样的推断，在

① ［英］查尔斯·辛格等主编，王前等主译：《技术史》（第Ⅰ卷），上海科技教育出版社2004年版，第57页。

② ［英］查尔斯·辛格等主编，王前等主译：《技术史》（第Ⅰ卷），上海科技教育出版社2004年版，第11页。

③ ［英］查尔斯·辛格等主编，王前等主译：《技术史》（第Ⅰ卷），上海科技教育出版社2004年版，第11页。

④ ［英］查尔斯·辛格等主编，王前等主译：《技术史》（第Ⅰ卷），上海科技教育出版社2004年版，第11页。

工具制造过程中，如果原始人的大脑具备了预先设计的能力，那么，大脑在功能上也进化到了具备说话的能力。[①] 如此，口语或等价的符号的发明和使用是人类使用和有计划地制造工具的先决条件。

这里，也就是说，作为面部语言的口语，也即作为面部运动的说话，与手的活动（包括手势和手对身体之外的物体的操作）有着密切的关系，这一关系以大脑皮层各区域之间的联合为基础，归因于各区域的功能整合。神经外科的实验表明，大脑皮层中的运动区域既能协调手和面部的活动，还参与了声音和图案符号的创造。[②] 解剖学的证据表明，这些区域包括具有支配能力的脑半球（多半是左半球）侧面、视区的前部、听区和运动区的下部；以大脑皮层为中介，各区域紧密地相连在一起，由于外周神经系统中的神经纤维能够通过大脑皮层联结到脑干，于是右手，或者说身体的右部由脑的左部控制，身体的左部由右脑控制，绝大多数个体的语言联系建立在控制身体右部的大脑左半球的皮层之上。[③] 由此，说话与手的活动建立起了密切联系，如果这些区域发生损失，不仅会影响听、说、读，还会影响写和其他手的活动。

同时，工具的制作和使用又反过来推动语言的发展。正如辛格依据考古学的证据所做出的推断，在旧石器时代的数十万年里，原始语言体系的特征可能并没有发生质的变化；到了新石器时代，人类学会以栽培植物和驯养动物来生产食物，这一技术革命推进了语言体系的变化；到了约公元前 3500 年，城市文明的兴起更加加速了这一变化，最显著的就是，这一

---

① ［英］查尔斯·辛格等主编，王前等主译：《技术史》（第 I 卷），上海科技教育出版社 2004 年版，第 11 页。

② ［法］贝尔纳·斯蒂格勒著，裴程译：《技术与时间——爱比米修斯的过失》，译林出版社 2000 年版，第 175 页。

③ ［英］查尔斯·辛格等主编，王前等主译：《技术史》（第 I 卷），上海科技教育出版社 2004 年版，第 12 页。

期间发明了文字。[①]

综上，基于神经系统的外周及中枢部分对体内和体外信息的感受（感受器）、传导（传入纤维）及加工处理（感觉中枢），中枢神经系统中大脑皮层整合了既不属于感觉传入进行直接处理，也不属于运动性或植物性中枢活动的神经过程，成为人类的知觉、语言、学习、记忆和思维基础的神经源性机理[②]，成为思想、意识和有计划的技术行为的起源。

（三）技术思维方式及其要素和形态的时代性

恩格斯指出，“每一个时代的理论思维，从而我们时代的理论思维，都是一种历史的产物，它在不同的时代具有完全不同的形式，同时具有完全不同的内容。因此，关于思维的科学，也和其他各门科学一样，是一种历史的科学，是关于人的思维的历史发展的科学。这一点对于思维在经验领域中的实际运用也是重要的。”[③]根据这一理论，技术思维方式无疑也是一种历史的产物，具有鲜明的时代性，它在不同的时代具有不同的形式和内容。接下来，首先从对思维方式概念的一般理解中引出技术思维方式的含义，继而结合不同历史阶段下技术活动的不同形式和内容，探讨技术思维方式三大基本要素和形态的时代性。

1. 思维方式的概念及其三个基本要素

从前面的文献综述来看，学界对思维方式有不同的理解。这里主要从词的构成和马克思主义的话语体系中来理解。

第一，在词的构成上看，“思维方式”是定型化了的思维活动的方式、

---

① ［英］查尔斯·辛格等主编，王前等主译：《技术史》（第Ⅰ卷），上海科技教育出版社2004年版，第64–65页。

② ［德］R.F.施密特、J.杜德尔等著，赵铁千等译:《神经生理学基础》，科学出版社1983年版，第277页。

③《马克思恩格斯选集》（第4卷），人民出版社1995年版，第284页。

结构和过程。

从词的构成看,“思维方式”一词由“思维”和“方式”两个词合成。汉语中,“思维”作名词用时,一般为哲学术语,一是指意识或精神,与存在相对;二是指思想或理性认识,与感性认识相对,指人脑以已有的知识为中介对客观事物进行间接的概括性反映。“思维”作动词用时,一般意为“进行思维活动”,意指“人类特有的一种高级形式的精神活动”,是“人脑借助表象、语言、符号、概念等工具通过分析、综合、判断、推理等程序进行理性认识的活动过程”。

“方式”一词在《现代汉语词典》中的解释是“说话做事所采取的方法和形式”,“方法”是指“关于解决思想、说话、行动等问题的门路、程序等”,“形式”则是“事物的形状、结构等”。“方式”一词的英文为“Mode”,来源于拉丁文“Modus”,意指“定型化的操作样式”,最初它只是指对操作过程的经验性概括,随着社会发展和思维视野的开拓,内涵日益丰富,扩展为具体的定型化的活动样式、结构和过程。[1]

如此,从词义上看,“思维方式”是定型化了的思维活动的样式、结构和过程。

第二,马克思主义对思维方式概念与内涵的理解。

在马克思主义辩证唯物主义和历史唯物主义的角度,思维方式有如下两层含义,一是建立在一定社会生产力和生产关系基础上的精神生产方式,与物质生产方式相对应。

马克思、恩格斯首先明确了思维的物质属性以及思维活动与物质生产生活的紧密联系。在他们看来,作为思维器官所有者以及思维主体的人是现实的、以一定的方式从事生产活动的人,受制于生产力和与之相适应的交往的发展;“精神”或“意识”的生产受物质“纠缠”,是一定历史阶段

① 李淮春、陈志良:《现时代与现代思维方式》,河北人民出版社 1987 年版,第 89 页。

的社会产物。[①] 他们认为，伴随着生产率的提高、需要的增长、人口的增多以及分工的发展，意识在获得相应程度的发展后，能够现实地想象，并摆脱世界而去构造“纯粹的”理论、神学、哲学、政治、法律、道德、宗教等精神产品，相对独立地进行精神劳动。[②] 他们强调，精神产品的生产最初是直接与人们的物质活动、物质交往以及现实生活的语言交织在一起的，想象、思维、精神交往也都是人们物质行动的直接产物[③]，它们的发展变化与物质生产、交往和语言的发展变化具有同一性。

马克思把生产活动划分为物质生产活动以及以之为前提和基础的精神生产活动。根据马克思的生产劳动理论，物质生产活动是有目的的劳动者有效操作物质性生产工具，依照自己的目的作用于客观实在的物质对象上，引起对象发生形式上的变化，直到预定目的达成，活动结束。如此，精神生产活动也即思维活动可以理解为有目的的思维主体运用思维工具，依据自己的目的和需要去接受、反映、认识、理解、加工思维对象。有目的的思维主体、思维工具和思维对象是思维活动过程中最基本、最重要的三个要素。

从活动主体的角度来看，物质生产活动侧重于手或脚的肢体运动以及对物质对象形式的改变；精神生产活动侧重于人脑思维的运思活动以及对对象的观念把握。从活动的结果来看，物质生产活动产生客观实在的物质产品，精神生产活动一般产生思想、观念、意识、理论、方案等产品。这两种不同目的的活动有各自的活动方式，即物质生产的活动方式和精神生产的活动方式，简称物质生产方式和精神生产方式，后者通常也被称为思维方式，反映并受制于一定历史阶段的生产力和生产关系状况。

二是指有目的的思维活动主体在运用思维工具、方法和手段把握思维

---

①《马克思恩格斯选集》（第 2 卷），人民出版社 1995 年版，第 71–72 页。

②《马克思恩格斯选集》（第 1 卷），人民出版社 1995 年版，第 81–82 页。

③《马克思恩格斯选集》（第 2 卷），人民出版社 1995 年版，第 72–73 页。

对象时的思维活动样式或模式，本质上是有目的的思维主体、思维工具和思维对象之间形成的相对稳定的思维关系和定型化的思维结构。

马克思指出，劳动者要实现的活动目的“作为规律决定着活动的方式和方法”[①]。马克思、恩格斯不时会将思维方式与思维形式和思维方法等范畴混用。[②]江泽民认为，“思维方式，就是我们平时所说的思想方法。”[③]但这并不意味着，可以将它们等同视之，它们有区别也有联系。

思维形式一般指思想或思维内容的表现形式，也是思想或思维内容借以实现的形式，概念、判断、推理、证明是思维的最基本形式。但它又不同于“思维活动形式”，后者是指思维这个动态事物本身的形式，它通过思维过程表现出来，抽象/逻辑思维、形象思维、灵感思维/直觉思维是思维活动的基本形式。当我们根据思维的属性来划分思维方式时，一般把它划分为这三种。其中，抽象思维是运用概念、判断、推理等来反映现实的思维过程；形象思维是借助于具体形象来展开的思维过程，亦称直感思维；灵感思维是在不知不觉之中突然迅速发生的特殊思维形式，亦称顿悟思维或直觉思维。在具体的思维活动过程中，也即思维主体在解决某一问题时，大多数情况下会运用到多种思维形式。

思维方法可以理解为在思维活动中，思维主体为了达到某一特定的思维目的所使用的途径、手段或办法，包括归纳与演绎、分析与综合、推理与论证等；也是思维过程中思维主体加工思维对象时所运用的工具和手段，形式逻辑、归纳逻辑、数理逻辑和辩证逻辑是较常用的四种思维工具，它们是思维方式具体而集中的体现，属于思维方式的范畴。

受生产力和生产关系的影响和制约，不同历史条件下的思维主体以不同的需要或目的为导向，运用不同的思维工具和方法来把握不同的对象

---

① 《马克思恩格斯选集》（第2卷），人民出版社1995年版，第178页。

② 高晨阳：《中国传统思维方式研究》，科学出版社2012年版，第5页。

③ 《江泽民文选》（第1卷），人民出版社2006年版，第45页。

时，会产生和形成不同类型、不同层次且相互交织的思维方式。换句话说，不同历史条件下，有目的的思维主体、思维工具和思维对象会有所不同，它们之间的相互关系以及相互间发生作用的方式也有所不同。因而，思维方式在一定程度上反映了思维主体、思维目的、思维工具和思维对象之间相对稳定的思维关系和定型化的思维结构，邓小平形象地把这种思维结构称为“脑筋里的框子”[①]，成为人们观念地把握对象性客体以及思考和解决问题的思维模式或程式。

2. 技术思维方式的含义及其要素和形态的时代特征

第一，技术思维方式的含义及其三个基本要素。马克思指出，实践是人的存在方式，毛泽东在《实践论》中把人的社会实践活动划分为生产活动、阶级斗争、政治生活、科学和艺术五种形式[②]。不同的实践活动内容和形式有不同的职业称谓，例如工匠（技术专家或工程师）、军事家、政治家、科学家和艺术家等；同时，不同的实践活动领域有相对应的职业活动思维方式，例如军事斗争、科学探究和艺术创作活动领域相对应的是军事思维方式、科学思维方式、艺术思维方式，劳动生产领域相对应的职业活动思维方式就是技术思维方式。

如此，技术思维方式是劳动生产领域中形成、发展和使用的一种思维方式，是技术活动主体观念地解决某一技术问题和达成某一技术目的的思维模式或程式，是有目的的技术思维活动主体、思维对象和思维工具建构的相对稳定的思维关系和定型化的思维结构。其中，有目的的技术思维活动主体、思维对象和思维工具是技术思维方式的三个基本要素。

第二，技术思维方式基本要素的时代性。技术活动特有的目的和实现这一目的的方法和手段使技术思维活动的主体、对象和工具具有独特的规

---

①《邓小平文选》（第 2 卷），人民出版社 1994 年版，第 411 页。

②《毛泽东选集》（第 1 卷），人民出版社 1991 年版，第 283 页。

定性，它们会随着时代的变迁而发生改变，具有鲜明的时代性。

首先，技术活动主体是为了满足人们的某一需求或愿望而进行技术发明和制造活动的，技术活动的产物必须具有特定的功能和价值。因此，对技术发明和生产制造者而言，首先要考虑的就是用户或客户的需求或愿望。由于这一需求或愿望需要采取相应的技术行为或行动来加以实现，因而一般被转化为要解决的实际技术问题和要实现的技术目标。在马克思、恩格斯看来，人们在解决了吃、喝、住、穿、行和其他一些基本需要后，才去构造理论、哲学和道德等，而且，不同的人甚至同一个人在不同的成长阶段有不同的需求和愿望，即人们的需求或愿望不仅是发展变化的，还是多元化和多层次的。这也就决定了思维对象和内容的丰富多样。

其次，技术活动是主体在有目的的意志指导下，按一定的法则和规则有效操作特定的工具、机械或设备，再按一定的程序或工艺加工和制作对象性客体的过程，直到生成具有特定功能、能满足人们某种需求或愿望的新的技术人工物。由于技术人工物的功能是以特定的物理结构为前提和基础的，因而可以明确，技术活动的目的是产生具有特定功能的物理客体，可用作主体达成一定目的的手段。为了达成这一技术目的，即发明和制造出具有特定功能的物理客体，技术活动主体并不是盲目地操作工具作用于对象性客体，而是以头脑中构思设计的技术方案为模型对对象性客体进行加工和制作（这一模型一般是能实现特定运行原理的常规型构），以相应的技术规则来保证操作的有效性。

由此，可以说，用户或客户的需求或愿望明确后，在技术人工物的发明和制造过程中，技术活动主体还要围绕以下三个方面来开展思维活动，这三个方面也是这一思维活动的对象，即技术方案或常规型构的构思设计、技术规则和加工制作工艺的获取和选择。而且，不同的历史阶段，人们对物理客体的功率、功效和效能有不同的要求，与之相对应的运行原理和型构、技术规则和加工制作工艺也不同。这些思维对象又制约着思维活动的形式，制约着思维主体对思维方法和思维工具的选择和使用，而且选择的正确与否和使用效果的好否不仅取决于特定历史条件下技术思维活动主体关于技术的实践能力、经验积累、思想认识、认知水平、知识结构、价值观念和该主体所在国家或民族的历史文化传统等，还取决于特定历史条件下生产力与生产关系、经济基础与上层建筑的整体状况。

最后，技术思维方式形态的时代性。技术思维方式基本要素随着历史条件而发展变化时，要素间的相互关系、结构和相互作用的方式一般都会发生变化，表现形式也不同。换句话说，技术思维方式在特定的历史阶段下会有不同的形态，如此，技术思维方式形态也具有了时代性。

例如，在 18 世纪中叶以前的很长一段历史时期，技术思维活动的主体是个人或工匠。个人或工匠在构思设计技术方案或常规型构、获取和选择技术规则和加工制作工艺时，一般依靠经验、技能和诀窍，这些经验、技能和诀窍一是古代工匠在长期的造物实践中获得，这一过程受个体直觉思维的支配；二是基于“言传”的引导和“身教”的暗示，通过在实践中模仿、体验和领悟来掌握，这一过程强调个人的悟性、天赋和直观体验。[①] 这一历史阶段，直觉、悟性和直观是思维活动主体必须具备的思维能力，也是他们常用的思维工具，但这些思维工具是一种本能或天赋，依靠它们并不能真正地解决技术问题、实现技术目标，还需要以这些思维能力或工具为手段，付诸行动，即进行技术实践活动，获取相应的经验、技能和诀窍等。也就是说，对于个人或工匠而言，直觉、悟性和直观是基础，实践中获取的经验才是解决技术问题、实现技术目标的关键。这一解决技术问题的思路和方法在工匠长期的技术实践活动中相互传承而固化为一种思维活动的样式、定型化为一种技术思维模式，即以直觉、悟性和直观为基础的实践或经验思维（方式），它是技术思维方式在这一历史阶段的基本形态。

---

① 胡飞：《中国传统设计思维方式探索》，中国建筑工业出版社 2007 年版，第 9 页。

18 世纪 60 年代至 19 世纪中叶，技术人工物运行原理和常规型构的设计开始日益受制于自然科学理论和应用科学的发展程度以及一些新工具和方法的发明和应用。例如，瓦特在 1764 年发明的蒸汽机在 1794 年运用到了工业生产中，但在 1800—1850 年间，随着量热学和温度测量的进一步发展以及应用力学和热力学第一和第二定律问世，工程师们能够确切地计算出蒸汽机的结构细节，零部件的正确尺寸，蒸汽机的功率、热效率、动力以及蒸汽机与传动装置的摩擦情况后，它才“真正发展为一种新的和较强有力的原动机”①。如此，也就是说，仅凭以直觉、悟性和直观为基础的实践或经验已经不足以构思设计出令人满意的技术方案了，构思设计能实现某一运行原理的常规型构还需要借助基于逻辑演绎与推理、分析与综合、归纳与概括、类比与联想等思维方法来建构自然科学理论和模型，也就是要先处理好关于“事物是怎样”的自然科学问题，再处理关于“事物应该是怎样”的工程设计问题。这两个问题分别隶属于思维活动的“认知”和“筹划”两个层面，“认知型思维的高级形式就是理论思维，筹划型思维的高级形式就是工程思维”②。如此，也就是说，在这一阶段，理论思维已经开始应用于技术活动这一经验领域，与工程思维相互交织。

19 世纪下半叶以后，技术思维活动的主体不再是工匠和个体发明家，而是受过专业科学技术教育的科学家、技术专家、工程师和商人联结而成的现代技术共同体。这时，用来规范现代技术行为的现代技术规则不再是个人通过“不断试错而偶然”获得的尝试性与偶然性技艺，也不是工匠通过师徒授艺和日常生活积累所获得的经验性技艺或规则，而是现代技术共同体通过数学与受控实验相结合的精密科学方法获取的理性技术规则。这

① ［英］查尔斯 · 辛格等主编，辛元欧主译：《技术史》（第 IV 卷），上海科技教育出版社 2004 年版，第 111 页。

② 徐长福：《理论思维与工程思维：两种思维方式的僭越与划界》，上海人民出版社 2002 年版，第 4–5 页。

一理性技术规则是基于对自然和人工事物之因果性和功能性的理解和认识，为达到某一目标而对自然和人工事物的操作或使用过程所作的规定，它既包含自然和工程科学知识，也包含行动客体（器具）的知识以及在具体环境中操作它时的理论或知识，是一个带有普遍性的关于人类行为的指令序。[①] 也就是说，现代理性技术规则既以科学实验获得的科学规律为基础，又以技术实验获得的技术规律为基础，它既经过技术检验，又有科学根据。

如此，也就是说，18 世纪 60 年代以后，随着常规型构的构思设计和技术规则的获取日益依赖于自然科学理论和方法，技术活动开始走进理论领域，或者说自然科学理论和方法开始在技术活动中得到应用了，即马克思所说的，“自然科学成为运用于实践的科学”[②]。同时，正如恩格斯所言，经验的方法在这时已经不中用了，“只有理论思维才管用”，恩格斯甚至把理论思维视为一个民族攀登科学高峰的必要手段，即“一个民族要想登上科学的高峰，究竟是不能离开理论思维的”。[③]19 世纪下半叶以后，以理性能力为基础的理论思维成为解决技术问题、实现技术目标不可或缺的一种思维活动样式和模式，也是技术思维方式的一种新形态。

（四）技术思维方式的演进

“演进”是生物学领域使用的一个词，后来被应用到技术、文化和科学领域。在技术领域，经历了文艺复兴时期的“生物—技术”类比后，19 世纪中叶以后，转向“技术—生物”类比，对技术思维方式演进的研究，正是基于这一类比的转向。

1. 演进的概念及其生物学内涵的延伸

“演进”在《现代汉语词典》中的解释是“演变进化”。它在英文中的

---

① 张华夏、张志林：《技术解释研究》，科学出版社 2005 年版，第 53 页。

② 马克思：《机器、自然力和科学的应用》，人民出版社 1978 年版，第 212 页。

③《马克思恩格斯选集》（第 4 卷），人民出版社 1995 年版，第 284、285 页。

名词是“evolution”，起源于拉丁语“evolvere”，原意指将卷在一起的事物打开，也可以指任何事物的生长、发展和变化，英文有两种解释：第一种解释为“the scientific idea that plants and animals develop gradually from simpler to more complicated forms”，意指“动植物由低级向高级逐渐发展的科学思想”，例如达尔文的进化论；第二种解释为“the gradual change and development of an idea, situation or object”，意为“思想、环境或客体的逐渐变化发展”。它作动词时的英文是“evolve”，英文解释为“to develop or make something develop by gradually changing”，意为“事物的逐渐变化发展”。如此，“演进”有双层含义，第一层是生物学意义上的，特指生物的自然进化或演变；第二层是对第一层含义的延伸，它的应用从生物学领域扩展到技术、文化和科学领域。

2. 技术思维方式的演进：生物进化论在技术领域的运用

文艺复兴时期，在技术领域，有一种“生物—技术”的类比思维，这种思维形成于欧洲思想家在有机体与技术（机械）之间进行比较，即运用机械术语来描述和解释有机体的结构和生命过程。[①]19世纪中叶，受达尔文和斯宾塞生物进化论的影响，“生物—技术”的类比思维由文艺复兴时期的技术向生物移动转变为生物向技术的反向移动，卡尔·马克思、塞缪尔·勃特勒、皮特·里弗斯、乔治·巴萨拉等运用生命体的进化方式来阐释技术和文化的发展和演进。

在技术领域，马克思在《资本论》的“机器与大工业的发展”中把达尔文的进化论视为一部关于“自然工艺史”的著作，马克思把动植物和社会人等生命体的器官与生产工具进行类比，认为达尔文注意到了“在动植物的生活中作为生产工具的动植物器官是怎样形成的”，人类发明的生产工具作为社会人的生产器官的形成史，即人造自然工艺史也同样值得注

① [美]乔治·巴萨拉著，周光发译：《技术发展简史》，复旦大学出版社2000年版，第16页。

意。[①] 英国小说家塞缪尔·勃特勒（Samuel Butler）在 1863 年的《机器间的达尔文》和 1872 年的《埃瑞洪》两篇文学著作中，用生命体的进化来解释机器的发展。一是他预测了未来人类将与机器相依相伴，或被具有自我更新能力的新技术形式（如计算机和机器人）所取代。二是他认为经历了一系列复杂变革后的机器可能派生出存在于现有的动植物王国之外、由各种形态的机械组成的机械王国。三是他把机器视作一类生命体，把它们细分为属、科、变种，建立起一个描述机械生命期的各种形式之间相互关联的进化树形图，使得达尔文的进化理论完全适合于他的机械王国；而且，在勃特勒看来，人们通过选种繁殖的方式达到对动植物的人工选择，工业家们和工程师们在制定技术发展计划的同时，也在对机械生命做同等性质的处理。[②]

巴萨拉以不同技术、文化和历史阶段中选出的人造物为详细实例作为研究的基础，把发明的累积变化理论发展为技术急剧变革与平缓发展相兼容的进化理论。在他的进化理论中，他关注到了史学研究一直呼吁技术领域工作人员应该普遍关注的思维模式问题。他援引尤金·S. 弗格森论文的一个观点，即技术专家的创造性思维活动是靠意象来进行思维的，这种思维由视觉而非言语来主导，认为技术专家首先在头脑中对机器的部件进行了审视和组装，其次是在头脑中对其产生无数幅草图和模型后再对其加以修改和完善，最后才是回到现实世界，对其进行描述和建造。[③] 巴萨拉强调，概念、数学表达或假设实体是科学家们喜欢使用的，非言语思维过程对科学家而言，并不要紧；但对工程师和技术专家而言，却是关键。[④] 在巴萨拉看来，在蒸汽机发明之前的时代，对于真空的概念，人们已经有所

---

① 《马克思恩格斯全集》（第 23 卷），人民出版社 1972 年版，第 409 页。

② [美]乔治·巴萨拉著，周光发译：《技术发展简史》，复旦大学出版社 2000 年版，第 17 页。

③ [美]乔治·巴萨拉著，周光发译：《技术发展简史》，复旦大学出版社 2000 年版，第 106 页。

④ [美]乔治·巴萨拉著，周光发译：《技术发展简史》，复旦大学出版社 2000 年版，第 106 页。

理解，帕潘对这种智力活动自然也并不陌生，只不过他更注重对研究的实际应用；但常压蒸汽机的创造则需要另一种知识和另一种思维模式，即既要对真空进行科学研究，也要技术专家预想机器的工作过程，思考如何对其加以改进和构思设计新的模型。[①]同时，就无线电通信而言，1892年以前，赫兹和洛奇都只是通过实验验证麦克斯韦用数学术语表述的电磁波理论；1892 年以后，实验者开始转向商业性的技术开发，但后来被马可尼这位高度经验主义者和专注于物理应用范围的人抢占了先机。巴萨拉认为，在文艺复兴之前，以及其后的数百年时间里，技术进步都是在没有科学知识的相助下产生的，随着以科学为基础的化学和电力工业在 19 世纪晚期的建立，情况才发生变化，但这并不意味着 20 世纪的技术和工业发展完全要依赖科学研究。[②]

概而言之，技术的进化史也是技术思维方式的进化史，技术的演进与技术思维方式的演进分不开，加之人类思维能力、体外器官、知识和文化等方面的进化对人类思维、思维方法和思维形式的影响，技术思维方式的不断演进也具有了必然性。

四、研究思路、方法和创新点

（一）研究思路

基于中国共产党历代领导人对中国科技在 1949 年以前和 1949 年以后不同发展态势的原因分析，西方智库和学者对近年来中国科技强大复兴能力的关注和未来发展趋势的预言以及马克思主义关于思维与存在关系原理，引出中国共产党领导下中国现代技术思维方式新演进这一研究课题。

---

① [美]乔治·巴萨拉著，周光发译：《技术发展简史》，复旦大学出版社2000年版，第106页。

② [美]乔治·巴萨拉著，周光发译：《技术发展简史》，复旦大学出版社 2000 年版，第107–108 页。

这一课题立足学界现有的研究成果，立足马克思主义有关技术思维方式的论述、技术思维方式演进动力和阶级因素的分析、技术思维方式与技术实践活动和技术思想的唯物辩证关系，阐明中国共产党的领导与中国现代技术思维方式新演进态势之间的逻辑关系，论述中国共产党领导下中国现代技术思维方式在1949—1976年、1977—1988年、1989—2012年以及十八大以来四个历史阶段的发展演进状况，展望中国现代技术思维方式在未来5~10年的发展趋势，最后对它演进的历程和战略意义作出评价。

（二）研究方法

本文以马克思主义基本原理为指导，以辩证唯物主义和历史唯物主义的方法论为原则，采用文献研究、史论结合、比较研究、理论研究与案例分析相结合的方法、工程学与人文主义两个视角相结合的方法进行研究。

1. 文献研究的方法

马克思、恩格斯、毛泽东、邓小平、江泽民、胡锦涛和习近平在技术、思维和技术思维方式的发展演进问题上都有或多或少的理论阐述，笔者在阅读他们的论著的基础上，选取相关论述进行深入研究，作为中国技术思维方式演进研究的理论建构。同时，笔者还阅读了芒图、李约瑟、辛格和路甬祥等人的著作，挖掘和梳理不同时代技术人工物发明、制造和演进的史料，作为中国现代技术思维方式演进的佐证。

2. 史论结合的方法

技术、思维和技术思维方式都是人类语言、文化、思维能力、生产力和生产关系等发展到一定阶段的产物，并随着它们的发展而发展，因此，必须把中国现代技术思维方式的演进放置在中国和西方乃至整个人类技术文明发展的宏观历史视野中来进行考察和研究。

3. 比较研究的方法

本文运用了比较研究的方法，对比自然科学、实验方法、商品经济、基础和应用研究的资本投入、科技教育体系、技术共同体在中西的不同境遇，探究现代技术思维方式何以诞生和兴起于西方而非中国，凸显中国共产党的政治、思想和组织领导对中国现代技术思维方式新演进的作用。

4. 理论研究与案例分析相结合的方法

通过阅读文献，梳理马克思、恩格斯有关技术思维方式的论述，可以发现，他们对技术及其思维方式进行哲学追问的过程中，都会结合典型技术人工物的发明和制造活动来分析和解释相关思想理论。本文立足这一研究方法，在研究中国共产党领导下中国现代技术思维方式的新演进时，采用理论研究与案例分析相结合的方法，即在理论探究时，选取特定历史条件下具有代表性的实体性技术，分析它们的发明、制造和发展进步过程，作为理论的论据和佐证，包括瓦特蒸汽机的发明、原子弹和现代电子计算机的研制、信息和高速铁路技术的创新以及智能制造等。

5. 工程学与人文主义两个视角相结合的方法

马克思在审视资本主义生产方式下以自然科学和技术为基础的机器大生产对工人的负面影响，即导致人的本质的异化时，采用了工程与人文相结合的办法。[①] 同时，也正是资本主义生产方式使科学理论和方法直接服务于技术发明和生产制造过程，推动了人类技术思维方式从传统向现代的转换，引发人类技术思维方式的第一次变革。也正是基于对资本主义制度下科技伦理缺失的分析，马克思预见了工程与人文的融合和一体化是未来技术及其思维方式发展演进的趋势。基于此，对中国现代技术思维方式新

---

① 马克思在分析资本主义生产方式下以科学和技术为基础发展起来的机器大工业对工人的负面影响时，首先从技术本身，也即技术哲学的工程角度考察机器的三个组成部分以及每个部分的技术变化过程和它们对科学的依赖程度，阐明基于科学和技术基础的自动机器体系代替了人力和工匠灵巧的手，进而揭示工人与机器的关系，即工人成为发达机器体系中的一部分或躯体，是“机器的有自我意识的器官”；然后从技术的外部，也即技术哲学的人文主义传统揭示科学和技术在资本主义生产方式下成为工人的“异己的、敌对的和统治的力量”，提出了共产主义是人对人的本质的真正占有。

演进的研究既要遵循技术、技术发明和思维方式本身的客观属性和发展规律，也要基于思维与存在、生产力与生产关系、经济基础与上层建筑的矛盾运动及规律，重视中国社会历史条件的变化对中国现代技术思维方式演进的影响，将工程学视角与人文主义视角结合起来。

（三）创新点

在理论上，一是立足马克思、恩格斯对西方技术思维方式演进中阶级因素的相关分析和他们对殖民地（印度）和半殖民地（中国）国家阶级状况和社会革命前景的预言，以及毛泽东关于中国社会各阶级力量的分析，揭示中国现代技术思维方式在近代百年有所萌芽但发展受阻的阶级根源以及它呈现新演进态势所依赖的根本阶级力量，进而结合中国共产党领导的三种基本方式及其内容以及习近平关于“党领导一切”的论断，阐明中国共产党的领导与中国现代技术思维方式新演进态势之间的内在逻辑关系。

二是立足人类引起自然界发生变化的物质行动和思维及其产物的唯物辩证关系以及思维方式与思想体系和思维方法的唯物辩证关系，阐明技术思维方式与技术实践活动和技术思想之间的唯物辩证关系，在此基础上，结合马克思、恩格斯对技术思维方式演进趋势和演进动力的相关论述，系统阐述了1949—2017年中国共产党在毛泽东技术思想和中国特色社会主义科技思想体系的指导下，有计划有目标地组织中国技术活动主体在开展技术实践活动的过程中，推进中国现代技术思维方式的要素和形态从单一向复杂多元发展演进的历程；同时，立足新一代信息技术的融合创新活动，展望了现代技术思维方式未来5~10年的发展趋势。也阐明中国共产党领导下中国现代技术思维方式新演进对马克思主义两大思想理论的发展与融合、第四次科技和产业革命的推进、创新型国家的建设以及“两个一百年”和“中国梦”的实现所具有的战略意义。

在研究方法上，一是立足马克思主义技术哲学沟通和融合工程学与人文主义两个研究视角的方法，先从技术、技术发明和思维方式本身的属性和规律出发，把技术思维方式划分为传统与现代两种类型后，阐明现代技术思维方式持续不断演进的客观趋势，主体顺势而为，演进延续不断；主体逆势不作为，演进停止不前。然后从技术和思维方式外部，即一个国家和民族的不同社会历史条件和政府的不同作为对该国技术思维方式演进态势的影响，阐明基于中国共产党的坚强领导和中国政府强有力的推动，中国现代技术思维方式在1949年以后呈现出不同于近代百年的新演进态势。

二是立足马克思、恩格斯对技术和思维方式进行思考时运用理论研究与案例分析相结合的方法，同时，也由于技术思维方式是一个较抽象的研究对象，因而在阐述中国现代技术思维方式要素和形态的发展演变时，选取了一些具体的技术客体和技术实践活动来加以论证和解释说明。

第一章

中国共产党领导下中国现代技术思维方式演进研究的理论基础

恩格斯指出，思维科学是关于思维及其思维过程本身规律的科学，它“也和其他各门科学一样，是一种历史的科学，是关于人的思维的历史发展的科学”[①]，它在经验领域中的实际应用也是非常重要的。马克思把黑格尔神秘化和颠倒了的辩证法倒转过来并加以现实化后，在《资本论》中将它运用于政治经济学这一经验科学的事实上。不仅如此，基于技术与思维的内在逻辑关系，马克思、恩格斯还运用思维科学的基本原理审视技术，对人类不同历史阶段的技术思维方式进行思考，呈现了人类技术思维方式演进的一般趋势、演进的动力以及阶级因素在其中所起的作用，使中国共产党领导下中国技术思维方式新演进研究具有了坚实的理论基础。

① 《马克思恩格斯选集》（第4卷），人民出版社1995年版，第284页。

第一节　马克思主义关于技术思维方式的相关论述

马克思、恩格斯不仅建构了关于思维及其过程规律的科学理论，把握了技术与思维的逻辑关系，还通过对机械技术和瓦特蒸汽机的发明和应用，思考近代和大工业初期的技术思维方式及其未来走向，由此呈现了人类技术思维方式演进的一般规律。

一、马克思对近代机械技术思维方式的相关论述

在马克思看来，考察磨的历史，不仅可以研究机械力学的全部历史，即从人和牲畜的活动力、水和风的自然力，到蒸汽力的演进，还可以揭示近代机械技术的思维方式。

根据马克思的考察，早在西塞罗时代，就发明水力磨，后从小亚细亚传入罗马，在奥古斯都时代前不久，在罗马的台伯河上建造了第一批水磨，水磨经罗马流传到欧洲其他国家；大约 10 世纪或 11 世纪，德意志人发明了风力磨，也称架子磨，到 12 世纪开始广泛应用；到 16 世纪，荷兰人对它进行了些许的改进，即磨的支架保存不变，把磨的转动顶篷做成活动的，通过顶篷的转动使风翼转动，这一建造方法到 18 世纪才被德意志和其他欧洲国家仿效。①

同时，原本与谷物的研磨分开、作为独立工序的筛粉工作，即用手摇筛子将粉与谷皮或麦子分开，后来在收集粉的箱子里装上了筛子，并装

① 马克思：《机器、自然力和科学的应用》，人民出版社 1978 年版，第 59–61 页。

上曲柄，由曲柄带着筛子晃动，到16世纪，德意志发明了细磨细罗装置，这一装置内装有筛子形状的网，靠磨本身的转动来发生震动，从而使筛粉工作与磨碎工作一起在机械上连成一体。[①]16世纪末叶，发明了满足军事需要的活动磨；17世纪，在水轮的曲轴上安装上了飞轮，使得连杆上的运动更加轻快和均匀；18世纪，磨的齿轮和轴颈等组件得到改进，出现一个水轮可以推动两台磨；到18世纪下半叶，发明了无水轮和无针状的水磨，它的原理与用来抽水和提盐水的单向蒸汽机一样，与此同时，英国伦敦出现了蒸汽磨，它是一个由2台蒸汽机推动20台磨的机器体系；到18世纪末，借助阿基米德螺旋结构，水磨在美国发展为自动机器体系。[②]

考察磨的历史，马克思指出，自罗马时期从亚洲传入第一批水磨起，直到18世纪末美国建造第一批蒸汽磨为止，机械技术极为缓慢地演进，马克思把这些演进归功于人类"世世代代的经验积累"。[③]尽管18世纪，当人们从摩擦学说中获得了关于如何减少摩擦的知识后，才得以改进磨的杵和臼，使其结构更为完善，同时也正是基于对水的运动速度及其阻力方面的研究，才发明了专门用来确定水之运动速度的流量计；但从整体上看，到18世纪末，技术理论与实践的发展仍然是不平衡的，技术的理论思维和实践思维在整体上依然是相分离的。

根据马克思所作的文献引述，在18世纪，恰似在整个机器制造业中，形成关于磨的更好的结构的新理论，但这理论往往不切实际、不正确，明显地与经验相矛盾；同时，这一时期出现了对磨的建造业极有益处的水力学和水利工程学，但磨的建造业发展得很慢，落在理论的后面。18世纪中叶起，产生了关于水轮最合理形状的研究，试图根据这些理论来建造水轮，但这一理论是困难的，一方面它被诽谤为空洞的思辨，另一方面它也

① 马克思：《机器、自然力和科学的应用》，人民出版社1978年版，第59–60页。

② 马克思：《机器、自然力和科学的应用》，人民出版社1978年版，第64–67页。

③ 马克思：《机器、自然力和科学的应用》，人民出版社1978年版，第59页。

不受磨的建造者的青睐，实践只是缓慢地跟在理论后面，当然，还有很多关于水轮的理论到 19 世纪才被关注和研究。[①]

二、马克思对大工业初期技术思维方式的相关论述

根据马克思的考察，是工场手工业时期发展起来的科学和技术要素使双向蒸汽机的发明成为可能。具体而言，在马克思看来，在大工业初期，技术发明不仅需要世世代代的经验积累，还需要自然科学理论的研究、阐明和实际的贯彻应用，可以说，它要同时依赖理论才能和操作技艺，将实践思维与理论思维结合起来才能实现。

就瓦特的个人能力而言，首先他是一个受近代机械技术、多元文化以及整个科学和当时哲学思想滋养的理论天才。瓦特的父亲是建筑师兼造船师，受此影响，瓦特在 13 岁时，就在他父亲的作坊里制造出了一些机器的模型；成年后，他选择实验室工具制造者作为自己的职业；在格拉斯哥大学期间，他结识了化学家布莱克，不仅跟他学习和研究潜热理论，还与他一起研究一些仪器构造的改良方法；他还彻底学习了法语、意大利语和德语，具备古代文物、法学和美术方面的知识，还了解德国各派的形而上学，喜欢诗学和音乐。[②]

其次，基于一系列科学实验研究，他发现和解决了纽可门蒸汽机的问题。他借助帕平的蒸煮器，在实验室系统地进行了有关蒸汽压力的一系列研究，继而他在修理纽可门机器的小模型时，发现了纽可门机器存在的双重缺陷，一是活塞每动一下，要耗费大量的热素，汽缸内的高温才能回复；二是冷却不足导致冷凝不完备。进而他运用科学方法在实验室里发明

① 马克思：《机器、自然力和科学的应用》，人民出版社 1978 年版，第 61–66 页。

② [法]保尔·芒图著，杨人楩等译：《十八世纪产业革命——英国近代大工业初期的概况》，商务印书馆 1983 年版，第 254–255 页。

了冷凝器原理，使原本分开的冷凝器和汽缸得以连成一体，在此基础上，将原来的气压机变成了蒸汽机，从而补救了纽可门蒸汽机存在的缺陷。后来，为了工业目的，即使蒸汽机产生的动力能够直接用来发动各种机械、实现形式多样的技术工作，以弗里茨格拉德发明的“平行运动”为起点，瓦特发明了被称为“行星之运行”的圆周运动，使活动杠杆的震动转变为圆周运动。①

此外，马克思指出，正如裁缝出现以前，人们早已开始穿衣服了一样，在专门制造双向蒸汽机的工人出现以前，早期形式的蒸汽机已经存在了。瓦特之所以能够成功地发明蒸汽机，还得益于工场手工业时期就已经准备好的一定数量的能工巧匠，他们中的一部分是独立的职业手工业者，一部分是工场内因严格分工而产生的某一特定工具的操作者。

三、马克思、恩格斯对技术思维方式未来走向的预言

1. 现代机器之资本主义应用的实质：自然科学作为独立因素被资本占有

在马克思看来，正如人呼吸氧气需要肺部，要在生产中利用和消费自然力和自然科学，需要借助人类创造的设备，如利用水的动力要有水车，利用消耗煤和水产生的动力要有双向蒸汽机，利用科学实验发现的电磁规律要有交感器，蒸汽、水和电磁规律不费分文，但是，利用它们所需的这些设备要有资本的投入才能发明和制造出来，相对于手工业时期所用的简单设备，资本主义大工业时期的复杂设备往往是昂贵的。例如，双向蒸汽机的发明、制造和实际应用，除了上述提到的个人才能和科学与技术要素外，还需要通过不同形式的商业合作，以获得长期而巨大的资本投入。

---

①［法］保尔·芒图著，杨人楩等译：《十八世纪产业革命——英国近代大工业初期的概况》，商务印书馆 1983 年版，第 255–256 页。

同时，根据马克思的考察，18 世纪，法国、瑞典、德国的技术发明和科学发现与进步，如数学、力学和化学，几乎都具有了与英国同等的水平。但在当时，只有英国的经济关系发展到了使资本有可能利用科学进步的程度，因而它们的资本主义应用只发生在了英国。① 而一旦这些为自然力和自然科学的运用而进行的技术发明有资本的介入，并且使之作为机器体系的动力机构参与生产过程，那么它们也随之并入了生产过程，它们与作为生产资料的机器一起被资本占有。

例如，18 世纪 60 年代中期，瓦特因缺乏资金而几乎完全放弃了他的实验研究，罗巴克的资金资助使他已经开始了的研究得以完成，并使他的发明从实验室进入资本主义的工业世界中，但是，他们签订的合同约定利润的 2/3 归罗巴克所有；发明物的首次实际建造遇到技术问题和经济困难（罗巴克破产）后，转而在博尔顿的资金资助下，处于停顿状态的试验才得以恢复；此时在试验、建造和试用方面已经花费了 3000 多英镑，预计至少要花费上万英镑才能真正投入使用。②

试验成功后，为了克服机器内部组织结构的困难，瓦特和博尔顿与他们的主顾展开密切的合作，他们只充当蒸汽机的设计者、安装者和技术顾问，而并不是制造完整的蒸汽机出厂，需要机器的企业自行订购材料和机械零件，他们给顾客提供技术支持。③1781 年，瓦特的发明物受到民众的普遍关注，圆周运动发明后，蒸汽机由火力机升级为原动力，整个工业领域都表示了对它的欢迎，到 1794 年，瓦特的发明与机械和机器一起，进入毛纺厂，用于工业生产；自 18 世纪末起，各处的水力发动机开始被瓦

---

① 马克思：《机器、自然力和科学的应用》，人民出版社 1978 年版，第 233 页。

② [法]保尔·芒图著，杨人楩等译：《十八世纪产业革命——英国近代大工业初期的概况》，商务印书馆 1983 年版，第 257–260、262 页。

③ [法]保尔·芒图著，杨人楩等译：《十八世纪产业革命——英国近代大工业初期的概况》，商务印书馆 1983 年版，第 265 页。

特的机器所代替，资本主义大工业拥有了充分供给力量且又完全受人控制的动力发动机。[①]

至此，加之工具机和传动机的技术积累，资本主义大工业建立了自己的机器体系。如此，现代机器的资本主义应用，其实质是商业资本通过对机器体系的占有，实现对自然力和科学的占有。

2. 现代机器之资本主义应用的后果：科学成为一把双刃剑

如前所述，马克思首先把劳动过程的三个简单要素，继而把劳动过程看成是产品产生的过程，且从产品角度把它们三者划分为生产资料（Pm）和生产劳动或劳动力（A）。进而他又把劳动过程看成是价值增值的过程，把 Pm 和 A 看成是资本的两种构成，基于对价值形成过程的考察，认为 Pm 是不改变自身价值量的不变资本，A 是创造剩余价值的可变资本。以此为基础，他从两个方面来探讨资本的构成，即资本的价值构成（C : V）和资本的物质或技术构成（Pm : A），并把资本的有机构成界定为由资本技术构成决定并且反映技术构成变化的资本价值构成（如图 1–1 所示）。[②] 由于资本只有在商品生产和流通过程中才能实现价值增值，因而资本家只有不断扩大生产规模，让资本投入循环往复的生产和流通，才能持续不断地实现资本的积累和价值的持续增值，即将劳动力创造的剩余价值转化为资本。

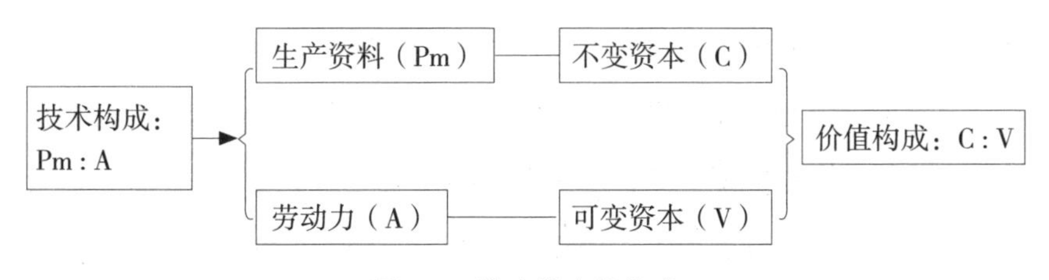

图1–1：资本的有机构成

马克思认为，在大工业初期，依靠手工工场内外工人发达的肌肉、敏

① ［法］保尔·芒图著，杨人楩等译：《十八世纪产业革命——英国近代大工业初期的概况》，商务印书馆 1983 年版，第 268 页。

② 《马克思恩格斯全集》（第 23 卷），人民出版社 1972 年版，第 672 页。

锐的视力和灵巧的手，工业生产能维持相应程度的发展；但大工业发展到一定阶段，会在技术上与手工业基础发生冲突，如现代机器体系内高精度、高规格、高标准零件的制造，作为材料的铁的加工，而这些冲突的解决受到了人身的限制。瓦特蒸汽机的发明和应用，为冲突的解决提供了绝佳的办法，即通过资本与科学的结合，将传统的手工工场升级为现代自动机械工厂，用机器劳动代替手工劳动，手工技巧被机械技巧所代替，而且，轻易、精确和迅速的程度是任何能工巧匠都无法做到的。[①]

如此一来，在手工工场的手工劳动下，制造某种产品时，材料由工人的手工技艺来驾驭，而在机械工厂的机器体系下，材料由机器来驾驭，工人只负责看管机器，或给它添加辅料，工人从有才能的人变为机器的下手。由此，以机器为载体，自然科学成为生产过程的因素，生产过程成了科学的应用。马克思把科学与生产这一如此亲密的关系归因于资本主义的生产方式，认为只有它才第一次产生了只有用科学方法才能解决的实际问题，只有在历史的这一时期，实验和观察才第一次达到使科学的应用成为可能和必要的规模。[②]

然而，在马克思看来，资本并不创造科学，它只是为了生产过程的需要，通过利用和占有机器，实现对科学的利用和占有。如此一来，科学一方面以技术发明物为载体，直接应用于物质生产过程，成为提高劳动生产力的手段。另一方面，它又作为服务资本的手段，与直接劳动相分离，与单个工人的知识、经验和技能相分离，工人智力的发展受到了压制，尽管会造就一小批具有较高熟练程度的工人，但在数量上并不能与"被剥夺了知识"的工人相比；而且，科学与资本一起，使劳动受资本的支配，成为资本家奴役工人的工具，随着资本家与工人斗争之激烈程度的增强，社会群体被分裂为两

---

① 《马克思恩格斯全集》（第 23 卷），人民出版社 1972 年版，第 420–421 页。

② 马克思：《机器、自然力和科学的应用》，人民出版社 1978 年版，第 206 页。

大相互对抗的两大阶级，即作为统治阶级的资产阶级和作为被压迫阶级的工人阶级；同时，科学的这一应用增强了机器驾驭材料的能力，由于材料取之于自然，资本追求价值增值的本性必然会扩大生产规模，材料的需求量随之增加，人类也加大了对自然的索取和掠夺。而正如恩格斯所指出的，人类对自然的每一次胜利，它都会以它自己的方式来加以报复。[①]

3. 技术思维方式的未来走向：工程与人文的融合和一体化

鉴于资本主义生产方式下被资本占有的自然科学应用于物质生产过程所产生对自然和社会的正面和负面效应，用马克思的话来说，就是技术在科学时代具有两面性，它在卓有成效地减少人类劳动和提高劳动效率的同时，也引起了饥饿和过度的疲劳；技术取得的胜利有多大，伦理和道德就有多败坏；人类控制自然的能力越强，就越是沦为技术的奴隶；现代科学与技术的快速发展与世界范围内的贫困和颓废相对抗。[②]马克思、恩格斯强调通过变革与生产方式有关的社会制度，推翻资本主义制度，建立追求人的全面自由发展的共产主义，有效地调节和控制由科学和技术变革引发的物质生产实践活动方式的变革所引起的不良后果，实现对技术和人的本质的自觉复归。与以上具有深厚伦理意蕴和人文底蕴的技术思想和技术实践活动方式相适应，工程与人文的融合和一体化成为技术思维方式演进的未来趋势。

---

①《马克思恩格斯选集》（第4卷），人民出版社1995年版，第672页。

②《马克思恩格斯选集》（第1卷），人民出版社1995年版，第775页。

第二节　马克思主义对技术思维方式演进动力的相关分析

根据马克思、恩格斯对中世纪以来技术发展演进的历史考察以及19世纪下半叶以来技术发展的客观事实，可以发现，不同历史阶段，引发和推动人类技术思维方式发展演进的动力也不同。列宁和斯大林关于苏联科技发展的观点和看法，则揭示了经济文化落后的社会主义国家技术思维方式发展演进的动力。

一、马克思对18世纪末以前演进动力的相关分析

在马克思看来，对人的生产劳动而言，最核心的是生产方式以及劳动或生产工具的发明和制造，也即技术的发明和制造及其所采取的方式。在生产方式方面，马克思引入威·舒耳茨在《生产劳动》中关于19世纪中叶以前人类生产劳动的四个阶段，一是手工劳动阶段，二是手工业劳动阶段，三是工场手工业阶段，四是工厂生产，也即使用最完善的机器所进行的真正的机器生产阶段。[①] 在此基础上，马克思又和恩格斯一起把中世纪（公元5—15世纪）以来的工业生产划分为三个时期，一是手工业或家庭工业，二是工场手工业（美洲的发现和美洲贵金属的输入而促成的资本积累是它形成的最必要的条件之一），三是现代自动机器体系生产的现代工

① 马克思：《机器、自然力和科学的应用》，人民出版社1978年版，第236页。

业。[1] 同时，马克思指出，“真正的机器只是在18世纪末才出现”[2]。由此，真正的机器生产阶段开始于18世纪末，工场手工业阶段开始于15世纪末，几乎持续到18世纪末；公元5世纪到15世纪末则是手工业劳动阶段，公元5世纪前则是手工劳动阶段。分析了与现代自动机器体系相适应的生产方式后，马克思指出了前三个阶段人类生产劳动的显著特点，即技艺和经验性技术知识的积累与有效传承。

第一，手和脑还没有相互分离，范围有限的知识和经验、凭经验掌握的每一种手艺以及在传统经验、观察和实验方法中得到职业秘方都尚未发展成为与劳动相分离的独立的力量，而是与劳动本身直接相联系。因而在整体上，技术知识和经验从未超出制作方法的积累的范围，这种积累通常通过世代相传来加以充实，即父传子、子传孙，或者师傅传徒弟，学徒出师后变成新一代师傅，师傅再传给下一代学徒，如此一代一代传承下去，而且是缓慢地、一点一滴地扩大。[3]

第二，由于交往的不发达和流通的不充分，各劳动者之间分工很少，或者几乎还没有什么分工，因此，每个劳动者都必须熟悉完成整个物件制作的全部工序，凡是用他的工具能够做的一切，他必须都会做，而且每一个想当师傅的人都必须全盘掌握本行手工技艺；由于工具的动作决定于人的动作，因而为了适应于每一道工序的制作，要从事这一行业的人一般要当几年学徒，直到眼光练得机灵、手工练得灵巧敏捷，能够完全娴熟地进行某些器具的操作，成为能工巧匠，才能出师；正因为如此，每个手工艺人对本行的专业劳动和熟练技巧都是饶有兴趣的，这种兴趣可以达到某种有限的艺术感。[4] 如此，在技术经验和知识依靠父子、师徒世代传承的时

---

① 《马克思恩格斯选集》（第3卷），人民出版社1995年版，第697–698页。

② 《马克思恩格斯选集》（第1卷），人民出版社1995年版，第165页。

③ 马克思：《机器、自然力和科学的应用》，人民出版社1978年版，第206–207页。

④ 《马克思恩格斯选集》（第1卷），人民出版社1995年版，第106–107页。

代，马克思、恩格斯指出，某一个地域的生产力，特别是技术发明和制造，是否会失传完全取决于交往扩展的情况，如果交往只限于比邻地区，那么每一种发明也只在每一个地域单另进行；一旦发生纯粹偶然的事件，例如外敌的入侵和战争的爆发，就足以使某一技艺消失，甚至使一个具有发达生产力和有高度需求的国家处于一切都必须从头开始的境地。在历史发展的最初几个阶段，几乎每天都在重新发明，而且都是独立进行的，发达的生产力即使在通商相当广泛的情况下，也难免遭到彻底的毁灭。[①]

简言之，在18世纪末以前的经验时代，尤其是更早一些时代，分工和交往极为有限，如何让世代积累的技术经验和知识得到有效的传承，是技术发明和制造乃至技术思维方式得以延续的重要条件。

二、马克思、恩格斯对18世纪末以后演进动力的相关分析

马克思特别注意到了一个事实，即"18世纪，数学、力学和化学领域的发现和进步，无论在法国、瑞典、德国，几乎都达到了和英国同样的程度。发明也是如此"。然而，在当时，这些科学发现和技术发明的资本主义应用却只发生在英国。对此，马克思认为，因为只有在英国，"经济关系才发展到使资本有可能利用科学进步的程度"。换句话说，是资本主义的生产关系或生产方式在英国的发展，使科学发现和技术发明在资本的作用下应用到了工业生产中，引发了人类第一次工业革命，从而也引发了人类技术思维方式的变革。

在自然科学、技术发明、工业生产与资本主义生产关系的关系问题上，马克思、恩格斯认为，到15世纪末16世纪初，工场手工业随着美

① 《马克思恩格斯选集》（第1卷），人民出版社1995年版，第107–108页。

洲和东印度航线的发现从小规模的手工业作坊中萌芽和发展起来。到17世纪中叶，随着英国崛起为最大的海上强国，商业和工场手工业势不可挡地集中于英国，这种集中发展到18世纪，扩大了这个国家对工场手工业产品的需求。当市场需求扩大到旧的工业生产力不能满足时，人们迫切地感到需要机器，此时，在18世纪时就已经在英国充分发展了的机械学和牛顿理论力学（自然科学）顺势从属于资本而被应用于工业生产中，机器大工业在工场手工业的基础上相应地兴起和发展起来。[①] 马克思进一步指出，应用机器的大工业生产第一次将风、水、蒸汽和电等自然力大规模地从属于直接的生产过程，生产过程成了自然科学的应用，自然科学成了应用于实践的科学，每一项科学发现都成了新的技术发明或生产工艺的改进的基础；同时，自然科学本身也在机器大生产所创造的物质条件下进行新的研究、观察和实验，也只有在这种生产方式下，才第一次产生了只有用科学方法才能解决的实际问题。如此，科学理论和科学方法一起与生产实践第一次紧密地结合了起来[②]，实践思维和理论思维在现代机器的发明和工业生产的应用中自觉地结合了起来，这是现代技术思维方式的显著特点，而且商业资本与科学及其相互作用开始成为它发展演进的动力。

对于牛顿力学，马克思、恩格斯认为，它在18世纪的法国和英国是最普及的科学[③]，它是物理学的首次大综合，具体而言，是牛顿自己的研究成果与伽利略和开普勒研究成果的创造性融合，也是运用伽利略所开创的数学方法加实验方法取得的。如此，当我们说科学时，不仅包含着科学理论，还包括获得科学理论的科学方法，科学在生产过程中的应用，即科学的实践应用包含着科学理论与方法在其中的应用。如果科学理论的建构是

① 《马克思恩格斯选集》（第1卷），人民出版社1995年版，第106–107、163–167页。

② 马克思：《机器、自然力和科学的应用》，人民出版社1978年版，第206、208、212页。

③ 《马克思恩格斯选集》（第1卷），人民出版社1995年版，第113页。

科学方法在理论上的应用，科学方法应用于实际问题的解决是在实践上的应用，那么现代技术思维方式就是运用科学方法解决有关技术的理论和实践问题，其核心就是数学和实验方法的融合及其规模化的技术应用。第一批蒸汽机的建造同时归功于技术活动主体对科学理论的理解和应用以及基于经验积累的工匠技艺，而且后者的贡献往往还多于前者；但 19 世纪以后，随着人们对蒸汽机功率和功效提出的要求不断提高，有组织的技术共同体和科学理论在其中的贡献就越大。

因此，18 世纪下半叶，基于自然假说数学化与实验验证相融合的自然科学原理在技术发明中的运用，以及 18 世纪末，这一技术发明成果在资本的作用下运用于规模化的工业生产中，现代技术思维方式在西方萌芽和兴起，人类技术思维方式在西方开始从传统（经验）向现代（科学）转换和过渡。这一过程是如下几组基本要素充分发展和有效整合的结果：一是自然假说数学化（几何 + 代数）加实验验证的科学研究方法；二是科学家及科学原理；三是技术专家或发明家及技术发明；四是以资本增值为目的的企业家和银行家；五是规模化的工业生产或现代机器大生产。

三、列宁、斯大林对社会主义国家技术思维方式演进动力的相关分析

根据本章第一节第三目的论述，马克思、恩格斯审视现代机器体系之资本主义运用所造成的不良后果后，认为推翻资本主义制度，变革资本主义生产方式，实现共产主义是减少和消除这一不良后果的根本之道，这意味着技术思维方式除了强调以技术本身属性和规律为基础的现代工程思维外，还强调从技术外部，即从社会历史条件变化的人文思维，使工程与人文的融合和一体化成为技术思维方式演进的未来趋势。马克思认为，在资本主义社会和共产主义社会之间存在一个革命转变时期，即无产阶级专政

的社会主义社会，列宁把它视为共产主义社会的第一阶段。列宁领导俄国无产阶级建立苏维埃政权后，非常重视科学技术对国家社会经济发展的作用，一是将银行、辛迪加（工业）转归苏维埃共和国所有，即实现国有化；二是“运用科技政策和规划科学的方法将科学技术作为一个国家事业来发展”[①]，即通过制定科技发展计划和规划对科技发展进行有组织、有计划的全面管理，探索出了一条不同于西方的科技发展模式——国家控制、中央计划和完善科学技术教育系统，推进了现代技术思维方式在俄国的发展演进，使俄国现代技术思维方式有了它自身独特的演进动力。这为经济文化落后的社会主义国家技术思维方式的演进提供了宝贵的经验，也为中国共产党领导下中国现代技术思维方式的新演进研究提供了理论基础。

1. 列宁对苏联现代技术思维方式演进动力的相关论述

一方面，正如马克思所指出的，在资本主义的生产关系下，“科学成为与劳动相对立的、服务于资本的独立力量”，科学和技术在资本的作用下与工人相对立了；但另一方面，如上所述，资本（资本家）和工业企业家以及规模化的生产又是18世纪末现代技术思维方式演进的动力要素。因此，列宁一方面变革旧的生产关系，即将银行和辛迪加实现国有化；另一方面将最有决定意义的大企业联合起来，并实现工人监督。例如，1917年9月，列宁在《大难临头，出路何在？》一文中指出，“资本主义与资本主义前的旧的国民经济体系不同，它使国民经济各部门之间形成了一种极密切的联系和相互依存的关系。”[②]在列宁看来，“要是没有这一点，任何走向社会主义的步骤在技术上都是不能实现的”。然而，由银行统治生产的现代资本主义，一方面“使国民经济各部门之间的这种相互依存关系发展到了最高峰，银行和各大工商业部门不可分割地长合在一起”[③]；另一

①胡维佳：《中国科技规划、计划与政策研究》，山东教育出版社2007年版，第2页。

②《列宁选集》（第3卷），人民出版社1996年版，第243页。

③《列宁选集》（第3卷），人民出版社1996年版，第243页。

方面资本主义如辛迪加把许多好的工厂设备合并为一个极大的资本主义联合组织，它保证资本家获得骇人听闻的高额利润，使职员和工人处于绝对无权的、卑贱的、受压制的、奴隶的地位，国家对生产实行有利于资本巨头和富人的监督和调节[①]。因此，要使政府在调节经济生活方面真正地起到作用，就要把银行和包括糖业、煤业、铁业和石油业等辛迪加同时收归国有，使有决定意义的大企业在技术和文化上都实现联合，使国家的物力和人力得到充分的使用和更合理的调配，“一个国家越是缺乏受过技术教育的人才和一般知识分子，这个国家的大企业越是迫切地需要尽可能迅速和坚决地实现联合”[②]。1917 年 12 月，“为了使全国公民，首先是一切劳动阶级，能够在自己的工兵农代表苏维埃领导下，立即从各方面，不惜采取最革命的手段来展开斗争并着手安排全国正常的经济生活”[③]，新生的苏维埃政权制定了关于实现银行国有化及有关必要措施的法令草案。

如上所述，科学理论和方法的进步是 18 世纪末现代技术思维方式演进的又一个重要因素。列宁强调，“注重科学实验和实践经验的同时，还应该不断地努力使计划完成得比原先规定的快”[④]，列宁认为，“没有一个长期的旨在取得重大成就的计划就不能进行工作”[⑤]。基于此，1918 年 4 月，列宁在《科学技术工作计划草稿》中指出，“科学院已经开始对俄国自然生产力进行系统的研究和调查，最高国民经济委员会应当立即委托科学院，并成立一系列由专家组成的委员会，以便尽快制定俄国的工业改造和经济发展计划”[⑥]。同时，列宁一是从现代最大工业的角度，特别是从托拉斯的角度，认为该计划要“把生产合理地合并和集中于少数最大的企业”；

---

① 《列宁选集》（第 3 卷），人民出版社 1996 年版，第 244 页。
② 《列宁选集》（第 3 卷），人民出版社 1996 年版，第 252 页。
③ 《列宁选集》（第 3 卷），人民出版社 1996 年版，第 252 页。
④ 《列宁选集》（第 3 卷），人民出版社 1996 年版，第 360 页。
⑤ 《列宁选集》（第 3 卷），人民出版社 1996 年版，第 359 页。
⑥ 《列宁选集》（第 3 卷），人民出版社 1996 年版，第 509 页。

二是提出要“特别注意工业和运输业的电气化以及典礼在农业中的运用”。[①]

更具体地说，列宁认为“共产主义就是苏维埃政权加全国电气化”[②]，电力是现代化大生产的技术基础，也是社会主义的物质基础，只有国家实现了电气化，工业、农业和运输业具有了现代大工业的技术基础，小农经济基础转变为大工业经济基础，共产主义才算取得最后的胜利。因而，列宁非常重视国家电气化计划的制定和实施，在他看来，“没有电气化计划，我们就不能转入真正的建设”[③]。基于电气化的战略意义，列宁把国家电气化委员会在1920年组织200位科学家和技术人员草拟的国家电气化计划视为党的“政治纲领”[④]，预计10年电气化的第一期工程。

此外，列宁认为，要在现代最新科学成就即电和电力的基础上恢复工业和农业，这需要一批受过专门科学和技术教育的人才，如科学家、工程师和技术专家等。换句话说，实现电气化要实施科学技术教育，扫除文盲。早在1919年2月制定的俄共（布）纲领就明确了这一点，纲领规定“对未满16岁的男女儿童一律实现免费的义务的普通教育和综合技术教育（从理论上和实践上熟悉各主要生产部门）”[⑤]。1920年10月，强调对青年的训练、培养和教育。

2. 斯大林对苏联现代技术思维方式演进动力的相关论述

列宁逝世后，斯大林领导的苏联继续发挥社会主义制度的优势，一方面在1928年开始实施加速工业化进程的“五年计划”，另一方面完善高等教育系统，创立技术教育学校，培养生产技术知识分子、工程师和技师，不仅为苏联科技的发展和进步提供了动力，也为苏联现代技术思维方式演

① 《列宁选集》（第3卷），人民出版社1996年版，第509页。
② 《列宁选集》（第3卷），人民出版社1996年版，第364页。
③ 《列宁选集》（第4卷），人民出版社1996年版，第363页。
④ 《列宁选集》（第4卷），人民出版社1996年版，第363页。
⑤ 《列宁选集》（第3卷），人民出版社1996年版，第744页。

进提供了动力。

在社会主义的制度优势方面，斯大林认为，资本主义国家的政权、工业、信用系统等都掌握在资产阶级的手里，资本主义的经济发展道路不可避免地导致大众的贫困化；在社会主义国家里，工业、运输业、信用系统和国家政权都掌握在无产阶级手里，沿着社会主义建设的道路去发展，则会是另一种面貌。[①]

在制定计划、高速发展工业方面，斯大林认为，这是根据俄国客观的外部和内部环境采取的方针。斯大林认为，一是资本主义国家的技术不仅在前进，而且是突飞猛进，超过了旧式的工业技术，它们拥有比俄国发达的和现代化的技术；二是苏维埃政权是在俄国技术基础非常薄弱的条件下建立的，如此就存在一个矛盾，即苏维埃制度和政权是世界上最先进的，但作为其基础的工业技术却非常落后，要化解这一矛盾，必须要制定计划、高速发展工业，赶上并超过资本主义国家的工业技术。[②]斯大林强调，“五年计划”的中心思想不是为了“劳动生产率的增长”，而是为了“保证国民经济中的社会主义充分一贯比资本主义充分占优势的增长”。[③]

在科学知识与科技人才的重要性方面，斯大林提出要消除“对待科学和有文化的人的野蛮态度”，工人阶级只有掌握科学，并“根据科学的原则来管理经济”，才能“真正成为国家的主人”[④]，他强调“要建设，就必须要有知识，必须掌握科学”。斯大林认为，要有金属、纺织、燃料、化学等方面的专家，要有“大批大批的、成千上万的能够在各种知识部门中成为行家”的新干部，才谈得上“俄国社会主义建设的高速度”，才谈得上

① 《斯大林选集》（上卷），人民出版社 1979 年版，第 449 页。

② 《斯大林选集》（下卷），人民出版社 1979 年版，第 77–78 页。

③ 《斯大林选集》（下卷），人民出版社 1979 年版，第 172 页。

④ 《斯大林选集》（下卷），人民出版社 1979 年版，第 40 页。

"赶上并超过先进的资本主义国家"，他呼吁"革命青年向科学大进军"。[①]

1936 年 6 月，斯大林指出，"从前还够用的为数极少的工程技术人员和工业指挥人员已经不够用了"，而且，新阶段需要的人才是"能够了解我国工人阶级的政策、能够领会这个政策并决心老老实实地实现这个政策"的"生产技术知识分子"。[②] 同时，斯大林指出，旧的培养人才的基地也不够用了，国民经济各部门高等学校的大门要为工人和农民打开，这些高等学校将培养新型的技师和工程师以及工业指挥员。

---

① 《斯大林选集》（下卷），人民出版社 1979 年版，第 41 页。

② 《斯大林选集》（下卷），人民出版社 1979 年版，第 287 页。

第三节 马克思主义对技术思维方式演进的阶级因素分析

1888 年，恩格斯在给《共产党宣言》德文版写的序言中强调了马克思确立的思想基础，即“每一个历史时代主要的经济生产方式和交换方式以及必然由此产生的社会结构，是该时代政治的和精神的历史所赖以确立的基础，并且只有从这一基础出发，这一历史才能得到说明。因此，人类的全部历史（从土地所有的原始氏族社会解体以来）都是阶级斗争的历史，这一阶级斗争的历史包括一系列发展阶段”[①]，这一阶级斗争达到一定阶段，整个社会要同时摆脱一切斗争才能使自己从过去的奴役下解放出来。形成、发展并应用于技术实践活动中的技术思维方式作为精神产品的生产方式，是精神领域的一部分，它的确立也是以特定历史阶段的“主要的经济生产方式和交换方式以及由此产生的适合社会结构”[②]为基础的，新旧技术思维方式形态的更替和新旧社会形态的更替一样，受阶级斗争的影响。马克思、恩格斯和毛泽东对中西新旧阶级力量较量之不同结果的历史考察和分析，揭示了现代技术思维方式兴起于西而非中国的阶级根源，给中国技术思维方式在近代演进的困局与破局留下了深刻的启示。

① 马克思、恩格斯：《共产党宣言》，人民出版社 1997 年版，第 12 页。

② 马克思、恩格斯：《共产党宣言》，人民出版社 1997 年版，第 6 页。

一、马克思、恩格斯对西方资产阶级作用的分析与启示

如前所述，马克思把科学发现和技术发明首先在英国得到资本主义应用的原因，归结为只有英国的资本主义经济关系才发展到了使资本有可能利用科学进步的程度。换句话说，由于资本主义经济关系在英国的发展，使得科学能够在资本的作用下直接应用到技术发明中，进而运用到工业生产中，现代技术思维方式因而也率先在英国萌芽和兴起了。如此，科学在技术发明和工业生产制造中的直接应用以及应用的程度，也成了人类技术思维方式由传统向现代转换并在此后持续向前演进的一个风向标。值得一提的是，根据恩格斯的相关论述，科学在西方又是伴随着欧洲新兴的城市中间阶级也即资产阶级的兴起而迅速振兴的。如此，从思维活动的主体层面看，西方资产阶级能在社会变革中有所作为是现代技术思维方式在西方尤其是英国首先萌芽和兴起的根本所在，也是人类技术思维方式从传统向现代转换的根本所在。

具体而言，一方面，资产阶级在欧洲中世纪的封建体制内已经赢得了公认的地位，为了发展以自然物为原料进行的工业生产，他们需要借助科学来查明自然物的物理特性以及自然力的作用方式，在这一需要的刺激下，天文学、力学、物理学、解剖学和生理学的研究也活跃起来了。[①]另一方面，在教会统治的中世纪，科学不得超越宗教信仰所规定的界限，它只是教会的恭顺的“婢女”，但到中世纪末期，科学反叛教会了；由于在科学的支持下，工业生产才能按资产阶级所期望的方向发展，因而资产阶级也参加了由自然科学家或哲学家发起的反叛；同时，对于资产阶级的扩张能力来说，它在封建体制内的地位也显得太过于狭小了，如此，欧洲封建制度已经不能提供足够的空间来满足资产阶级的扩张性发展，资产阶级不可避免地起

① 《马克思恩格斯选集》（第 3 卷），人民出版社 1995 年版，第 705-706 页。

来反抗封建制度，势必与教会发生冲突。[①] 由此，可以说，科学在西方的复兴与具有扩张野心和能力的新兴资产阶级的兴起是同一过程，科学和新兴资产阶级在西方甚至可以说是一对孪生兄弟，对于封建制度和教会而言，它们二者是“叛逆者”。从 16 世纪起，欧洲的资产阶级发起了三次反抗封建制度的大决战。[②] 正当法国资产阶级在大革命中赢得政治胜利的时候，英国发生的工业革命使资产阶级在议会中获得了公认的和强大的地位，资产阶级尤其是其中的工厂主对土地贵族的优势被确立下来。[③]

在恩格斯看来，18 世纪的法国启蒙运动和政治大革命是科学以哲学为出发点的结果，以工业革命为前导的英国社会革命是科学以实践为出发点的结果。[④] 换句话说，天文学、光学、数学、力学、物理学、化学等各门科学，或者说对自然物因果关系和自然力相互作用方式的认识在 18 世纪获得了科学形式后，与哲学和实践结合起来，从而促进了自然哲学体

---

①《马克思恩格斯选集》（第 3 卷），人民出版社 1995 年版，第 705–706 页。

② 第一场是路德教（德国）和加尔文教在 16 世纪发起的。加尔文提出了适合当时资产阶级最果敢大胆分子的要求，即在竞争激烈的商界，成败“全凭未知的至高的经济力量的恩赐”来决定，他们不仅创立了完全民主共和的教会体制，而且在荷兰创立了共和国，在苏格兰创立了共和主义政党。

第二场是由英国的城市资产阶级发起、由城市平民和农村的自耕农的共同参与来完成的，他们最后将查理一世送上了断头台。这场极端的革命活动激起了反抗，在多次动荡后，新兴的资产阶级与封建地主（贵族）相互妥协。值得强调的是，这时的封建地主完全懂得金钱的价值，他们不但不反对发展工业生产，反而力图间接地从中获益，他们中的一些人为了经济或政治利益，还愿意与金融和工业领域的资产阶级首脑人物合作，而且与资产阶级一起确立了社会的、政治的和宗教上的新教原则，建立殖民地、海军和贸易；到 1689 年，对政治权力有诉求的地主贵族与对经济利益有诉求的（金融、工业和商业）资产阶级达成了妥协，资产阶级从此在英国就成了统治阶级中公认的部分。自此，地主与资本家的并列关系建立起来并采取了固定的形式，一直保持到 1780 年或 1790 年。

第三场是法国资产阶级在 1789 年发起的政治大革命。以古典古代唯物主义为信条的资产阶级在这次革命中完全抛开宗教外衣、毫不掩饰本阶级的政治诉求，革命是以封建贵族的彻底消灭、资产阶级的完全胜利而告终的，以至于法国大革命与过去的传统完全决裂，扫清了封建制度的最后遗迹，并以法律的形式保护资本主义的经济利益。

③《马克思恩格斯选集》（第 1 卷），人民出版社 1995 年版，第 27–28 页。

④《马克思恩格斯选集》（第 1 卷），人民出版社 1995 年版，第 18、27 页。

系（唯物主义）和应用科学的发展，使哲学和实践也有了自己的科学形式。恩格斯强调，科学在英国与实践的结合，产生了一系列的发明，这些发明首先被应用到纺织业，并建立工厂制度，在蒸汽机动力和机器陆续应用到钢铁业、采矿业和交通运输业后，工厂制度很快就普及了，社会运动得以全面开展。[①]

可以说，英国的工业革命是英国整个社会运动的动力，也是现代英国各种关系的基础，而工业革命的爆发又是基于16世纪和17世纪建立的政治和经济前提以及18世纪已经有自己科学形式的科学。[②]这意味着，科学（自然科学家）和资本（资产阶级）经过16—19世纪长达4个世纪的斗争，取代了宗教和封建地主阶级在思想和政治上至高无上的统治地位，并与工业生产的实践活动相结合，引发了深刻的思想、政治、经济和社会革命，也包括技术思维方式的变革，现代技术思维方式的各个要素及其诞生和发展演进所需的各个条件在占统治地位的资产阶级的支持和守护下获得充分发展和整合，并反过来促进其他方面的变化和发展。

从以上的论述可以发现，科学、资本和工业生产是随着西方资产阶级的不断扩张及其地位的不断提升而在西方获得充分发展并逐渐实现联结和融合的。对现代技术思维方式各要素而言，作为资本和工业生产操控者的资产阶级，对科学家、发明家或技术专家、工程师和技术工人等具有强有力的聚合力，它不断扩张的野心是各要素实现整合的凝合剂。一方面，资产阶级借以在持续的斗争中获得的权力和不断上升的政治地位使自身足以成为现代技术思维方式各要素的聚合力和凝合剂，并对它们产生实质性的影响和发挥实质性的作用，促进现代技术思维方式在西方的萌芽和兴起，推动技术思维方式由传统向现代的转变；另一方面，资产阶级又借助技术

① 《马克思恩格斯选集》（第1卷），人民出版社1995年版，第28-33页。

② 《马克思恩格斯选集》（第3卷），人民出版社1995年版，第25、35页。

思维方式的变革，满足并增强其不断扩张的野心和能力，实现其在不同阶段的经济和政治利益诉求。如此，西方新兴资产阶级为自身利益而对封建地主和制度发起的斗争以及它永不满足的扩张野心，与西方技术思维方式的诞生和演进是密不可分的。

综上，16 世纪以来，尤其是 19 世纪 40 年代至 20 世纪上半叶，由于资产阶级、科学、商业资本以及工业生产在中国的发展境遇和地位，现代技术思维方式的各要素在中国有着与西方完全不同的遭遇。

二、马克思、毛泽东对中国资产阶级困境的分析与启示

马克思指出，在 1830 年之前，中国人在对外贸易上经常是出超，白银不断地从英国和英属东印度公司向中国输出；从 1833 年，特别是 1840 年以来，中国向英国和印度输出的白银，几乎使天朝帝国的银源有枯竭的危险，这造成的后果就是“旧税更重更难负担，旧税之外又加新税”，而这一切税收无疑将由中国农民、企业和商人来买单。如此，中国农民和商人不仅要像过去那样将自己收成或利润的大半以上奉献给地主、贵族和皇室享用，缴纳贡税，供养用来镇压农民的官僚军队，现在还要承担清政府战败所造成的巨额战争赔款。以至于中国商人阶级不但不能像日本商人那样进行原始的资本积累和获得政府的财政补贴，还受到本国封建政府的盘剥和外国资本直接的经济压迫和扼制，生存的机会都很小，又何谈发展。

毛泽东指出，外国资本主义的侵入，决不是为了要把封建的中国发展为资本主义，而是要把中国变成它们的半殖民地和殖民地，以便控制中国的通商口岸、海关、对外贸易、金融、财政、海陆交通运输，直接利用中国的原料和劳动力[1]，为它们本国工业的发展提供原料、资本和市场。而这

---

① 《毛泽东选集》（第 2 卷），人民出版社 1991 年版，第 628–629 页。

一切又是通过贩卖鸦片、侵略战争、强迫自由贸易、贿赂中国官员等多种肮脏的手段来实现的。如此，正如马克思所揭示的，外国资本主义并不满足于破坏中国的财政、国家行政机关、社会风尚、工业和政治结构，它们还要吸干中国清朝政府和普通老百姓的血液——金银，甚至不惜败坏中国人民的品格、腐蚀中国人民的思想、毁灭中国人民的灵魂和意志。[①]

此外，面对中国农民的起义和资产阶级维新派的改良运动，清朝封建顽固势力为了维护封建专制制度，不惜对外国资本主义做出妥协和让步，甚至与帝国主义相勾结，共同镇压和压迫中国农民和资产阶级。在高压之下，资产阶级内部日益分裂为直接服务于帝国主义资本家的买办性大资产阶级、具有革命性和妥协性双重性质的民族资产阶级以及具有革命性的小资产阶级（广大的知识分子、小商人、手工业者和自由职业者）。辛亥革命推翻了皇帝和贵族的专制政权后，取而代之的先是地主阶级和军阀官僚的统治，接着是地主阶级和买办性大资产阶级联盟的专政，而他们又是帝国主义的帮凶和走狗，与帝国主义相勾结，出卖国家和民族利益、压迫人民，成为帝国主义的帮凶。如此一来，中国的财政和经济命脉以及政治和军事力量都由帝国主义操纵，随着帝国主义之间矛盾的加剧和势力范围的划分，中国变得四分五裂，一盘散沙。中国资产阶级生存和发展状况堪忧，无力整合现代技术思维方式的各要素。

三、恩格斯、毛泽东对中国各阶级革命力量的分析与启示

对于中华民族的先进程度以及中国人民反抗侵略和压迫的革命性，毛泽东认为，“中国是世界文明发达最早的国家之一”，“中华民族又是一个

① 《马克思恩格斯选集》（第1卷），人民出版社1995年版，第691–692页。

有光荣的革命传统和优秀的历史遗产的民族”[1]。恩格斯在1857年发表的社论中，把中国人民对帝国主义发起的反抗视为保存中华民族的“人民战争”，只是苦于当时没有新的阶级力量、没有先进的政党和指导思想、没有先进的武器和作战方式，中国人民还不足以抵御“欧洲式的破坏手段”。但他认为，“旧中国的死亡时刻正在迅速临近”，中国人民“已觉悟到旧中国遇到极大的危险”，他相信过不了多少年，人们“就会亲眼看到世界上最古老的帝国的垂死挣扎，看到整个亚洲新纪元的曙光”。[2]“这个亚洲新纪元的曙光”在十月革命给中国送来科学和革命的马克思主义，在五四新文化运动中唤醒沉睡的“民众”和出现由工、农、兵、学、商组成的阵营，以及在中国共产党诞生使中国有了先进思想指导的无产阶级政党后，便在中国冉冉升起了。

对于1840年以来中国人民开展的反帝反封建斗争，毛泽东把它视为资产阶级性质的民主主义革命，他认为，知识分子是中国民主革命运动中首先觉悟的，但最革命的是工人和农民阶级，知识分子如果不与工农结合，将一事无成；中国民族资产阶级虽没有地主阶级那样多的封建性，没有大资产阶级那样多的买办性，但他们与外国资本、与本国土地关系密切，自私自利，在政治和经济上缺乏独立性，无力领导并彻底胜利地完成这场革命，这是历史已经判定的事实；农民和城市小资产阶级是革命的主力军，但他们小生产的特点限制了他们的政治眼光，不能成为革命的正确领导者；只有工人阶级以及无产阶级政党是最革命、最无私、最有组织、最有政治眼光的，革命由这二者的领导才能走上彻底胜利的道路。[3]而且，以毛泽东为代表的第一代中国共产党人只是把资产阶级性质的民主主义革命看成是中国革命的第一阶段，即新民主主义革命阶段，其目的是消灭封

---

① 《毛泽东选集》（第2卷），人民出版社1991年版，第623页。

② 《马克思恩格斯选集》（第I卷），人民出版社1995年版，第710–712页。

③ 《毛泽东选集》（第2卷），人民出版社1991年版，第559、563页。

建主义和帝国主义，肃清中国资本主义发展道路上的障碍物；进而在一切条件具备的时候进入无产阶级社会主义性质的革命阶段，即社会主义革命阶段，这两个阶段是中国共产党领导的光荣而伟大的全部革命运动。[①] 如此，也只有中国无产阶级及其政党才有能力整合现代技术思维方式的各要素，推动中国现代技术思维方式的演进。

①《毛泽东选集》（第 2 卷），人民出版社 1991 年版，第 650–651 页。

本章小结

综上所述，可以作出如下三个结论：一是马克思主义对近代机械技术思维方式、大工业初期技术思维方式和现代机器体系之资本主义的应用，揭示了技术思维方式演进的一般趋势；二是马克思主义对 18 世纪末以前和以后技术思维方式演进动力的分析，揭示了不同历史阶段影响技术思维方式演进的动力系统和要素；三是马克思主义对技术思维方式演进的阶级因素分析，揭示了 19 世纪下半叶，现代技术思维方式在中国和西方呈现不同演进态势的深刻阶级根源，阐明了中国现代技术思维方式持续演进的根本力量在于无产阶级及其政党。以上三点为接下来系统研究中国共产党领导下中国现代技术思维方式的演进奠定了理论基础，也为中国共产党领导中国技术活动主体推进中国现代技术思维方式的持续演进提供了理论依据。

具体而言，首先，马克思对以磨为代表的机械技术、大工业初期的技术发明和现代机器体系之资本主义应用的历史考察，呈现了技术思维方式演进的一般趋势：尽管 18 世纪 60 年代自然科学理论和方法开始应用于技术发明中，但到 18 世纪末，在技术思维活动中占主导地位的仍然是以灵感、顿悟和直觉为基础的经验或实践思维方式；自然科学理论和方法经过 19 世纪上半叶的发展后，到 19 世纪下半叶，才对技术发明和制造产生实质性的影响，以科学原理、概念为基础解决问题的理论思维运用到了技术思维活动中，经验或实践思维与理论思维在技术发明和制造活动中实现了结合；同时，基于自然科学理论和方法发明制造的现代机器体系在资本主义的应用充分暴露了科学、技术和资本在资本主义生产关系下对人的奴役和对自然的破坏，因而，强调运用自然科学和技术改造自然、提高生产力的同时，也要有人文思维，关注和考虑人本身以及人所处的社会和自然生态环境。

其次，通过对公元5世纪到18世纪末人类生产劳动的历史考察，马克思揭示出技艺和经验性技术知识的积累与有效传承是18世纪末以前人类生产劳动的显著特点。由此，可以判断，18世纪末以前的世代，由于分工和交往极为有限，如何使世代积累的技术经验和知识得到有效的传承，是技术发明和制造乃至技术思维方式得以延续的重要条件。同时，通过对比科学发现和技术发明在法国、瑞典、德国和英国的发展进步和资本主义应用的情况，马克思揭示了科学发现和技术发明的应用与资本主义经济关系和生产方式之间的关系，从而揭示了现代技术思维方式在英国率先萌芽和兴起的根源，呈现了18世纪末以后，技术思维方式的演进有赖于技术发明家、理论科学家和资本家或企业家的相互合作，也即技术发明与科学理论和方法以及资本主义生产关系和方式的相互作用。

最后，通过马克思主义经典作家对西方资产阶级革命和工业革命以及近代中国政治和经济关系的历史考察和分析，可以发现，科学、商业资本和工业生产在不同国家的不同发展状况，尤其是中国与西方资产阶级的不同境遇和社会变革中的不同作为，导致了19世纪下半叶以后，现代技术思维方式在中国与西方的不同演进态势。同时，毛泽东对中国社会各阶级力量的对比和分析，也揭示了无产阶级及其政党是推动中国现代技术思维方式持续演进的根本力量。

第二章

中国共产党与中国现代技术思维方式演进的逻辑关系

马克思、恩格斯指出，“每一个历史时代主要的经济生产方式和交换方式以及必然由此产生的社会结构，是该时代政治的和精神的历史所赖以确立的基础，并且只有从这一基础出发，这一历史才能得到说明”[①]。基于此，由于中国无产阶级及其政党在1949年建立无产阶级政权以及1956年确立社会主义制度，从根本上改变了中国的经济生产方式、交换方式以及由此产生的社会结构，因此，1949年尤其是1956年以后，以此为基础确立的精神产品及其生产方式也会发生根本性的变化，而且精神及其活动方式的变化也必须以此为基础才能得到科学的解释和说明。如此，1949年以后中国现代技术思维方式的演进与中国共产党在夺取政权后对中国科技发展事业的坚强领导有着内在的逻辑关系。

① 马克思、恩格斯:《共产党宣言》，人民出版社1997年版，第12页。

第一节 技术思维方式类型的划分及其演进的一般态势

依据不同标准和不同角度，技术思维方式可以划分为不同类型，它的类型呈现出多样性、多元性和层次性的特点。这里一是根据文明国家和地区的历史发展进程以及相互间的关联性，划分为中国和西方技术思维方式；二是根据科学知识和方法对技术及其思维方式的实质性影响，又划分为传统与现代两种技术思维方式。同时，根据各个历史时期影响技术思维方式形成、发展演进的不同主导性因素，把人类社会发展历史进程中的技术思维方式划分为经验、科学和大科学三个发展阶段[①]。各个类型和各个发展阶段的思维方式不仅具有思维方式的一般规定性，还有它自身独特的内在规定性，甚至相互间还有不同程度的联系。

一、中西技术思维方式类型的划分及其依据

从文字发明的时间来看，两河（底格里斯河和幼发拉底河）流域的苏美尔或美索不达米亚文明和巴比伦文明、尼罗河流域的埃及文明、印度河

---

① 根据《现代汉语辞海》（2版，中国书籍出版社2011年版，第992页）的解释，“时代”指历史上以经济、政治、文化等状况为依据划分的某个时期。不同历史时期，经济、政治和文化有不同的状况，受这些状况的影响，技术思维方式的演进趋势和态势也有所不同。为了阐明不同社会历史条件下，技术思维方式演进的不同趋势和态势，这里按照各个历史时期对技术思维方式的形成、发展演进起主导作用的因素，将其划分为经验、科学和大科学三个时代。

与恒河流域的印度文明以及黄河与长江流域的中华文明是人类史上最早的四大文明地区。其中，中华文明被辛格认为是迄今为止存在最久远、延续最完整的文明（公元前 8 世纪至公元 16 世纪，是她最繁荣的时期）①；李约瑟认为，中国科技遗产是个“绝对的金矿”，在公元 1—15 世纪的长时间内，中国科技成就远远胜过于欧洲和其他任何文明，并对西方产生过重大影响②；而且由于喜马拉雅山和西藏高原的巨大壁障，中华文明的早期发展又不像其他三个文明之间联系紧密，因而中华文明被李约瑟认为是一种具有独创性的文化③。

同时，两河流域和尼罗河流域孕育的古老文明，即巴比伦文明和埃及文明被认为是希腊—罗马文明的基础，乔治·萨顿把巴比伦文明和埃及文明称为是希腊—罗马文明的“母”和“父”④，戴维·林德伯格又把巴比伦文明和埃及文明称为“前希腊文明”⑤。而古希腊文明与犹太基督文明的交流与融合才在公元 4 世纪兴起了欧洲文明，基督教成了它的主要塑造者⑥。公元 7 世纪阿拉伯半岛兴起了伊斯兰文明，在欧洲文明处于低级阶段时，伊斯兰文明将拜占庭、波斯、中国和印度的文化传统结合在一起进行了创造性的发展，并在公元 9—14 世纪获得繁荣发展；各大文明古国的文化传统与伊斯兰文明的创造性发展成果在此期间传到欧洲⑦，给欧洲带来了文明

---

① [英]查尔斯·辛格等主编，潜伟译：《技术史》（第Ⅱ卷），上海科技教育出版社 2004 年版，第 547–548 页。

② 潘吉星：《李约瑟文集》，辽宁科学技术出版社 1986 年版，第 18 页。

③ [英] 李约瑟：《中国科学技术史》（第 1 卷　总论），科学出版社 1975 年版，第 322 页。

④ [美] 乔治·萨顿著，陈恒六等译：《科学史和新人文主义》，华夏出版社 1989 年版，第 64 页。

⑤ [美]戴维·林德伯格著，王珺等译：《西方科学的起源》，中国对外翻译出版公司 2001 年版，第 14 页。

⑥ [美] 马文·佩里主编，胡万里等译：《西方文明史》（上卷），商务印书馆 1993 年版，第 177 页。

⑦ 王荣江：《近代科学的发生及其相关问题研究》，中国社会科学出版社 2008 年版，第 75 页。

的新曙光。

而欧洲先是在 14—16 世纪，尤其是 1450—1550 年间，凭借其了不起的借鉴、吸收和消化能力，从古代世界继承了丰富的科学与技术遗产；再是凭借其自我发展和自我变革的能力，在 16 世纪中叶以后进入了一个创造性的科学时代，在 17 世纪中叶以后迅速发展起来，进而在 18 世纪中叶以后构建了现代大生产的工业技术优势[①]，开创了人类技术文明史的新时代。但辛格强调，现代西方文明在更深层次上是受益于近东文明的，它只有在被视为是近东文明的后继者时，才可以说是古老的和延续不断的；同时，也只有这样，西方的技术文明史才足以与中国的技术文明史放在同一个历史天平上来进行比较。

综上，根据文明国家和地区的历史进程以及相互间的关联性，可以把人类技术思维方式区分为具有代表性的中西两种技术思维方式。

二、传统与现代技术思维方式类型的划分及其界限

基于科学知识在技术和生活方式上的直接应用，尤其是数学和物理学上的思维范畴、研究模式和科学方法扩展到了电力和化学等工业生产的经验领域，芒福德把用电力和合金来实现的技术称为“科学的技术”[②]。奥特加把技术进化的历史划分为偶尔的（古代）、工匠的（近代）和技术专家或工程师的（现代）技术三个阶段。他认为，工匠的技术仅仅是技艺的，还不算是科学，只是到了第三个阶段，即与现代科学密切相关的技术才称

① ［英］查尔斯·辛格等主编，高亮华等主译：《技术史》（第 III 卷），上海科技教育出版社 2004 年版，第 486–487 页。

② ［美］卡尔·米切姆著，陈凡等译：《通过技术思考——工程与哲学之间的道路》，辽宁人民出版社 2008 年版，第 54 页。

得上是“科学技术”[①]或“现代技术”[②]。这里，根据科学理论和方法对技术及其思维方式的影响程度，把人类技术思维方式区分为传统和现代两种技术思维方式。

马克思在考察机器与大工业发展时指出，机器是大工业所掌握的特有的生产资料，当机器用机器本身来生产时，大工业也就建立起了与自己相适应的技术基础，19 世纪最初几十年机器掌握了工具机的制造，“但只是到了最近几十年”，才产生了制造原动机的庞大机器。同时，马克思指出，“劳动资料取得机器这种物质存在方式，要求以自然力来代替人力，以自觉应用自然科学代替从经验中得出的成规”[③]。如此，以原动机为动力的现代自动机器体系作为劳动资料代替人力参与社会生产劳动过程之时，也是经验获取的成规被自觉应用的自然科学所取代，这一物质生产实践方式的变革必然会引起技术思维方式的变革。这里，为了更好地把握与物质生产实践方式相适应的技术思维方式的特点，把以经验获取技术规则或“成规”的历史阶段称为经验时代，把自觉应用自然科学的历史阶段称为科学时代。因此，可以说，以现代自动机器体系为基础的物质生产实践方式（即机器大生产）推动技术思维方式从经验时代（传统）向科学时代（现代）的过渡和转换。

恩格斯在马克思墓前发表讲话时指出，在马克思看来，科学是一种在历史上起推动作用的、革命的力量，理论科学中的每一个发现都使马克思由衷地感到高兴，如果看到类似于电学这样能对工业产生革命性影响的科学发现，马克思更加喜悦。[④]芒福德也指出，到 1850 年，关于电力的基础

① ［美］卡尔・米切姆著，陈凡等译：《通过技术思考——工程与哲学之间的道路》，辽宁人民出版社 2008 年版，第 62 页。

② 肖峰：《哲学视域中的技术》，人民出版社 2007 年版，第 224 页。

③《马克思恩格斯全集》（第 23 卷），人民出版社 1972 年版，第 423 页。

④《马克思恩格斯选集》（第 3 卷），人民出版社 1995 年版，第 777 页。

性科学的发现和发明已经基本完成，在 1875—1900 年，这些发明和发现陆续应用到电力工业中，如发电站、电话和无线电报等。巴萨拉指出，在文艺复兴之前，以及其后长达数百年的时间里，技术进步可以在没有科学知识的帮助下取得。直到 19 世纪晚期，以科学原理或理论（用数学术语表述，并经得实验验证）为基础的化学和电力工业的建立，这一状况才得以改变。

如此，这里把是否自觉地将科学（理论与方法）应用于技术发明和生产制造的实践活动中视为传统与现代技术思维方式的界限，更具体地说，即是否自觉地将科学理论和方法运用于技术方案的构思设计和技术规则的获取中。科学在技术中的这一自觉应用既使科学成为应用于实践的科学，也使技术活动成为现代科学意义上的一种理性行动，引发人类技术思维方式发生大变革。可以说，传统技术思维方式的核心是以实践活动为基础的经验直觉，这里称之为“经验或实践思维方式”；现代技术思维方式的核心则是以科学理论和方法为基础的科学理性，是一种科学理性或理论思维。尽管经验直觉仍然在现代技术思维活动中发挥作用，但科学理性在其中所起的作用越来越大。

三、现代技术思维方式演进的一般态势：首个形态形成后持续演进

如前所述，技术实践活动是技术思维方式形成发展的基础，技术思维方式在技术实践活动方式的发展变革中不断转换和发展演进。例如，以现代自动机器体系为技术基础的机器大生产是人们所熟悉的第一次工业或产业革命，它引发了技术实践活动方式的第一次变革，推动着现代技术思维方式首个形态的形成和发展，技术思维方式从传统转向现代持续演进，从经验时代走向科学时代，进而走向大科学时代。

1. 现代技术思维方式在传统技术思维方式的胚胎里孕育、萌芽和成长

从上面的阐述可知，以自然科学理论和方法为核心的现代技术思维方式形成了，以经验直觉为基础的传统技术思维方式被取而代之，人类技术思维方式随之从经验时代过渡到科学时代。旧事物的衰退和灭亡、新事物的诞生和成长成熟到最终取代旧事物都不是一蹴而就的，需要经过特定的时间，科学时代取代经验时代，或者现代技术思维方式取代传统技术思维方式也是如此，新时代新事物的一些关键要素往往已经在旧时代旧事物的某一个时期孕育和生长着了，这个时期通常被视为新时代新事物的萌芽和生长期。

具体而言，瓦特在 18 世纪 60 年代前期成功发明蒸汽机，标志着科学应用到了技术发明中，在很大程度上预示着人类技术思维方式新纪元的到来，芒图把蒸汽机的发明和应用看成是技术的经验时代被科学时代取代的标志。[①] 然而，由于思维方式具有定型化和固定化的特点，而定型化和固定化都需要经过一段时间，到 1900 年，自然科学理论与技术实践活动的结合还非常有限，马克思也把 18 世纪末之前的技术进步更多地归功于“世世代代的经验的大量积累”。1800—1850 年，以一系列科学理论的进一步发展为前提和基础，蒸汽机才发展为一种更高效的原动机。到 19 世纪晚期，以科学为基础的电力和化学工业的建立以及 20 世纪以后科学技术日益呈现出一体化的趋势，才意味着现代技术思维方式的最终形成。

由此，这里把 18 世纪 60 年代至 19 世纪中叶的近百年时间 ——这也是第一次工业革命在英国发生到完成的历史阶段，甚至还可以追溯更早的一段时间，即 18 世纪初，甚至可能是 16 世纪和 17 世纪 ——视为人类技

① [法]保尔·芒图著，杨人楩等译：《十八世纪产业革命——英国近代大工业初期的概况》，商务印书馆 1983 年版，第 248 页。

术思维方式由经验时代转向科学时代的过渡期，这一阶段也是现代技术思维方式的孕育、萌芽和成长期。

2. 现代技术思维方式首个形态的形成及其内在和外在驱动力

恩格斯指出，“使人们行动起来的一切，都必然要经过头脑；但是这一切在人们的头脑中采取什么形式，这在很大程度上是由各种情况决定的”[①]。从18世纪60年代，尤其是19世纪初至19世纪末，在第一次科技和产业革命中萌芽成长的现代技术思维方式随着第二次科技和产业革命的发生和推进，日趋走向成熟，首个形态得以形成。至此，人类技术思维方式成功完成了由经验时代向科学时代的过渡和转换，技术思维活动主体的思维活动形式在这一过程中经历了巨变，这对于人类技术思维方式而言，无疑是一次伟大变革，让人不由自主地去探究引起这一历史性变革的“各种情况”。

第一，从技术思维方式外部，即人文技术哲学的角度来看，要归因于为应对激烈的国际竞争而实施的科学与技术教育。具体而言，进入19世纪后，手工艺人和发明家分别被受过专门科学技术教育的商人和技术专家、应用科学家、工程师所取代，这些技术专家、应用科学家和工程师将“发明和工艺转变成精密科学”[②]，教育随之开始成为影响工业、进而影响技术思维方式发展演进的“起搏器”[③]。值得强调的是，教育之所以具有这样的影响力，在于“欧洲国家能够长期以国家支持的义务教育为基础来发展技术教育”[④]，政府重视对自然科学和应用科学教育和研究的资助和支持，

---

①《马克思恩格斯选集》（第4卷），人民出版社1995年版，第249页。

②［英］查尔斯·辛格等主编，远德玉等主译：《技术史》（第V卷），上海科技教育出版社2004年版，第537、549页。

③［英］查尔斯·辛格等主编，远德玉等主译：《技术史》（第V卷），上海科技教育出版社2004年版，第537页。

④［英］查尔斯·辛格等主编，远德玉等主译：《技术史》（第V卷），上海科技教育出版社2004年版，第537页。

使得科学能够借助中小学、中高等职业教育、高等院校和研究所在工厂和车间发挥作用。

可以说，现代技术思维方式的萌芽和瓦特蒸汽机引起的英国第一次工业革命一样，“并没有得益于中等学校的深厚基础”，但是，在它们成长发展的整个19世纪前半叶，一些有远见的人已经认识到英国的工业既不能再像早期那样依赖于“贸易和商业的垄断”，也不能依赖于“没有受过教育的发明者和手工艺技师”①，“英国不愿透露工业工艺秘诀”②刺激了欧洲大陆各国通过加强科学与技术教育来系统地促进技术的发展进步；随着“欧洲大陆普通教育系统在19世纪后期的建立”，涉及商业、工业（制造业）或职业等实践活动的“技术教育在长期的普通教育过程中发展起来”，尤其是工业实践活动与科学技术教育相互渗透，“呈现出较为先进的特征”③，英国和欧洲大陆工业化有了实质的变化。例如，19世纪60年代以后，尽管英国重型工程技术部门由于工艺师的技艺优势仍然处于领先地位，但欧洲大陆以科学为基础发展起来的化学和电力工业部门显然已经取得了领先优势，这两种截然不同的工业实践活动方式预示着人类技术思维方式的变革，人类技术思维方式的传统与现代、经验与科学有了清晰的界限。

第二，从技术思维方式本身，即工程技术哲学的角度来看，要归因于“现代工程”这一现代发明方法的发明及其以工业研究实验室的形式应用于技术实践中。怀特海指出，“19世纪不同于以往的特殊和新颖之处是在

---

①［英］查尔斯·辛格等主编，远德玉等主译：《技术史》（第Ⅴ卷），上海科技教育出版社2004年版，第540页。

②［英］查尔斯·辛格等主编，远德玉等主译：《技术史》（第Ⅴ卷），上海科技教育出版社2004年版，第540页。

③［英］特雷弗·I.威廉斯著，刘则渊等译：《技术史》（第Ⅶ卷），上海科技教育出版社2004年版，第81页。

工程技术方面”[①]，这不仅表现在“几个孤立的大发明”，更是表现在发明的过程和技术的发展进步不再是“缓慢的、不知不觉的和事先没有预料的”，而是“迅速的、有意识的和预见性的”。[②]怀特海把这整个的变化归因于以新的科学知识为基础的新发明方法——现代工程，这一新发明方法能“把科学概念与最后成果之间的鸿沟填起来”，可以达到“科学矿藏中更深矿脉”，是“有组织有步骤向一个又一个的困难进攻的过程”，以至于他把这一新发明方法的发明视为“19世纪最大的发明”[③]，并认为这是德国技术学校和大学变革治学方法所取得的功绩。19世纪70年代以后，“现代工程”以工业研究实验室的形式进入到化学和电力等新兴工业领域。

也就是说，尽管“现代技术首先是在英国由繁荣的中产阶级创造出来的”[④]，工业革命和现代技术思维方式的萌芽因此也从英国最先开始，马克思把这一历史事实的最根本原因归结为资本主义经济关系最先在英国的发展。但是，直到19世纪，德国人在他们的技术学校和大学中“发现了抽象知识与技术进步相联系”[⑤]的“现代工程”方法及其运用于新兴工业领域后，现代技术思维方式才有了质的变化，现代工程思维方式由此成为它的第一个形态。也就是说，马克思所说的自然科学在技术构思设计和生产制造过程的应用以现代工程思维方式的形态表现出来，成为技术活动主体解决技术问题的思维方法和思路。

“现代工程”之所以能同时引起科学知识与技术发明同时发生质的飞跃，就在于作为工程之本质的设计环节，它不是非理性、无意识、凭直觉的偶然的设计，而是为适应于大规模工业生产环境的高度制度化、组织化

---

① ［英］A.N.怀特海著，何钦译：《科学与近代世界》，商务印书馆1987年版，第109页。
② ［英］A.N.怀特海著，何钦译：《科学与近代世界》，商务印书馆1987年版，第110页。
③ ［英］A.N.怀特海著，何钦译：《科学与近代世界》，商务印书馆1987年版，第110页。
④ ［英］A.N.怀特海著，何钦译：《科学与近代世界》，商务印书馆1987年版，第111页。
⑤ ［英］A.N.怀特海著，何钦译：《科学与近代世界》，商务印书馆1987年版，第111页。

和系统化的设计，其目标是以技术的有效性和实用性为前提追求效率和效益，它通常在由各种设计部门和许多专业设计师组成的工业研究实验室中进行。设计的过程就是将要实现的某一给定功能转变为要被生产的建构，它首先要以充分的细节详细地说明和描述一些能实现某一给定运行原理的物理客体，使得在描述的基础上能把它制造出来；其次是将要实现的整体功能分解成若干个部分，待各部分设计完成后，再加以整合。同时，工程设计也可以描述为“利用可用知识在思考中尝试解决制作的问题”，使在实际建造人工物的过程中能够节省体力、智力、材料，它并不停留在大脑内部的认知活动，也并不止于绘制草图或建造模型，而是以此为基础，联系特定的材料和能量对投入和产出关系进行模仿性的微型建构，以便在自变量、固定参数和因变量之间获取效用功能的较满意的数值，并用数学分析的方式精确地将绘图或模仿的结果表达出来，提出在明确规定的条件下要实现特定目标应当如何去做的行动指令，也即技术规则，并不断地进行优化，使某一特定技术活动具有理论上的可能性、实践上的适用性以及操作上的有效性，最终为某一潜在技术可能性的实现寻求较满意的方案和手段；进而再借助工程活动中的生产和操作环节，将微型建构转化为具有给定功能的现实技术人工物。

基于此，工程设计是基于基础理论研究的以实践应用为目的的应用研究，属于工程科学或应用科学的范畴，它在基础理论研究与最后的发明成果之间架起了一座使二者实现沟通与融合的桥梁；生产和操作环节的技术行为由于受到了科学技术规则或行动指令的指导而成了理性的行动。如此，技术行为或行动的有效性不再由世代积累的经验规则和诀窍来保证，而是由基于应用研究的技术规则来保证，尽管那些经验规则和诀窍至今证明仍然是有效的，但已经不能达到现代人所期望达到的功效。虽然瓦特蒸汽机也有对科学的某种程度的应用，但那时的科学仅限于自然科学，而且是对科学结果的应用，但此时应用的科学除了自然科学，还有工程科学，而且对自然科学的应用不仅在于其结果，更在于其过程。概而言之，由于“现代工程”在技术发明过程中的应用，在数学和物理学上取得成就的数控与精密科学的实验方法扩展到了经验领域，技术实践成了工程或应用科学，理论思维与实践思维以工程思维为中介实现了融合。没有理论与应用科学的指导，现代技术发明虽然不能说不可能，但如果要满足用户对技术功效不断增长的需求，至少是比较困难的，而且掌握最前沿技术的可能性也相对较小。

3. 现代技术思维方式形态的持续发展

二战期间，曼哈顿计划（也称“曼哈顿工程”）的制定和执行既是“大科学”的诞生，也预示着人类技术思维方式大科学时代的到来，现代技术思维方式的形态从“现代工程”演变为“现代综合系统工程”。二战后，随着类似的大型工程项目在苏联、英国、法国和中国的实施，尤其是美国阿波罗计划（也称“阿波罗工程”）的成功，不仅“大科学”的发展得到大力推进，而且随同曼哈顿计划一同出现的新形态也得到了巩固，以至于曼哈顿和阿波罗这两项计划被视为是“大技术”[①]的经典范例。由此，从“曼哈顿”到“阿波罗”，不仅是“大科学”和“大技术”诞生和成长发展的过程，也是现代技术思维方式新型模式和形态的形成和发展过程。

20世纪50—60年代以后，以原子能和电子计算机为代表的新兴技术由军用成功转向民用，孕育并兴起了第三轮科技和产业革命浪潮，现代技术思维方式的新形态——技术创新思维方式开始萌芽和成长，并在20世纪70年代形成后、在20世纪80年代末90年代初向国家创新系统思维方式演进。

综上，可以把迄今为止的人类技术思维方式划分为经验、科学和大科

① ［英］特雷弗·I. 威廉斯著，刘则渊等译：《技术史》（第VII卷），上海科技教育出版社2004年版，第117页。

学三个时代，与经验时代相对应的是传统技术思维方式，与科学和大科学时代相对应的是现代技术思维方式。现代技术思维方式在第一次科技和产业革命中萌芽和成长后，在第二次科技和产业革命中形成了首个形态，在二战期间发展为第二个形态，第三个形态在第三次科技和产业革命浪潮中孕育和形成后又向第四个形态发展。如此可见，经验时代向科学时代的转换过程，也是技术思维方式由传统向现代的转换过程，科学时代向大科学时代的转换过程也是现代技术思维方式持续演进的过程。换句话说，从人类社会历史的宏观和整体上看，人类技术思维方式和一般的事物一样，持续不断是它发展演进的基本态势。但不同的国家和地区，受各国、各地区经济、政治、文化和历史传统的影响，不同国家和地区的技术思维方式往往会呈现出不同的演进态势。

第二节 中国现代技术思维方式演进的百年困局与破局

19 世纪下半叶以后，现代技术思维方式的首个形态在西方形成后呈现出持续快速演进的态势，19 世纪下半叶到 1949 年，现代技术思维方式在中国尽管有萌芽，但未兴起，到 1949 年以后才在中国形成和发展。由此，不禁让人思考，1949 年以后，现代技术思维方式在中国，或者说中国现代技术思维方式何以呈现出不同于近代百年的演进态势？

一、明末清初：现代技术思维方式的核心要素在西方孕育和成长

前面把自然科学在技术发明和工业生产中的自觉应用视为传统与现代技术思维方式的划界。也就是说，自然科学是人类技术思维方式由传统转向现代的一个核心要素。而这一核心要素萌芽于 17 世纪上半叶，或者更早一些，在一个多世纪的孕育中不断成长。

换句话说，现代意义上的科学是现代技术思维方式各要素中最为核心的，它在西方孕育期间，中国处于明朝中后期；它在西方进一步生长发展期间，中国处于明末清初；它在西方与技术实现结合并得到规模化应用时，中国处于清朝的中后期。概而言之，明清时期，现代技术思维方式的核心要素已经在西方获得充分发展。

具体而言，如前所述，从瓦特蒸汽机在18世纪60年代被成功发明，到19世纪50年代发展为一种广泛应用于工业生产中的高效原动机，经验时代也随之成功过渡到科学时代。从动力上看，这一进程的推动归因于技术与科学、资本、工业生产结合的日趋紧密，这里有三个递进的关键点，一是科学与技术在实验室的结合，二是基于资本的作用，科学与技术一起被应用于工业生产中，三是科学理论与方法的进一步发展。可见，这里最核心的因素就是科学的发展及其技术应用。

需要强调的是，这时的科学理论和方法不是古代和中古时代的原始理论和自发的实验方法，而是由伽利略开创、经过牛顿系统化的"归纳—演绎"数学模式和系统实验方法，这是一种"定量实验+数学论证"的精密科学方法，简称数学加实验的方法，也是一条获取科学知识的有效方法，运用这一方法建构的关于自然事物之因果关系就是现代意义上的科学理论。基于此，可以说，西方中世纪末达·芬奇，甚至西方近代早期培根的思维方式都还算不上现代意义上的科学，它是哥白尼、培根、开普勒、伽利略、笛卡尔和牛顿等人在继承和批判古希腊自然哲学和科学传统的基础上发展起来的。

其中，基于哥白尼、培根、笛卡尔和开普勒的相继努力，在形而上学和经验主义之间，自然科学在对宇宙数学的信念中找到了新方法：通过归纳法找出事物间的数学关系，继而在数学关系中推导出一切事物运动变化的规律，从而使关于自然界的假说加以数学化的表达。如此，知识不仅具有了基于经验事实证明的可靠性和确定性，而且还具有了量的精确性，这正是科学方法和知识的规定性。伽利略则实现了这一点。伽利略创造性地将数学和实验两种方法有机地相结合，并成功地运用到他自己的科学研究实践中；同时，又在研究运动问题的过程中建立了关于自然的数学设计思想——运动规律的几何化，并将它从天文学领域扩展到了力学领域。但伽利略在做欧式空间的实验时，因缺乏足够的抽象想象力，没能建构出虚空的、无方向的欧式几何空间，最终没能完善地表述惯性定律。而牛顿在《自然哲学的数学原理》中给予了几乎完美的表述。至此，认识成了对自然界假说的一种数学的主观建构，而对客观世界在经验范围内的数学的形而上学建构就成了科学认识，“近代科学”也即现代意义的科学随之诞生了。

这种科学是不同于古希腊哲学纯理性智慧和中世纪经院哲学学问的科学理性，它是基于基本假设而建立的主观的数学建构，并基于精密而可控的定量实验对这种假设的检验来确立建构的正确性。如此，理性和经验对它而言是同等重要的，它是在经验的基础上，通过理性的数学建构来达到对客观世界的科学认识，在这一层面上，近代的科学理性也是一种经验理性，是在精密科学实验的基础上将客观世界加以数学化，是认知思维方式的一次重大转变。

在现实应用上，西方在近代最初的两个多世纪里几乎沿袭古希腊传统，即仅限于小范围的理论应用。也就是说，古希腊时期，学问与实际应用几乎是相脱节的，对自然事物的数学化几乎还停留在形而上学的哲学沉思和理论建构，对它的技术应用也并不十分重视。公元5—10世纪，甚至到中世纪后期，西方在自然哲学和科学领域几乎处于停止状态，直到文艺复兴时期，具有极高天赋的达·芬奇对动力学问题进行了精密分析和解释，草拟了很多关于机械进步问题的全面解决方案，但只在他的笔记中，当时并没有实际地解决问题；同时，还有摩擦力、运动的变换、动力的减少和增加以及原材料的压力和张力等问题，尚待解决，而这些问题只有在数学与近代科学实验的方法相结合后才有可能解决。[①] 在16世纪至18世纪早期，西方的理性大多还是用于抽象的理论领域，实际的技术应用还局限

① ［英］查尔斯·辛格等主编，王前等主译：《技术史》（第Ⅰ卷），上海科技教育出版社2004年版，第464–465页。

于科学仪器和钟表制造的小范围中。

18 世纪中叶后，随着对精度要求的提高与相应技艺、机械工具和资金的缺乏，近代科学理性逐渐向机器制造方面转移[①]，瓦特蒸汽机的发明和应用标志着科学理性的应用由抽象的理论领域扩展到以先进技术为基础的大工业生产领域，也标志着人类的技术发明从依赖实际需要和职业经验上的摸索朝着与数学和应用科学相结合的方向转变，技术基础由能工巧匠的工艺经验和诀窍向科学的转变趋势已经变得越来越明显。到了 19 世纪后半叶，有机化学以及电和磁的科学研究分别对化工和电力产生了实质性影响，20 世纪又出现了基于科学的技术大发展，自觉地应用科学理性成为先进技术得以成功发明的重要因素，人类技术发明的经验时代彻底被科学时代所取代。

二、清末民国：首个形态在西方形成后持续演进

如前所述，18 世纪 60 年代至 19 世纪中叶，是现代技术思维方式的萌芽和成长期，其标志是瓦特蒸汽机走出实验室、走进工业生产领域，最后真正发展为一种高效的原动机，这些都连续发生在英国。19 世纪下半叶，现代技术思维方式形成了，人类技术思维方式进入科学时代，其标志是以科学为基础的电力和化学工业的建立，这陆续发生在德国、法国、瑞士和美国等欧美国家。20 世纪 40 年代中期，人类技术思维方式进入大科学时代，其标志是人类首颗原子弹的成功研制，这首先发生在美国。不仅如此，助推经验时代向科学时代转换的科学方法、基础科学理论和现代技术发明方法都是率先在西方发明、发现、建构和得到应用的，助推科学时代向大科

① ［英］查尔斯·辛格等主编，辛元欧主译：《技术史》（第 IV 卷），上海科技教育出版社 2004 年版，第 261–262 页。

学时代转换的现代思维工具（现代电子计算机）也都是西方率先发明和得到应用的。

概而言之，马克思、恩格斯对人类技术思维方式未来走向的预言率先在西方国家实现了，1850—1945年，以欧美国家为代表的西方在近百年的时间里成功完成了三个时代即经验时代向科学时代、进而再向大科学时代的两次时代转换，而且在1945年以后继续发展。简言之，19世纪下半叶以后，现代技术思维方式率先在西方形成和持续发展。

三、明清至民国的困局：各要素在中国有萌芽但未整合成形

明末清初，现代技术思维方式的各要素在西方孕育和发展，但它们在中国因缺乏相应的环境而“胎死腹中”。在清末民国，现代技术思维方式的各要素在西方资产阶级强有力的整合下，形成了首个形态；而在中国，各要素虽有萌芽，但并没有整合成形。

1. 明末清初：各要素在中国“胎死腹中”

人类技术思维方式的科学时代是科学理论和方法自觉地应用于规模化的生产中，其中有四个关键要素得以凸显，即数学、用数学关系式对自然事物的因果关系进行定量描述、实验方法和规模化生产。其核心是四个要素的三重融合，即代数学和欧氏演绎几何学的数学融合、自然事物之因果关系的数学化与系统实验验证的融合、数学加实验的方法在规模化生产中的自觉应用。以这四个要素的三重融合作为参照系数，来考察明清时期它们在中国的发展状况，无疑可以诠释中国技术思维方式在这一时期的演进状态。

在数学方面，在宋元时期出现了一批数学家如沈括、秦九韶、李冶、杨辉、朱世杰和郭守敬，推动着中国数学的发展，其中郭守敬在计算“太

阳视运动角速度”中应用的四次方程近似于“笛卡尔以后的科学中使方程适合曲线的方法”。[①] 自郭守敬于1316年逝世后，甚至在1368年明朝建立后的150年间，中国的数学水平几乎没有再上一个台阶；1500年后，相继出现了一些数学家如唐顺之、顾应祥、周述学和程大位，但这些明代数学家没有一个通晓宋元的代数学，到18世纪以后的康熙统治时期，中国的“本土数学”才被人发现。而在中国“本土数学”中断发展的期间，西方的数学在一批数学家，如16世纪中后期的雷科德、维叶特和斯特文，17世纪后的内皮尔、冈特、笛卡尔、巴斯噶、牛顿和莱布尼茨的推动下实现了自我突破和飞跃，即一度分别在中国和希腊分开发展的代数学和逻辑演绎几何学在16世纪和17世纪的欧洲结合起来，把代数方法应用到几何领域中。如果说，在1550年，西方的数学不如中国的先进，但此后西方却远远地超越了中国，从而在精密科学的前进中迈出了最大的一步。[②]

在自然事物的因果关系方面，早在唐代，为了应对佛教形而上学和道教宇宙论的挑战，儒家的一些学者如王通、李翱，从佛道两教的思想中借鉴和吸取了积极的因素，把“经典的伦理教义与推理的宇宙理论密切联系起来”，创立了理学。到了宋代，理学家朱熹使之系统化，并开辟了一条近乎“登峰造极”的理学发展道路，即“通过哲学的洞察和想象的惊人努力，把人的最高伦理价值放在以非人类的自然界为背景”，或“放在自然界整体的宏大结构之内的恰当位置上”。[③] 受理学经验的理性论思想的影响，以自然事物为对象的实验和观察的自然科学在唐宋时期兴盛起来，炼丹术、药用植物学、动物学、化学和磁物理学发展起来。但明代陆九渊和王阳明的心学却把理学中科学的人性论转向了反科学的唯心论，在一定程度上给自然科学的发展造成了负面影响。明末清初，兴起了倡导经世致用

① [英]李约瑟:《中国科学技术史》(第3卷　数学)，科学出版社1978年版，第107–108页。
② [英]李约瑟:《中国科学技术史》(第3卷　数学)，科学出版社1978年版，第348–349页。
③ [英]李约瑟:《中国科学技术史》(第3卷　数学)，科学出版社1978年版，第484、526页。

的实学思潮，17 世纪初开始，西学随着传教士来华逐渐传入中国，以徐光启为代表的有识之士在吸收和消化西学的基础上对基本理论进行阐述和补充、对自然现象进行解释和说明，在一定程度上促进了中国自然科学的发展。由于耶稣会教义与中国儒家传统道德观念的对立，或者说基于罗马教皇日益对中国内政的干涉，为了巩固清朝的封建专制统治，康熙在 1704 年颁发禁教令；雍正一方面在 1725 年重申禁教令，以致西学的输入和传播也几乎停止，中西学的融通和交汇没能进一步推进，另一方面采取文字狱的高压政策，并通过开四库全书馆来加以诱导，使得经世致用的实学思潮转到对古代经典文献进行考据和整理的经学上。由此，在中国对自然事物之因果关系的探索精神遭到了抑制。

在实验方法方面，受理学思想和实学思潮的影响，1406 年周定王父子编写了《救荒本草》，并开设了植物园培植各种适宜于食用的植物；1420 年宁献王出版的《庚辛玉册》记述了 541 种用于炼金术的天然物质；李时珍在 1578 年编写的《本草纲目》叙述有或可能有药用价值的动植物各 1000 种，还附有 8000 多个药方；茅元仪和宋应星分别在 1628 年和 1637 年编写了有关军事技术的《武备志》和有关制造工艺的《天工开物》两本技术著作，其中包含了一些极有价值的东西，但这些大多是直观的观察记录、自发实验结果的归纳和实践经验的心得体会，是经验时代传统方法的延续，而不是经得数学加实验的方法严格验证的结果。尽管达·芬奇的设计方案因理论的落后、培根的实验方法因缺乏数学方法的运用而停留在经验时代，但随后伽利略便开创了具有划时代意义的科学方法，从而使西方在技术思维方式的演进上实现跨越成为可能。

在规模化生产方面，马克思认为，18 世纪是“商业的世纪”，18 世纪末的机器大生产即大工业，是兴起于 15 世纪末 16 世纪初的商业和工场手工业在 17 世纪和 18 世纪集中于英国所发生的结果，而工场手工业形成的必要条件之一是由于美洲的发现和美洲贵金属的输入而促进的资本积累，即在一定程度上归因于西方新航路的开辟和新大陆的发现。[①]而早在 1405 年，中国明朝的宦官郑和就率领由 63 艘远洋帆船组成的舰队下西洋，在此后的 30 年间，先后进行了 7 次这样的探险，使中国进入历史上最伟大的航海探险时代。遗憾的是，随后很快就戛然而止，进入了海禁时代。尽管清朝康熙皇帝在 1656 年宣布的海禁，于 1684 年解除了，但由于外商商贸活动的日益频繁，清政府在 1757 年关闭了 4 个通商口岸中的 3 个，只剩下广州一个，直到西方强国用坚船利炮轰开了中国国门。鸦片战争后，洋务派试图在技术上"求强"、在经济上"求富"，但却遭到清朝顽固派的百般反对和阻挠，试图"按照封建的老办法子孙万代地统治下去"[②]。因而，中国的商业和工场手工业的发展及其向大工业的过渡受到了阻滞。

可见，人类技术思维方式由经验时代向科学时代转换的四个基本要素在明清时期并没有得到充分的发展，尽管有些许萌芽和发展，但终究由于缺乏适当的生存和发展环境而停滞了，更谈不上各要素间的结合和相互作用了，以致中国技术思维方式始终停留在传统的经验时代。换句话说，中国技术思维方式在秦汉唐宋元明时期经历了持续不断的演进后，没能在明清时期继续上升发展，其间不缺机会和机遇，但都因一次次的错失而最终被中断。

2. 清末民国：各要素在中国有萌芽但未整合成形

就在康熙和雍正对外施行禁教和闭关锁国政策、对内施行高压的文字狱之际，欧洲资本主义的经济关系发展到了使商业资本有可能利用科学进步的程度，以自然科学和商业资本为基础的技术革命在欧洲蓄势待发，经验时代的传统技术思维方式势不可当地要被科学时代的现代技术思维方式所取代。1764 年，以珍妮纺织机为标志的一系列工作机的技术发明和改进

---

① 《马克思恩格斯选集》（第 1 卷），人民出版社 1995 年版，第 110–112 页。

② 《中国近代史丛书》编写组：《洋务运动》，上海人民出版社 1973 年版，第 48 页。

推动着动力机的技术变革。1774 年，在罗巴克和博尔顿提供资金和设备的资助下，瓦特成功地按照实用的规模开发了他在实验室运用热力学理论发明的蒸汽机，随后成功地为布卢姆菲尔德煤矿和铁器制造商威尔金森建造了分别适用于采煤和钢铁生产的蒸汽机。至此，由作为原动机的蒸汽机所驱动的自动机器体系诞生了，这也是马克思所称的由动力机、传动机和工作机所构成的“真正的机器”，标志着实践思维与现代科学理论思维相结合的科学时代的到来，表现为以科学理论和商业资本为基础的现代技术发明及其在规模化工业生产中的应用，这是与经验时代的传统技术思维方式有质的区别的现代技术思维方式。

而清政府依然在其自以为的“世界中心”里做着“天朝上国”的美梦，直到 1840 年，被鸦片战争的炮声打破，自此中国沦为任列强欺辱和宰割的羔羊，中华民族陷入一场空前的存亡危机中，不屈不挠的中国人民随之开启了救国救民、富国图强的抗争之路。然而，19 世纪 40 年代魏源提出“师夷长技以制夷”、林则徐试图仿造洋式船炮，1851 年中国农民发起“灭妖”（封建专制主义）、“防鬼”（外国资本主义）的太平天国运动，并没有阻止英法联军发动侵略中国的第二次鸦片战争；19 世纪 60 年代以曾国藩、李鸿章和左宗棠为代表的洋务派在“以中国之伦常名教为原本，辅以诸国富强之术”思想的指导下全面开展技术上“求强”和经济上“求富”的运动以“自强”，以郑观应为代表的新兴资产阶级作为改良主义者，在 19 世纪 70 年代主张发展民族资本主义、实行君主立宪，但并没有阻止日本在 1874 年侵占台湾；1888 年，清政府通过购买各种大型舰艇建成了一支庞大的专门抵制日本侵略的北洋舰队，但令人痛心的是，这支舰种配置相当齐全、主力舰的载重量远东第一的强大海军力量并没有在 1895 年的甲午战争中打赢日本；1898 年以康有为、梁启超为代表的维新派以“中学为体、西学为用”为原则发起的变法维新运动取代了洋务运动，试图推行维护君主专制政体的政治改革，但依旧没能抵御八国联军于国门之外，没能改变中国沦为半殖民地半封建社会的悲惨局面；1911 年辛亥革命推翻了封建专制，但并没有阻止袁世凯复辟帝制和签署出卖主权的“二十一条”，也没有避免军阀割据；1915 年兴起的新文化运动和 1919 年爆发的五四运动，也没能引起列强在巴黎和会上对中国关于山东主权诉求的重视，没能阻止日本对中国主权的侵占；1927 年国民革命的胜利，也没能避免日本对东三省的占领和 1937 年日本的全面侵华。

概而言之，自 1840 年至 1937 年近百年的救亡图存运动，并没有从根本上改变中国受外敌欺辱和蹂躏的悲惨命运。这里，正如马克思所揭示的，不管引起中国革命的“社会原因是什么，也不管这些原因是通过宗教的、王朝的还是民族的形式表现出来，推动了这次大爆发的毫无疑问是英国的大炮”①。也就是说，西方对中国的侵略与中国的反侵略抗争，其核心是中西现代军事技术实力，乃至现代技术发明以及机械化的生产和制造能力的较量，说到底，是现代技术思维方式在西方诞生后持续不断演进的结果，而中国技术思维方式在主观上依旧囿于传统、在客观上缺乏相应的环境和土壤而无力向现代转换所导致的反差的一个缩影，中国对西方的抗争在很大程度上是落后的传统与先进的现代技术思维方式在国内外利益集团间所发生的碰撞与较量。

瓦特于 1774 年在实验室成功地开发和建造了适用于规模化工业生产的蒸汽机，但直到 1800—1850 年间，蒸汽机才真正成为一种新的和较强有力的原动机。② 也就是说，有一些因素在阻碍着蒸汽机快速地取代早期的原动机。首先，在虚拟型构的现实化方面，早期的机器制造商还缺乏熟练的工程师。瓦特依据热力学理论设计的蒸汽机装置需要比早期原动机更坚固、更耐用的材料以及高精度的金属部件，要现实地将它们制

① 《马克思恩格斯选集》（第 1 卷），人民出版社 1995 年版，第 690-691 页。

② ［英］查尔斯·辛格等主编，辛元欧主译：《技术史》（第 IV 卷），上海科技教育出版社 2004 年版，第 111 页。

造出来并能够成功地运行，不仅需要铁匠、修造轮子的工匠和木匠等各种能工巧匠，还要求他们按一定的精度对零部件进行精加工，尤其是金属部件，但由于缺乏适当的工具，当时最好的工匠制造出来的金属部件，如汽缸也没能达到瓦特蒸汽机所要求的精度。[①] 为此，瓦特和他的第一个合伙人博尔顿专门培养了能够制作和组装蒸汽机零部件的专业团队，即由科学家、技术专家或工程师组成的技术共同体。[②]1794 年，他们的新型工程师们开发出了第一台机床，但由于科学与机械工程的合作在当时还不够紧密而没能快速发展。

其次，在运行原理的理论方面，对瓦特发明蒸汽机起到影响作用的热力学理论尚未发展成熟，尚不能对热机进行精确的计算，工程师们本身还在寻找引进高压的办法。随后，卡诺在《论热的原动力》中奠定热力学的基础，迈耶和焦耳在量热学和温度测量方面取得突破，热力学第一和第二定律得以表述，新旧工程技术之间有了分水岭，加之，金属材料的测试、桥梁建造技术的兴起，以及用于测量工具和方法的设计等为蒸汽机的制造提供了极为有价值的知识，蒸汽机的设计和建造在 1850 年得以成为更高效的高压蒸汽机，成为最主要的工业动力源。[③] 到了 19 世纪下半叶，以电磁理论为基础的电力工业技术开始兴起，并逐渐得到广泛应用。例如，1875 年法国在巴黎北火车站创建了发电厂，1879 年美国出现首家出售电力的公司，在旧金山建成了实验电灯厂投入商业运营等，人类进入电力时代，科学与技术的关系更为紧密。

反观清末至民国时期的中国，林则徐和魏源认识到了西方技术的先进

① ［英］查尔斯·辛格等主编，辛元欧主译：《技术史》（第 IV 卷），上海科技教育出版社 2004 年版，第 110–111 页。

② ［法］保尔·芒图著，杨人楩等译：《十八世纪产业革命——英国近代大工业初期的概况》，商务印书馆 1983 年版，第 265 页。

③ ［英］查尔斯·辛格等主编，辛元欧主译：《技术史》（第 IV 卷），上海科技教育出版社 2004 年版，第 111 页。

性，但对于西方技术是什么，他们缺乏清晰的认识；太平天国运动领袖、改良派和维新派引进了作为先进技术附属品的政治和经济学说，但缺乏对科学技术的消化和吸收；清末的洋务派和民国时期的大地主大资产阶级引进大量的西方技术，兴办了新式学堂，但忽视了基础科学理论的研究，尽管他们从政府那里获得了资金兴办军用和民用工业，但他们的生产不是基于市场需求的刺激和生产生活的需要，而是为了维护其阶级统治的经济和政治利益，加之封建顽固势力的压制和外国资本主义的扼制，科学理论与方法、商业资本、商品市场始终没能在中国获得充分的发展和整合，以至于现代技术思维方式难以在中国诞生，致使中国技术思维方式在明清至民国更谈不上演进了。

四、困局之源：中国资产阶级无力整合和推动

如前所述，从技术思维方式本身的属性和规律来看，人类技术思维方式由传统转向现代的动力是自然科学的兴起及其在技术发明和工业生产中的自觉应用。从技术思维方式的外部，即社会历史条件的变化来看，人类技术思维方式在西方成功地由传统转向现代要归因于西方资产阶级社会地位的不断上升、直到掌握国家政权以及资本主义经济关系的发展。从主体的角度来看，是西方资产阶级对现代技术思维方式各要素的强有力整合推动了现代技术思维方式的萌芽及其首个形态的形成。较之西方资产阶级的能力和作为，中国资产阶级逊色多了，其自身的生存困境也使它无力整合现代技术思维方式的各要素，以至于现代技术思维方式的首个形态始终没能在近代中国形成。

西方资产阶级自中世纪末兴起时就在封建体制内获得公认的地位。而中国的商人阶级，在春秋时期就形成的社会等级次序中处于最低层，即“士、农、工、商”，一直到1840年，其社会地位几乎没有多大的改变，

甚至根本就没有变过。但这并不意味着在中国封建社会内不存在商品经济和资本主义的萌芽。事实上，在明末清初时期，即17世纪末至18世纪上半叶，欧洲的一些国家已经在发展资本主义时，尽管中国那会还是封建社会，但也“已经有了一些资本主义生产关系的萌芽”[①]，而且如果没有外国资本主义的入侵，中国也可能缓慢地发展到资本主义社会。只是或许封建思想的束缚和封建地主阶级的压制磨灭了中国商人像西方商人那样应该具有的扩张的野心和能力，或许是由于封建专制主义的堡垒太坚固、商人阶级的力量和势力太过于薄弱，又或许是由于商人阶级太软弱等，总之，在中国的历史上，农民阶级对封建地主阶级发起过大小数百次的起义，但商人阶级对地主几乎未发起过反抗，甚至也可能从未参与过农民阶级发起的任何斗争，因而他们的地位也未曾有过改变。

1840年以后，外国资本在帝国主义发动海盗式的侵略战争后持续不断地大肆进入中国，中国自给自足的传统自然经济、城市的手工业和农民的家庭手工业都开始裂变，封建经济结构受到冲击，与此同时，西方社会的经济价值观念也陆续传入了中国，但对中国社会尤其是对封建统治阶级产生的影响十分有限。19世纪60年代，在洋务运动的推行下，有一部分商人、地主和官僚引进西方技术、组建技术团队、创办新式工业，但由于中国缺乏一个资本的原始积累的阶段，资本主义的独立发展遇到了资金的困难，加之出于对阶级利益及封建制度的维护，民间商人试图引进西方技术投资新式工业时，依然遭到地方封建势力（地主士绅）的严重阻挠而被扼杀在摇篮里。如此，在19世纪60年代，地方封建势力对新的生产力和生产方式还很恐惧和排斥，没有政治势力的商人难以打破封建势力顺利投资办厂。部分地主和洋务派官员出于民族危机感，利用阶级优势、权力和职务便利，排斥封建顽固势力的阻挠，通过外交关系或买办引进西方技术投资

---

① 《毛泽东文集》（第8卷），人民出版社1999年版，第292页。

办厂，民间无权势的商人也只有在洋务派官员的保护下才能抵挡地方封建势力的阻挠和破坏。由此，中国在清末创立了“官办”和“官督商办”形式，使民间商人、买办和官僚资本得以集中，催生了一大批新式工业。然而，由于技术太过依赖直接购买和引进，不注重基础理论科学的研究和自主实验研发，政治动机远远大于经济动机，加之官方的财政支持、商业资本的投入和市场需求都很有限，因而这些新式工业难以发展为一个真正的“工业革命”，更无力掀起社会变革，新兴资产阶级也难以捍卫自己的利益和实现自己的抱负。可以说，“官办”和“官督商办”形式是洋务派对清廷封建顽固势力的一种妥协，而中国顽固势力并不具有英国地主贵族所具有的政治远见和经济动机，因而也不能像他们那样向新兴势力作出让步。由此，以这种形式投资创办的新式工业仍然限制在传统社会及其价值体系的结构之内，这些工业也不可能从官方那里得到他们所期望的恩赐和支持，终究也逃脱不了被传统观念、官僚主义动机和官方勒索压垮的命运。

面对本国封建地主阶级和买办性大资产阶级以及帝国主义的三重压迫和扼制，中国的民族资产阶级摇摆不定，小资产阶级日益走向破产和没落的境地，他们既不具有聚合力，也不能充当凝合剂，对于现代技术思维方式各要素的整合，他们有心无力，自然也难以肩负起复兴中国技术思维方式的重担。以电器工业为例，到 1937 年前，全国民族资本的电器制造厂共有 200 家，但 90% 都是小型的私人企业，设备简陋、资金短缺、技术落后，虽然生产的电器产品品种繁多，但是“自制品尚少，装配品居多”，而且数量不大，不仅无法与实力雄厚的外国资本电器制造企业进行垄断性竞争，也经常受到外国资本的排挤和压制，难以发展壮大。[①] 到 1937 年日本全面侵华，当时开办得最好的三家电器制造厂——华成和华生两家电器厂被迫内迁、损失惨重，上海华通电器厂未内迁，日军侵入上海后被迫停

① 刘益东、李根群：《中国计算机产业发展之研究》，山东教育出版社 2005 年版，第 85 页。

产，原材料、设备和厂房被日军廉价收购。[①] 境遇如此不堪，现代技术思维方式各要素又怎能获得充分发展和整合？

五、破局之本：中国无产阶级及其政党肩负使命

正如马克思所指出的，“英国资产阶级将被迫在印度实行的一切，既不会使人民群众得到解放，也不会根本改善他们的社会状况，因为这两者不仅仅决定于生产力的发展，而且还决定于生产力是否归人民所有。”[②] 同样，中国封建地主阶级、买办性大资产阶级和外国帝国主义在中国实行的一切，既不会有利于现代技术思维方式在中国的诞生和演进，也不会从根本上改善现代技术思维方式各要素成长发展的社会状况，因为这不仅仅取决于各要素的发展，而且还决定于它们是否归中国人民所有和支配。例如，尽管 1882 年英国人在上海开办了商业性的发电厂，随后其他列强相继在中国沿海城市建设发电厂，他们依仗自己在中国享有的殖民垄断特权，还建设了修理电器的小型工坊和生产电器产品的电气工厂；1913 年，美国通用电气公司在上海建立了灯泡厂；日本在上海建立了中华电气制作所；1915 年，日本建立了窑业实验所；1932—1945 年，日本在沈阳创办了多家电器制造工厂，但这些工厂的核心技术和企业管理都掌握在外国人手中，他们凭借其技术、资本优势和先行的垄断权，利用中国廉价的原材料、动力和劳动力生产电器产品[③]，其性质是侵略和掠夺，对现代技术思维方式各要素在中国的发展和整合起不了实质性和根本上的作用。

如此，在中国的统治阶级还没有被中国的无产阶级取代以前，或者中国人自己还没有强大到能够完全摆脱封建主义和帝国主义的枷锁以前，中

① 黄晞：《中国近现代电力技术发展史》，山东教育出版社 2006 年版，第 6 页。

② 《马克思恩格斯选集》（第 1 卷），人民出版社 1995 年版，第 771 页。

③ 刘益东、李根群：《中国计算机产业发展之研究》，山东教育出版社 2005 年版，第 83-85 页。

国人是不会收获到本国地主贵族、买办和外国资本家在他们中间播下的新的社会因素所结的果实的。换句话说，对现代技术思维方式各要素的整合以及对其形态发展演变的推动落在了中国无产阶级政党的肩上。

第三节 中国共产党的领导与中国现代技术思维方式新演进态势的内在关系

2014年9月5日，在庆祝全国人民代表大会成立60周年大会上的讲话中，习近平提出了一个崭新论断："中国共产党的领导是中国特色社会主义最本质的特征"。2016年1月7日，习近平主持中共中央政治局常委会会议时强调，"党是领导一切的"。如此，1949年以后中国现代技术思维方式的演进态势与中国共产党的领导之间有着极为紧密的内在逻辑关系。这也是物质与精神或意识、存在与思维、生产力与生产关系、经济基础与上层建筑唯物辩证关系的本质体现，是辩证唯物主义和历史唯物主义在思维科学领域的运用。

一、1949年以后：中国现代技术思维方式总体上持续演进

根据前面的阐述，可以作出如下两个结论：一是从人类技术文明发展的历史进程来看，技术思维方式是不断发展变化和持续向前演进的；二是从人类技术文明发展的地域来看，不同国家和地区在不同的历史阶段呈现出不同的演进态势。例如，西方技术思维方式在1850—1949年的近百年时间里，引领人类技术思维方式完成了从经验时代向科学时代、进而向大科学时代的转换，中国技术思维方式却转换失败、整体上停留在经验时

代。而且，西方技术思维方式在1945年进入大科学时代后继续呈现出持续不断的演进态势。也可以说，人类技术思维方式在西方由传统转向现代后持续演进，也即现代技术思维方式在西方萌芽和形成后持续发展。

因此，为了顺应技术思维方式的时代潮流和演进趋势，1949年以后，中国技术思维方式在完成三个时代间的两次转换后还要持续向前演进。而且历史证明，在中国共产党的领导和推动下，中国技术思维方式不仅完成了三个时代间的两次转换，而且还持续不断地向前发展演进，换句话说，就是中国技术思维方式由传统转向现代后持续演进，现代思维方式不仅在中国形成了，而且持续不断地发展。

二、中国共产党的领导：新演进态势的根本保证

马克思在《〈政治经济学批评〉序言》中从唯物主义历史观的基础上阐明了社会革命发生的根源，即"物质生活的生产方式制约着整个社会生活、政治生活和精神生活的过程。不是人们的意识决定人们的存在，相反，是人们的社会存在决定着人们的意识。社会的物质生产力发展到一定阶段，便会同它们一直在其中运动的现存生产关系或财产关系（这只是生产关系的法律用语）发生矛盾，于是这些关系便由生产力的发展形式变成生产力的桎梏。那时社会革命的时代就到来了，随着经济基础的变更，全部庞大的上层建筑也或慢或快地发生变革"[①]。恩格斯对此作出评论，认为生产力与生产关系、经济基础与上层建筑的关系原理"不仅对于经济学，而且对于一切历史科学（凡不是自然科学的科学都是历史科学）都是一个具有革命意义的发现"[②]。1890年10月，恩格斯在给布洛赫和施米特的信中，又对马克思的上述原理作了补充，即强调了三点：一是经济状况是基

①《马克思恩格斯选集》（第2卷），人民出版社1995年版，第32–33页。

②《马克思恩格斯选集》（第2卷），人民出版社1995年版，第38页。

础，上层建筑的各种因素对历史斗争的进程也发生着影响；二是国家权力的反作用；三是意识形态对经济基础的反作用。

正是基于生产力与生产关系、经济基础与上层建筑的唯物辩证关系，马克思把科学发现和技术发明的资本主义应用只发生在英国归因于英国资本主义的“经济关系（尤其是英国的农业关系和殖民地起了决定性作用）发展到了使资本有可能利用科学进步的程度”[①]，从而也为现代技术思维方式的萌芽和成长发展创造了适宜的环境。毛泽东在对中国社会各阶级进行分析时认为，“在经济落后的半殖民地的中国”，附属于国际资产阶级的地主阶级和买办阶级“代表中国最落后的和最反动的生产关系，阻碍中国生产力的发展”，从而也阻碍了中国技术思维方式由传统向现代的转换。江泽民把中国自明朝末年起在科技领域落后于其他国家的原因归结为“长期存在的封建制度”[②]。但是，正如毛泽东所分析的，代表中国城乡资本主义生产关系的中产阶级“对于中国革命具有矛盾的态度”[③]，他们不可能像西方资产阶级一样实现他们的政治主张，从而也不可能从根本上改变中国现代技术思维方式的演进态势。

在毛泽东看来，中国现代“工业无产阶级人数虽不多，却是中国新的生产力的代表者，是近代中国最进步的阶级”，是“我们革命的领导力量”。[④]2014 年 6 月 9 日，习近平在两院院士大会上的讲话中指出，“新中国成立以来，党中央高度重视科技事业，团结带领广大科技工作者和全国各族人民自力更生、艰苦奋斗，建立起全面独立的科研体系，形成了规模宏大的科学技术队伍，取得了一个又一个举世瞩目的科技成就”，中国现代技术思维方式也在这一历史进程中形成和发展起来。2016 年 10 月 21 日，

① 马克思：《机器、自然力和科学的应用》，人民出版社 1978 年版，第 233–234 页。

② 江泽民：《论科学技术》，中央文献出版社 2001 年版，第 182 页。

③《毛泽东选集》（第 1 卷），人民出版社 1991 年版，第 4 页。

④《毛泽东选集》（第 1 卷），人民出版社 1991 年版，第 8–9 页。

习近平在纪念红军长征胜利 80 周年大会上的讲话指出，“中国共产党的领导，是中国革命、建设、改革不断取得胜利最根本的保证”。如此，也正是基于中国共产党对中国科技事业的政治、思想和组织领导，把握了现代技术思维方式的演进趋势和规律，谋划全局，提出战略、制定政策、深化改革、营造良好环境，为中国现代技术思维方式在 1949 年才呈现出不同于近代百年的新演进态势提供了坚强的政治保证。

三、新演进态势：凸显了中国共产党领导的重要性

中国共产党的领导地位不是自封的，而是由其自身的性质和宗旨决定的，是在艰苦卓绝的中国革命斗争中形成的，是历史和人民的选择。然而，新中国成立后的不同历史时期，中国共产党领导地位的合理性都会受到不同程度的质疑。例如邓小平同志指出的，早在 1957 年，就有人提出“轮流坐庄”的说法；1989 年以后，尤其是东欧剧变和苏联解体后，随着西方加紧对中国的西化、分化以及西方思潮的大量涌入，有不少人质疑甚至否定中国共产党的领导地位。在这样的形势下，中国共产党领导地位之合理性的解释和阐释显得尤为重要。1949 年至今（2017 年）中国现代技术思维方式整体上呈现出持续不断的演进态势，这与 1840—1949 年的徘徊不前，形成了非常鲜明的对比。这不仅可以作为中国共产党的一项政绩或绩效，很好地解释中国共产党领导地位的合理性，而且也充分证明了中国共产党的领导对中国现代技术思维方式演进的强大推动作用，充分凸显了中国共产党的领导地位和作用是不可取代的。

第四节 中国共产党对中国现代技术思维方式演进的领导方式与作用

马克思主义对技术思维方式演进动力的相关分析为中国共产党对中国现代技术思维方式演进的领导提供了理论依据，发达国家的政府行为对各国现代技术思维方式演进的影响为其提供了现实依据，技术思维方式与技术实践活动和技术思想之间的唯物辩证关系则阐明了中国共产党领导的必要性。中国共产党的领导主要指党通过动员、组织和引导技术活动主体在技术实践活动中推进现代技术思维方式在中国的形成和持续健康发展，党对中国现代技术思维方式演进的领导方式主要是政治、思想和组织的领导，明确中国现代技术思维方式演进的方向，为中国现代技术思维方式提供“土壤”和“养料”。

一、发达国家的政府行为对该国现代技术思维方式演进的影响及启示

基于中产阶级和资本主义经济关系在英国的繁荣发展，现代技术思维方式伴随着人类第一次工业革命在英国的发生而最先在英国萌芽和生长，英国技术思维方式引领着人类技术思维方式的演进方向。到了 19 世纪下半叶，以德国和法国为代表的欧洲大陆国家对系统科学与技术教育的实施，推动了人类第二次工业革命的爆发，现代技术思维方式的第一个形态

率先在欧洲大陆国家形成了，成为人类现代技术思维方式的引领者。美国政府在二战期间对曼哈顿工程项目的科学制定和组织实施，在 20 世纪 50 年代推动新技术浪潮的兴起，以及 20 世纪 60 年代末美国阿波罗计划所引发的管理革命，使美国在二战后一直成为人类现代技术思维方式发展演进的引领者。

1. 发达国家现代技术思维方式的不同演进态势：领先地位不断演变

在恩格斯看来，作为工业革命标志的蒸汽机的应用是英国发生深刻社会革命的引擎，而且，正如本文在前面所分析的，它也是人类技术思维方式之经验时代与科学时代的分水岭。对于为何发生在英国，恩格斯认为，这是 18 世纪已经得到充分发展的科学（数学、力学）在英国以实践为出发点的结果。[①] 马克思指出，就数学和力学领域在 18 世纪的发现和进步而言，法国、德国和瑞典几乎都达到了与英国同样的程度，发明也是如此，它为何唯独在英国得到了资本主义的应用，马克思认为，只有英国的经济关系发展到了使资本有可能利用科学进步的程度。[②] 如此，它的发明与应用是商业资本与科学结合的结果，是掌握资本的资本家、兼具实践经验和科学理论的发明家以及工业工匠和手工技师相互合作的结果。同时，它也被视为是没受过什么正规教育的人士发动的。[③]

19 世纪 70 年代以后，“现代工程”发明方法在德国发明和应用后，也相继在法国和美国得到应用，爆发了以电力和化工为标志的第二次工业革命，人类技术思维方式迎来了科学时代的第一次飞跃，即诞生了以自然科学的基础理论研究和工程科学的应用研究为基础的现代工程思维，理论思维与实践思维以“现代工程”为桥梁实现了融合，欧洲大陆国家和美国

---

① 《马克思恩格斯选集》（第 1 卷），人民出版社 1995 年版，第 27–28 页。

② 马克思：《机器、自然力和科学的应用》，人民出版社 1978 年版，第 233 页。

③ ［英］特雷弗 · I. 威廉斯著，刘则渊等译：《技术史》（第 VII 卷），上海科技教育出版社 2004 年版，第 205 页。

迅速崛起。到了20世纪初，德国不仅在传统的钢铁工业上可与英国媲美，而且在新兴的化学和电气工业领域也已经远远超过了英国。如此可以说，德国凭借对“现代工程”发明方法的发明和应用，在人类技术思维方式科学时代的第一次飞跃中取代英国处于领先地位。而这次飞跃是受过正规教育，尤其是在科学与技术知识方面受过专业训练的企业家和工程师或技术专家共同发动的。

在二战期间，基于“现代工程”方法、现代电子计算机以及新材料和新能源，美国政府利用其军队、工业界和最优秀的科学家，成功实施了研制原子弹的曼哈顿计划，标志着人类技术思维方式迎来了科学时代的第二次飞跃，也即大科学时代，孕育了现代综合而又系统的工程思维。苏联在1949年成功试爆原子弹、率先打破美国的核垄断地位后，又在20世纪50年代末成功发射了人类首颗人造地球卫星，并研制了洲际弹道导弹，率先掌握空间技术，与美国一起成为世界头号技术强国，处于领先地位。

然而，美国阿波罗计划的成功又赶超了苏联。更重要的是，苏联的空间研究计划被认为“完全由一个秘密的军事官僚机构控制的”，苏联在“联盟号”系列宇宙飞船出现困难后，很快就落后了。而美国阿波罗计划的成功被认为是人类技术的一次最伟大的飞跃，它的成功被归功于一场管理革命。它把政府、工业界和大学融合为一体，其中工业界提供该计划所需的研究和生产设备、技术专家以及可机动的人力；政府部门主要发挥整合和指挥的功能，起着中心的作用，将管理技能和经验传送到各个工业公司；大学积累了几个世纪以来所形成的基础科学，计算机程序不仅控制着质量，还指挥着将近50万的工作人员。[①]

与此同时，20世纪50年代以后，以现代电子计算机和原子能为代表

① ［英］特雷弗·I.威廉斯著，刘则渊等译：《技术史》（第VII卷），上海科技教育出版社2004年版，第117–118页。

的新兴技术在美国陆续由军用转向商用和民用，到20世纪70年代掀起了新一轮的工业革命，即第三次工业革命。它不再单纯地建立在数学、物理学、电磁学和化学等传统科学理论的基础与应用研究上，而是以此为基础的新兴综合科学理论的基础与应用研究，包括急速突破的量子电子学、信息论、分子生物学、遗传学、核子学等。战后的欧洲在美国马歇尔计划的资助下获得大量用于城市和工业重建的资源。重建的重点在于提高效率，旨在提高劳动生产率的技术革新陆续进行，工业生产过程的机械化程度不断提高，电力和数控自动化得到发展。二战后的日本通过精心计划和技术引进，表现了良好的发展势头。20世纪70年代以后，欧洲和日本的新兴工业迅速崛起。

综上，英国在18世纪下半叶开辟了人类技术思维方式的科学时代；德国在19世纪下半叶首先推动人类技术思维方式在科学时代实现第一次飞跃，英国被赶超；20世纪40年代中期，美国率先在科学时代的第二次飞跃中处于领先地位，在40年代末至50年代末被苏联赶超，但到60年代末重新超越苏联，处于领先地位；20世纪70年代以后，基本形成了“一超多强”的格局。

2. 发达国家现代技术思维方式领先地位发生演变的缘由

德国何以能够在19世纪下半叶超越英国处于领先地位，美国和苏联，尤其是美国又何以能够在20世纪中叶超越德国和英国处于领先地位，概而言之，科学时代先进国家技术思维方式领先地位何以会发生如此演变？

第一，英国在19世纪下半叶以后逐渐被德国赶超的缘由如下：

从时间上看，英国发生并完成第一次工业革命、技术思维方式由经验时代向科学时代的成功转变并没有得益于中等学校的深厚基础，甚至“英国的大学也没有在英国工业的上升发展过程中发挥过任何作用”[①]，而人类

① ［英］特雷弗·I. 威廉斯著，姜振寰等译：《技术史》（第Ⅵ卷），上海科技教育出版社2004年版，第81页。

技术思维方式由科学时代进入大科学时代与“现代工程”有着本质的联系。根据怀特海的考察，这一发明方法是由治学严谨的德国技术学校和大学在培养专业化技术人才即技术专家之法的过程中找到的，它不但能应用在治学上，而且也能应用在纯科学上，甚至还能应用在技术上。[①] 德国在技术知识的专业化训练上取得的成绩是19世纪令人羡慕的事，其结果就是应用科学家和工程师或技术专家取代了过去时代的发明家，受过训练的新型企业家由于认识到科研对技术开发的重要性而开始组建工业研究实验室，基础理论的应用研究从大学向工业内部发展，促进了发明的工业化。换句话说，19世纪，国家或政府通过对科学技术教育、基础理论及其应用研究的规划、资金资助、政策支持，为工业界输送人才并得以通过建立工业实验室来加强对技术发明和创新的资本投入，在现代技术思维方式的演进中发挥着重要作用。可以说，在英国依仗其工业技术优势实现对贸易和商业垄断之际，为了赶超英国的工业水平，欧洲大陆国家尤其是德国认识到了技术进步的基础在于新兴的产业工人阶级精通当时先进技术的基本科学原理，广泛地实施普及技术教育的体制，发明者被专家取代，而专家又把发明和技艺转变为精密科学，从而使技术发明活动过程中的生产和操作行为成为一种科学实践行为和理性行动，以至于实践思维与理论思维一样受到理性的指导。如此，德国在19世纪建立起普通教育系统而后在电力和化工方面所具有的领先优势，长期植根于普通教育体系中的科学与技术教育就呈现出先进的特征，并对技术及其思维方式进步产生了实质性影响，而英国统治阶级对科学与技术知识的忽视作为其自身既定的思维不仅已经没有什么优势了，而且还成为阻碍技术及其思维方式在新阶段获得发展和进步的因素。

德国在一战时期的成功依旧归功于建立在大批科学家研究基础上的工

---

① ［英］A.N. 怀特海著，何钦译：《科学与近代世界》，商务印书馆1987年版，第111页。

业实力，尤其是化学工业。英国在一战前虽然有很好的基础研究，却没有相应的应用研究，在生产和制造产品方面的能力不足。为此，英国在1917年建立了科学与工业研究部，并与工业部门合作创建了工业研究协会；同时，由于缺乏高效的大学和国家不重视科学研究，英国科学进步协会在1904年联合新老大学、工业界、纯科学和应用科学等代表强烈要求国家增加对大学的支持，但支持的力度还是不如德国。一战期间，英国花费了25万英镑的资金在高校建立实验室，购置科学设备，但他们开设的课程还是显示出对自然科学的偏见。一战后，一种对高级工程技术教育特别有意义的国家级证书计划在全英国得到发展，获得证书的人数在两次世界大战之间的岁月里稳步上升。但在这期间，德国在校大学生的人数约为英国的3倍，而它为高等教育提供的资金设备则是英国的6倍，在英国大学内部，英国人表现出了对纯科学尤其是数学和物理的偏爱，与文科和纯科学相比，技术的发展处于日渐衰落的状态。

第二，美苏在二战后处于领先地位的缘由如下：

美国在20世纪中叶以后的领先地位得益于19世纪下半叶就实施了科技教育和建设工业实验室[①]。20世纪初，美国主要是从欧洲引进免税的基础研究成果，即以欧洲的基础研究为基础建立起技术创新能力。一战期间，美国建立并发展了有力的研究机构，而且它们一开始就与私营企业齐头并进，着重于应用研究，并不强调基础研究。人们把二战叫作“物理学家的战争”，认为这是“一场真正的科学之战”，要在这场战争中赢得胜利，只靠各民族的体力优势是不行的，而是要靠在学校、技术学院和大学中受过

① 1862年，美国的技术教育也在国家资助的学院中得到普及。1865年创建的麻省理工学院，其办学宗旨之一就是让学生“掌握科学的方法和生产工艺”。而且多元化是美国高等科技教育学校的突出特征，不仅有专门化的技术学院，实力雄厚的应用科学也在综合性大学发展起来。到了19世纪80年代，美国所有的农村或矿山周边地区都有了公立学校。

训练的人的足智多谋。[1] 为此，美国动员了工业和大学的科学力量，有效地进行了庞大的军事技术研究。一大批应急的技术计划在战时进行，结果获得了巨大的成就。其中，科学家和工程技术人员及军事专家协作的方式，提供了能够赢得战争胜利的根本性军事创新能力。这也是战时美国军事技术思维方式的一个显著特点。同时，为了减少美国对欧洲基础科学的过度依赖，作为战时技术领导者的布什请求罗斯福总统加强对基础研究的力量，主张大规模地发展，对美国主要大学中关于科学和工程学的本科和研究生院提供资助。因此，不同于英国的研究大多在军事机构里，美国的研究则在大学里。

十月革命后建立起来的苏联表现出对科学应用的重视，通过发展中等和高等技术教育，培养了大批国家工业化进程所需的技师、工程师和技术专家；在课程设置上，受马克思主义关于人的全面发展理论的影响，极其重视工农业技术，将实用科学和数学学习置于很优先的地位，使脑力获得与体力活动相统一。在 20 年里，苏联在国家控制和中央计划下所取得的工业革命成就，可与英国经历了一个半世纪之久的工业革命相媲美；到二战时，苏联已经处于工业强国的地位，苏联后来在为工业、军事和国家政权提供科技人员方面的成就，使它成为西方世界尤其是美国关注的焦点，也为其技术及其思维方式的变革产生了实质性的影响。

二战以后，苏联把军事、空间和核技术的发展放在优先地位，但它在基础研究的自主创新方面较薄弱，工艺方法与技术主要靠引进，生产主要按照政府的五年经济计划体系来进行。相反，美国的工业已经可以不再依靠传统的欧洲基础研究资源了。1950 年，美国成立了国家科学基金会，支持基础研究和科学教育。战时的军事技术在战后和平时期里也广泛地转化

① ［英］特雷弗·I. 威廉斯著，姜振寰等译：《技术史》（第 VI 卷），上海科技教育出版社 2004 年版，第 96 页。

到民用工业方面。进入20世纪50年代，为了应对苏联在高尖端军事技术发起的挑战，美国掀起了一场发展新技术的爆发性浪潮，它一方面与各工业公司订立合同，在军事技术和空间项目的研究和开发上展开合作；另一方面为大学的基础和应用研究投入巨额的资金资助。美苏在二战后不同发展模式所产生的结果，在20世纪70年代以后得以表现出来。

第三，日本在战后崛起的缘由如下：

尽管日本在19世纪中叶与中国有同样的悲惨遭遇，但不同于中国的洋务运动以失败告终，日本在明治维新后很快赶上了欧美的发展步伐，进入强国行列，大概只花了半个世纪左右的时间就成功使科学得以制度化。到1918年，日本成立了12所政府的单科大学，帝国大学则发展到了6所，它们由国家支持，像德国一样受国家控制，在技术系科的设置方面又借鉴英美模式，其目标是为实现国家快速现代化的计划提供行政官员和技术专家，与这些大学相辅相成建造的私立学校皆在造就集工程师、战士之技能于一身的毕业生。[①]

日本的工业在二战期间大部分被毁，只能从新目标和新思想开始。第一步是建立现代化的教育体制，这项计划得以顺利实施，该计划包括了对自然科学基础理论研究的广泛支持以及对管理结构和观念进行变革，计划得到彻底完成，日本也成为世界上教育最发达的国家之一；第二步是建立极其完善的信息体系，以及从工业化程度最高的国家雇用信息顾问，迅速而全面地了解全球技术信息，购买最合适的发明，并有效地用之于生产；第三步，日本不断地开发出有独创性的新产品；第四步是日本工业和国际贸易与开发部之间高度和谐的合作，也就是说，日本尽管表现出了对外国公司新发明的高度依赖，但仍能保持其自主性和独立性，也巧妙地避免了

① ［英］特雷弗·I. 威廉斯著，姜振寰等译：《技术史》（第VI卷），上海科技教育出版社2004年版，第83、95页。

使本国工业受外国支配和控制的危险；第五步是制定务实的、深思熟虑的而又详尽的产业政策以及相应的技术政策；第六步是发展市场经济。[①]

3. 发达国家现代技术思维方式领先地位演变的启示：政府是否有所作为是关键

基于以上考察，可以发现，不同于18世纪下半叶到19世纪上半叶，即科学时代初级阶段，商业资本与科学及其相互作用是影响技术思维方式的演进的关键因素。19世纪下半叶以后，国家或政府对科技教育、基础研究、应用研究、人才培养、市场经济态度的不同，技术活动主体与它们相互作用的结果也不同，影响技术思维方式演进的关键因素呈现出多元而又综合的特点：一是科学技术教育的普及与教育体系的建立；二是高校实验室、政府科研机构和工业界研究实验室的建设与投入；三是对兼具科技原理知识和商业市场意识的工程师、技术专家和骨干人才的培养；四是基础研究、应用研究、产品开发的力量配置和资金投入；五是政府对工业界和高校的支持并与它们的分工合作；六是对外引进与自主创新的有机结合；七是政府宏观调控与市场调节的结合；八是国际科学技术的交流与合作。

英国被德国超越的根本原因在于它对科技教育体系建设与应用研究的重视程度远不及德国。德国对上述的前五个因素都是极为重视的，遗憾的是它迷恋战争，最终被战争所误。美国政府历来重视科技教育，在二战前的很长一段时间重应用研究、轻基础研究，二战后把基础研究摆在极其关键的地位；加之其本土避免了战争的侵扰，吸收了大批欧洲科学家；最为突出的还有美国政府自始至终都注重与作为工业经济主体的企业展开紧密的合作；此外还有阿波罗计划中孕育的关于“大科学”“大技术”或“大工程”的管理科学与技术，即借助计算机程序控制的可处理随机性事件

① ［英］特雷弗·I. 威廉斯著，姜振寰等译：《技术史》（第VI卷），上海科技教育出版社2004年版，第72页。

的“图解评审技术”，较之苏联停留在只适用于确立性事件的“计划评审技术”，美国无疑又在现代管理科学和技术上跨出了一大步，以至于美国最终实现了对苏联的超越，成为超级大国。基于此，使美国得以最后超越苏联有三个关键因素：一是对基础研究的重视；二是与以市场为导向的企业合作；三是管理科学和技术的发展。日本一直是一个既注重向强者虚心学习，又注重自主创新的国家，以至于即使落后了，也很容易再次追赶上世界先进水平。它在古代向强盛的中国学习，19 世纪下半叶以后向强盛的欧洲各国学习，二战后则向超级强国美国学习，同时又不失自主性和独立性。这些无疑给了中国很大的警示和启示。

同时，技术发明活动的主体及其相互关系日趋紧密。18 世纪末科学时代初期，技术发明活动归功于工厂主、作为个体的发明家、工业工匠和手工技师的分工与合作。自 19 世纪下半叶以来，技术发明活动主体变得更为多元化，除了传统的个体发明家和工业企业家，还有受过正规科技教育的企业家和工人、受聘用的高校科研机构或工业研究室的科学家、工程师和技术专家，政府通过对科技教育、基础和应用研究的政策支持和资金投入间接参与其中。由于服务于企业发展的工业研究室的建立，技术发明活动扩展到工业内部，以至于发明既是一个有赖于工程师和科学家智力投入的技术过程，又是一个有赖于商人资本投入和商业运作的商业过程。也就是说，它是一个由工程师、科学家和商人都参与其中、各尽所能且有效合作的过程。它受技术和市场双重因素的影响，成功的技术发明要同时满足技术上可行和商业上能以合适的价格满足消费者的需要，既要考虑性能和可靠性，也要考虑成本和效益，技术发明活动的结果不仅要适用于产品本身，也要适用于生产工艺以及使用这些工艺的方式。追求技术上的成就和经济上的效益是发明者进行发明活动的动机。由于从科学发现开始经过应用研究、技术开发到大批量生产不仅需要极长的研制周期，而且需要巨大的资金，多公司的合作是降低研发成本的途径之一，其结果往往是促使产业合并和集中，促进垄断的发展；如果政府愿意为急迫的项目提供足够的资源，就可以大大缩短这个缓慢的过程。在这一时期，政府一是通过实施专利制度来对商业上的创新施加影响，二是出于加强本国军事力量的目的来资助技术发明；为了增强国际竞争力，衍生了经济民族主义和帝国主义的思维方式。政府在技术活动中的重要性日益凸显。

20 世纪 40 年代以后，即大科学时代，政府除了一如既往地重视科技教育、基础和应用研究外，还通过对大科学和高尖端技术发展的设想、规划和组织实施直接成为技术活动主体，并与工业部门和高校建立了紧密的合作关系；同时，重大技术开发所需的高额研发费用和所具有的风险，远非一个企业能承担的，与政府的合作或从政府那里获得资金资助和政策支持成为企业取得成功的重要因素。概而言之，20 世纪 40 年代以后，政府与企业家、科学家、工程师一起成为技术发明活动的主体，大科学的发展和技术思维方式的演进有赖于他们之间的通力合作。

二、中国共产党的三种基本领导方式及其相互关系

党的领导方式是一个政党率领、引导人民群众和各类社会组织实现特定目标的形式、方法和途径的总称。中国共产党第十八次全国代表大会部分修改，2012 年 11 月 14 日通过的《中国共产党章程》把中国共产党在长期的实践活动中形成的基本领导方式规定为三种，即政治、思想和组织的领导。值得强调的是，在革命、建设和改革的各个历史阶段，中国共产党的领导不是代替中国人民作决策，也不是脱离人民群众的瞎指挥，而是通过从群众中来、到群众中去的一整套原则和方法，集中体现人民群众的利益和意志，通过动员、组织和引导广大人民群众，带领他们为实现各个历史阶段的目标而奋斗。

中国共产党的政治领导是指党将马克思主义普遍原理和中国具体实际相结合，在革命、建设和改革的各个历史阶段，提出明确的政治任务、目标和方向，制定实现它们的路线、方针和政策，动员、组织、引导和带领中国人民共同奋斗。

中国共产党的思想领导是指党用马克思主义及其中国化的理论成果（即毛泽东思想和中国特色社会主义理论体系）武装中国人民，努力提高全民族的科学文化、思想道德和民主法治的素质，让中国人民逐步树立起科学的世界观、正确的价值观和积极向上的人生观，成为有理想、有道德、有文化、有纪律的“四有”社会主义公民。

中国共产党的组织领导就是通过各级党组织及党的干部和广大党员，对人民群众实现组织上的领导。《中共中央关于加强党的执政能力建设的决定》中提出：按照党总揽全局、协调各方的原则，改革和完善党的领导方式；发挥党委对同级人大、政府、政协等各种组织的领导核心作用，发挥这些组织中党组的领导核心作用；加强和改进党对工会、共青团、妇联等人民团体及各类群众团体的领导，支持他们依照法律和章程独立自主地开展工作，充分发挥他们联系群众的桥梁和纽带作用。

江泽民指出：“思想领导是政治领导、组织领导的重要前提和基础，组织领导是政治领导、思想领导的重要保证，我们要善于把三者很好地统一起来，在政治、经济、文化等各个领域中，更好地坚持社会主义方向，充分发挥党对各项改革和建设的领导作用。”①

三、中国共产党对演进的政治领导及作用

中国共产党对中国现代技术思维方式演进的政治领导，是中国共产党

①《江泽民文选》（第 1 卷），人民出版社 2006 年版，第 92 页。

将马克思主义思维科学理论和技术哲学思想与中国技术思维方式发展演进的具体实际相结合，提出了中国现代技术思维方式演进的政治任务、目标和方向，制定实现这一目的的路线、方针和政策，并动员、培养和组织、引导和带领技术活动主体为之共同奋斗。正如聂荣臻在回顾“十二年规划”对中国科技事业发展所起的作用时所指出的，“规划”一是“勾画了我国科技发展的蓝图，有了一个总的发展方向，展示了前景，鼓舞了人心”；二是“确定了我国科技发展的重要领域，并具体化为课题，从而统一了思想，统一了步伐，使攻关有了明确的奋斗目标”。[①] 中国现代技术思维方式的形成和发展作为中国科技事业的一部分，科技发展规划对它同样具有推动作用。

在马克思看来，最蹩脚的建筑师从一开始就比最灵巧的蜜蜂高明，因为建筑师在建造蜂房之前，“已经在自己的头脑中把它建成了”。马克思进一步指出，“劳动过程结束时得到的结果，在这个过程开始时就已经在劳动者的想象中存在着，即已经观念地存在着”[②]。恩格斯指出，“劳动是从制造工具开始的”[③]，而且，“人离开动物越远，他们对自然界的影响就越带有经过事先思考的、有计划的、以事先知道的一定目标为取向的行为的特征”[④]。基于此，劳动本身，也即技术发明和制造活动本身是有目的、有计划的活动。同时，在新民主主义革命时期，毛泽东援引和发展了马克思的上述观点，认为“人在建筑房屋之前早在思想中有了房屋的图样”，中国革命也应该有自己的图样。社会主义改造完成前后，毛泽东将这一“图样”思想应用到中国社会主义建设中，强调“应该有一个远大的规划”，具体到科技发展方面，制定科技发展规划。概而言之，技术活动具有目的性和

① 《聂荣臻回忆录》（下册），解放军出版社 1984 年版，第 778 页。

② 《马克思恩格斯选集》（第 2 卷），人民出版社 1995 年版，第 178 页。

③ 《马克思恩格斯选集》（第 4 卷），人民出版社 1995 年版，第 379 页。

④ 《马克思恩格斯选集》（第 4 卷），人民出版社 1995 年版，第 382 页。

计划性，不论个人还是国家，在开展活动前，都事先会有“图样”和蓝图。技术思维方式作为形成、发展和应用于技术实践活动中的一种思维方式，技术实践活动的“图样”在很大程度上也规定了技术思维方式的“图样”。

而且，从列宁和斯大林关于经济文化落后的社会主义国家技术思维方式演进动力的相关理论分析，以及发达国家技术思维方式的不同演进态势来看，一个国家和执政党的政府行为在其中所起的作用日益凸显，尤其是20世纪30年代以后，首先是苏联政府凭借强有力的宏观调控，通过制定科技发展规划，描绘苏联科技发展的蓝图，规定了苏联技术活动主体开展技术实践活动的内容和方式，推动现代技术思维方式的要素和形态在苏联发展。二战期间，美国政府通过制定曼哈顿计划，在现代技术思维方式第二个形态的孕育和兴起中发挥着非常重要的作用。1949年以后，中国共产党通过领导中央人民政府制定科技发展的“五年计划”和中长期规划纲要，在宏观层面是为中国科技发展事业描绘蓝图，在微观层面是规定中国技术实践活动的内容和方式，明确中国现代技术思维方式的演进方向。这也是中国共产党对中国现代技术思维方式演进的政治领导方式及作用。

四、中国共产党对演进的思想领导及作用

根据马克思、恩格斯在特定的语境中对思维方式与思维方法和思维形式的使用，思想与思维方式、思维方法和思维形式有内在的逻辑关系。可以说，思想是思维方式的内核，思维方式是思想的加工和表现形式，二者相互交织、相伴相随。基于此，技术思维方式的形成和发展需要技术思想作为思想源泉。同时，技术思维方式还需要技术实践活动作为它形成和发展的实践活动，而技术实践活动就是技术发明、生产和制造，就是“做”和“行动”，这也需要技术思想的指导。因此，中国共产党对中国现代技术思维方式演进的第二个作用就体现在其对中国现代技术思维方式演进的

思想领导上。

具体而言，恩格斯批评了过去对待科学的两种方法，一种是黑格尔的辩证法，恩格斯认为，“黑格尔的思维方式不同于所有其他哲学家的地方，就是他的思维方式有巨大的历史感作基础。形式尽管是那么抽象和唯心，但他的思想发展却总是与世界历史的发展平行着”[①]，它具有完全抽象的“思辨”形式，这个方法在它现有的形式完全不能用，它是从纯粹思维出发的世界观，实质上是唯心的；另一种是旧的形而上学思维方式，即沃尔弗式的形而上学方法，这种方法曾被康德和黑格尔在理论上摧毁，由于惰性和缺乏一种别的简单的方法而使它继续存在。恩格斯强调，要“结束过去的全部逻辑学和形而上学”[②]，从最顽强的事实出发，“发展一种比从前所有世界观都更加唯物的世界观”[③]，即马克思建构的唯物主义历史观。恩格斯指出，马克思“从黑格尔逻辑学中把包含着黑格尔在这方面的真正发现的内核剥出来，使辩证方法摆脱它的唯心主义的外壳并把辩证方法在使它成为唯一正确的思想发展形式的简单形态上建立起来”[④]，从而引发哲学思维方式的伟大变革。

同时，在恩格斯看来，第一，由于辩证法能为“自然界中出现的发展过程、为各种普遍联系、为从一个领域向另一个研究领域的过渡”[⑤]提供模式和说明方法，因而辩证法对于19世纪的自然科学来说是最重要的思维形式。第二，对理论自然科学来说，“认识人的思维的历史发展过程，认识不同时代所出现的关于外部世界的普遍联系的各种见解”[⑥]是必要的，因

① 《马克思恩格斯选集》（第2卷），人民出版社1995年版，第42页。

② 《马克思恩格斯选集》（第2卷），人民出版社1995年版，第43页。

③ 《马克思恩格斯选集》（第2卷），人民出版社1995年版，第41页。

④ 《马克思恩格斯选集》（第2卷），人民出版社1995年版，第43页。

⑤ 《马克思恩格斯选集》（第4卷），人民出版社1995年版，第284页。

⑥ 《马克思恩格斯选集》（第4卷），人民出版社1995年版，第284页。

为这可以“为理论自然科学本身提出的理论提供一种尺度”[①]。第三，辩证法能帮自然科学战胜理论困难，能使理论自然科学或者说理论思维在形式上实现反转，即从康德式的形而上学思维反转到马克思主义的辩证思维。换句话说，旧的形而上学的思维方法对于自然观的新发展阶段而言已经不再够用了，“辩证的思维方法是唯一在最高程度上适合于自然观这一发展阶段的思维方法”[②]。

如此可见，尽管马克思、恩格斯在特定的语境中把思维方式与思维方法和思维形式混用，但并不能等同，思维方式包含着某一特定领域对象的思想内容和对特定对象的思考方法，而不仅仅只是一个形式或记述性的描写，而且特定的思维方式有特定的适用领域。同样，技术思维方式作为运用于技术实践活动领域的一种思维方式，包含着相关的技术思想、技术规则和技术方法等。甚至在一定程度上可以说，技术思维方式是在技术活动领域人们多次使用的一种技术思想，是思考技术问题的一条基本思路和方法，由于这一技术思想、思路和方法被多次使用，也就固化为人们的技术思维方式了。在这一意义，技术思维方式也可以理解为具有特定模式形式、含有特定技术规则和方法，并在技术活动领域多次使用的基本技术思想。

此外，在恩格斯看来，18 世纪机械唯物主义的认识论和自然观是“同当时的自然科学状况以及与此相联系的形而上学的即反辩证法的哲学思维方法相适应的”[③]，而他和马克思创立的辩证唯物主义认识论和自然观则是与 19 世纪的三大划时代的发现（细胞、能量转化和进化论）唯物主义辩证法的哲学思维方法相适应的。也就是说，随着自然科学领域中每一个划时代的发现，唯物主义的思想体系和思维方法也必然要改变自己的形式。

① 《马克思恩格斯选集》（第 4 卷），人民出版社 1995 年版，第 284–285 页。

② 《马克思恩格斯选集》（第 4 卷），人民出版社 1995 年版，第 318 页。

③ 《马克思恩格斯选集》（第 4 卷），人民出版社 1995 年版，第 228 页。

换句话说，在恩格斯看来，在科学领域，自然科学思想体系及其思维方法是相伴相随的。而且，恩格斯推而广之，认为“历史科学和哲学科学”都应该“同唯物主义的基础协调起来，并在这个基础上加以改造”[①]。技术思维方式既是历史科学的一部分，也是哲学科学的一部分，而且19世纪以后，技术思维方式与自然科学思想和方法有非常紧密的关系，恩格斯以上对唯物主义自然科学思想体系和思维方法的论述同样适用于技术领域，适用于技术思想体系和技术思维方法。

中国共产党对中国现代技术思维方式演进的思想领导，是党在继承马克思主义技术思想和思维科学理论的基础上，推进它们的发展和融合，并以此成果来武装中国技术活动主体，指导他们从事现代技术实践活动，使他们成为推进中国现代技术思维方式各个形态形成和发展的主体。中国共产党领导中国革命、建设和改革的实践过程中，建构了毛泽东技术思想和中国特色社会主义科技思想体系和思维科学理论，为中国现代技术思维方式的各个形态提供了思想内核。

五、中国共产党对演进的组织领导及作用

根据马克思、恩格斯和毛泽东关于思维与物质行动、认识与实践的唯物辩证关系，技术思维方式的形成和发展要以技术实践活动为前提和基础。因此，中国共产党对中国现代技术思维方式演进的第三个作用就体现在其对中国现代技术思维方式演进的组织领导上。中国共产党对中国现代技术思维方式演进的组织领导不仅是加强和改进党对经济、教育、科研等政府职能部门的组织领导，支持他们按照法律和章程独立自主地开展科技和教育工作，充分发挥他们联系技术活动主体的桥梁和纽带作用，而且根

---

①《马克思恩格斯选集》（第4卷），人民出版社1995年版，第230页。

据世界科技发展的最新趋势，通过组织领导技术活动主体开展不同内容和方式的技术实践活动，为中国现代技术思维方式各个形态的形成和发展提供“土壤”。

在《德意志意识形态》中，马克思、恩格斯直截了当地指出思维与物质行动的关系，即它与想象和精神交往一样，是“人们物质行动的直接产物”，人们自己的物质生产和物质交往现实地得到发展的同时他们自己的思维和思维的产物也发生着改变。[①] 在探讨因果性时，恩格斯揭示了人的思维的最本质和最切近的基础是引起自然界发生变化的人类活动。恩格斯指出，“由于人的活动，就建立起因果观念即一个运动是另一个运动的原因”[②]，并强调某些自然现象的有规则的依次更替，就能产生因果观念，但对因果性做出验证的是人类的活动。由此，恩格斯批判性地指出，直到他所处的那个历史时期，自然科学只知道自然界，哲学只知道思想，这两个领域都完全忽视了人的活动对思维的影响，而实际上“正是人所引起的自然界的变化”才是“人的思维的最本质的和最切近的基础”[③]，人的智力也是在人学习如何改变自然界的过程中发展的，技术思维方式的形成和发展也是如此。同时，在马克思、恩格斯看来，物质资料的生产活动即生产物质生活本身是人类的第一个历史活动，也是一切人类生存和一切历史的第一前提。毛泽东认为，人类的生产活动是最基本的实践活动，是决定其他一切活动的东西，物质的生产活动是人的认识发展的基本来源。技术实践活动属于物质生产活动的范畴，它构成了技术思维方式的前提和基础。

恩格斯指出，“就单个人来说，他的行动的一切动力，都要通过他的头脑”[④]，“外部世界对人的影响表现在头脑中，反映在人的头脑中，成为感

①《马克思恩格斯选集》（第 4 卷），人民出版社 1995 年版，第 72–73 页。
②《马克思恩格斯选集》（第 4 卷），人民出版社 1995 年版，第 328 页。
③《马克思恩格斯选集》（第 4 卷），人民出版社 1995 年版，第 329 页。
④《马克思恩格斯选集》（第 4 卷），人民出版社 1995 年版，第 251 页。

觉、思想、动机、意志”，成为“理想的意图”，并且以这种形态变成“理想的力量”[①]，甚至定型化为人们认识和解决特定问题的一种思维方式，推动人们去从事认识和改造自然的活动。毛泽东则指出，当“人们的认识由感性的推移到了理性的”时，就产生了大体上相应于某一客观自然过程的“法则性的思想、理论、计划或方案”[②]，然后再将它们应用于同一客观过程的实践，使这些预定的或预想的变为现实。正如头脑对行动、理性认识对实践具有能动作用一样，技术思维方式对技术实践活动也有某种能动作用。

①《马克思恩格斯选集》（第4卷），人民出版社1995年版，第232页。

②《毛泽东选集》（第1卷），人民出版社1991年版，第293页。

本章小结

基于欧洲文明与希腊、罗马、埃及和巴比伦三大古老文明的深刻渊源以及中国文明由于天然屏障而形成的独创性，人类技术思维方式可以划分为中西两种不同文明基础的技术思维方式；同时，基于科学理论和方法，也即以科学原理和概念解决问题的理论思维在技术发明和生产制造中的应用程度，把人类技术思维方式划分为传统与现代两种基于不同思维形式的技术思维方式。现代技术思维方式经历了 18 世纪 60 年代至 19 世纪中叶的萌芽和成长，到 19 世纪下半叶形成了首个形态——现代工程思维方式，使经验思维与理论思维在技术思维活动中得到沟通与融合。这一形态在 20 世纪 40 年代中期发生质的变化，以第二个形态呈现后，在 20 世纪 50 年代后又孕育着第三个形态，并在 20 世纪 70 年代快速发展演进。如此，也就是说，现代技术思维方式的形成和发展实质上也是人类技术思维方式由传统转向现代后不断演进。或者说，现代技术思维方式在 18 世纪 60 年代以后萌芽和兴起后呈现出持续不断的演进态势。然而，19 世纪下半叶以后，中西现代技术思维方式呈现出不同的演进态势，西方持续不断，中国有萌芽但未兴起，而且中国现代技术思维方式在 1949 年以后呈现出不同于近代百年的演进态势，其中的原因值得探讨。

不同历史阶段，技术思维方式的演进有不同的影响因素，考察西方现代技术思维方式的演进情况发现，西方发达国家政府的不同作为对各国技术思维方式的演进态势起着至关重要的作用。马克思主义对技术思维方式演进阶级因素的考察也揭示了这一点。换句话说，技术思维方式演进的理论和历史事实都证明，一个国家的政府行为对一个国家技术思维方式的演进是至关重要的。如此，中国现代技术思维方式在 1949 年以后的新演进态势与中国共产党的领导之间存在某种逻辑关系，即中国现代技术思维方式在 1949 年以后呈现出不同于近代百年的演进态势，其根源在于中国共产党从政治、思想和组织三个方面对包括中国政府在内的中国技术共同体进行了坚强的领导，而中国现代技术思维方式在 1949 年以后的新演进态势恰恰也充分凸显了中国共产党在中国现代技术思维方式演进进程中的地位和作用。

第三章

中国共产党领导下中国现代技术思维方式的形成和曲折发展（1949—1976）

邓小平在 1989 年谈到中国共产党领导集体的建立时指出，中国共产党从遵义会议到中共八大逐渐形成的以毛泽东同志为核心的第一代中共中央领导集体一直到“文革”。[①] 因而 1949—1976 年中国现代技术思维方式的演进是在第一代中共中央领导集体的领导下实现的。鉴于近百年来中华民族由于社会制度腐败和经济技术落后所导致的悲惨遭遇，第一代中共中央领导集体把迅速达到和短时间内追上或赶上“世界先进水平”确立为战略目标，并在对世界最新科学问题的研究和最先进技术的研制中推进中国现代技术思维方式的形成和发展。但由于中国共产党的决策错误，中国现代技术思维方式的发展遭遇了挫折。

① 《邓小平文选》（第 3 卷），人民出版社 1993 年版，第 309、322 页。

第一节　1949—1976 年中国共产党的使命及时代背景

一方面，二战期间，曼哈顿工程的科学制定和组织实施以及现代电子计算机的发明不仅使现代技术思维方式的首个形态发展为第二个形态，还推动现代技术思维方式在战后从科学时代进入大科学时代；另一方面，20 世纪 50 年代以后，原子能和现代电子计算机的商业化所引发的新一轮技术浪潮以及技术活动主体对技术负面效应的觉醒，又使现代技术思维方式在 20 世纪 70 年代以后形成了第三个形态，并具有了伦理意蕴和人文底蕴。这些构成了 1949—1976 年中国现代技术思维方式所处的客观时代背景，也赋予了中国共产党在 1949—1976 年的使命。

一、大科学助推现代技术思维方式第二个形态快速形成

20 世纪 60 年代初，英国天文学家费雷德·何利（Fred Hole）和艾尔文·温伯格（Alvin M. Weinberg）围绕大规模科学研究问题展开讨论时，使用了“大科学”一词探讨大规模科学对各自国家的影响，经报纸杂志和学术刊物的传播后，“大科学”一词频繁出现在人们的视野。但人们对它的理解和认识存在不少误区。基于对曼哈顿工程的历史考察和深入分析，人们看到的只是“大科学”的表象，而事实上，它是现代技术思维方式形态的一次发展变化。

1. “大科学”一词的提出以及关于它的四个认识误区

针对费雷德·何利对英国卷入大规模的空间研究（large-scale space research）所持的反对立场，例如，他认为“大科学会使原本要求严密的智力训练像美国当前那样变得松散”（The tight intellectual discipline necessary for science is，especially in America，being loosened）[①]，温伯格在1961年6月的一次会议演讲中探讨了大规模科学对美国的影响（Impact of large-scale science on the United States），提出了有关大科学的三个问题：第一，它正在破坏科学本身吗？第二，它损坏了我们的经济吗？第三，我们是否应该更多地关心与人类自身相关的课题，而不是那些悲观的大科学，如载人太空旅行或高能物理？可见，温伯格在演讲中使用了“large-scale science（大规模科学）”和“big science（大科学）”等词来描述逐渐引起人们关注的大规模科学研究。[②] 次年2月的一次题为“The federal laboratories and science education”的会议演讲中，温伯格探讨了大科学在人才的培养教育方面所具有的重要作用，他认为它可以解决它自身所带来的人力资源短缺的问题。[③] 温伯格的这两次演讲内容都刊登在了 *Science* 杂志的第134、136卷上。受这两篇文章的启发，德拉克·普赖斯在1962年撰写了 *Little science, big science*（《小科学，大科学》）一书，引起了人们对“大科学”的关注。随着这一著作的中译本在20世纪80年代初在中国的发行，“大科学”频繁地出现在了中国各大媒体和学术刊物上。但无论是温伯格还是普赖斯，都没有明确地给“大科学”下定义，国际上尚未达成共识，以至于大多数话语体系中，它的概念界定都是模糊的；国内外学者在使用它时，也通常与“小科学”相对。

考察他们对大科学的具体所指，可以发现，他们大多把耗资巨大、使

---

① Alvin M. Weinberg, Impact of large-scale science on the United States, *Science*, 1961(134):161.

② Alvin M. Weinberg, Impact of large-scale science on the United States, *Science*, 1961(134):161.

③ Alvin M. Weinberg, The federal laboratories and science education, *Science*, 1961(136):152.

用昂贵和大型的仪器设备，国家的巨大资助以及超大规模的工作人员视为大科学的特点。例如，在赵红州看来，大科学“要调动数百万的科学大军，使用价值数以百亿计的实验技术装备”，而现在小科学则是“指皇家学会时期，靠自己的资金、技艺和兴趣而选题的研究”。[①] 在陈建新等人看来，大科学“主要是指中国集中力量发展由国家直接控制，国家规定目标和任务，规模巨大、经费巨大的科学”[②]。在李国宁等人看来，大科学“指的是科研难度大，需要复杂的实验仪器设备和庞大的信息支持系统，强烈依赖国家（甚至国际间）的经济资助”[③]。苏联的 M.D. 普契柯夫和 A.E. 卡斯捷诺夫认为，大科学一般是指“大型国家级研究中心的项目”，小科学指的是“大专院系开展的研究项目”，两者的差异主要表现在科研中所用仪器设备规模上，例如，“应用加速器、人造卫星等从事的研究”是典型的大科学，“以示波机器、质谱测定计及其他相对便宜的仪器为手段的研究”则属于小科学的范围。[④] 日本的杉本絜认为，大科学指的是“使用巨型设备的资本密集研究领域”[⑤]。大英百科全书把“big science”解释为“is characterized by large-scale instruments and facilities, supported by funding from government or international agencies, in which research is conducted by teams or groups of scientists and technicians，which includes the high-energy physics facility CERN, the Hubble Space Telescope, and the Apollo program”。就是说，它是“以大规模的仪器设备、来自政府或国家组织的强有力资金支持为特征，通常情况下都会形成科学家群共同从事此研究”，曼哈顿工程、阿波

① 赵红州：《大科学观》，人民出版社 1988 年版，第 3 页。

② 陈建新等：《当代中国科学技术发展史》，湖北教育出版社 1994 年版，第 174 页。

③ 李国宁等：《略论大科学时代科学家的合作》，《科学技术与辩证法》1998 年第 3 期，第 47 页。

④ ［苏俄］M.D. 普契柯夫、A.E. 卡斯捷诺夫：《“大”、“小”科学相互关系的定量评价》，《科学管理研究》1989 年第 4 期，第 52 页。

⑤ ［日本］杉本絜：《大科学的功与过》，《国外科技动态》1992 年第 5 期，第 5 页。

罗计划都属于大科学范围。[①]中国的《辞海》把大科学解释为“由大规模的集体进行的科学研究方式。具有项目规模庞大、结构复杂和多学科协作等特点。是现代科学研究的一种重要方式，对科学发展有重要作用。出现于20世纪40年代。研制原子弹的曼哈顿工程、研究登月飞行的阿波罗计划等科学活动都是用大科学方式进行的”[②]。仔细考察上述提到的一些史实，可以发现，他们对大科学的理解和认识是存在误区的。

首先是在耗资上。曼哈顿工程和阿波罗计划的耗资无疑是巨大的，前者耗资22亿美元左右，后者耗资354亿美元左右；在皇家学会时期，对年收入只有100英镑的费拉姆斯提（英国格林尼治天文台的科学家）而言，制作一个精确的星表花费了他2000英镑，这无疑也是一笔大投入；而且，曼哈顿工程的耗资也不全用在科学研究上，很多用在了电磁分离厂和气体扩散厂的工程建设上，这属于工程上的消耗，数据显示，这些非研究性费用达到了12.14亿美元。[③]其次是在仪器设备的使用上。王淦星在发现反西格马负超子的实验中运用了加速器，这是否意味着该实验也属于大科学呢？再次是在国家的巨大资助上。中国古代的天文学研究、开普勒和第谷的天文学研究都离不开当时皇帝或国王的巨大资助。而且，在1714—1828年，出于航海的需要，英国政府对能准确计算经纬者的资助和奖励，从2万英镑增加到了10万英镑，相当于今天2000万英镑，这估计也只有国家才能拿出来。[④]也就是说，国家对科研的资助不是现代才有，在古代和近代也有，难道那也是大科学吗？最后，在人力上。电磁分离厂和气体扩散厂有大量不需要掌握太多科学知识的建筑工人和操作人员，他们不需要进

---

① 转引自刘戟锋等：《两弹一星工程与大科学》，山东教育出版社2004年版，第1页。

② 《辞海》（上），上海辞书出版社1989年版，第1658页。

③ 刘戟锋等：《两弹一星工程与大科学》，山东教育出版社2004年版，第174–176页。

④ 刘戟锋等：《两弹一星工程与大科学》，山东教育出版社2004年版，第176页。

行科学研究，而实际从事科学研究的人最多只占总人数的 1%。[①] 如此，也就是说，科研本身的人才队伍并不是超大规模的，绝大多数的人是从事基础性、操作性和生产性的工作。

2. 对“大科学”的再认识：现代技术思维方式形态的一次演变

基于以上考察，不仅学界，而且权威机构对大科学的理解和认识都还只是停留在表面，他们大多只看到了现象，没有抓住本质。尽管如此，但对于曼哈顿工程和阿波罗计划是否属于大科学的范围，他们的立场却基本上是一致的。如此，要抓住大科学的本质、形成关于它的较为符合事实的科学认识，有必要对公认为大科学的曼哈顿工程进行详细的考察和深入的分析。

曼哈顿工程也即曼哈顿计划，它是一项对原子弹进行工业研制而落实的计划，由美国军方的格罗夫斯将军主管，由美国军队承担执行任务。可以说，它是由美国军方主导并执行的一项技术发明活动，目的是要研制原子弹。曼哈顿工程开始于 1942 年 6 月，而这一工程的落实在很大程度上归因于由英国大部分杰出的核物理学家所组成的 MAUD 委员会的报告，这份报告介绍了 MAUD 委员会在 1941 年成立前和成立后的全部工作，清楚地证明了铀原子弹计划的切实可行性，并可能在战争中导致决定性的后果。由于英国空军部建立的 MAUD 委员会，其成员不仅有英国本土的核物理学家，还有流亡英国的法国和其他欧洲大陆科学家，因而报告中介绍的工作不仅包括了英国本土已经蓬勃发展的理论与应用研究，还包括了哈尔班（H.von Halban）和科瓦尔斯基（L. Kowarski）这两名法国原子科学家在 1940 年以前关于天然铀中慢中子链式反应的理论论证和基于一系列重要数据测量的理论推断、派尔斯（P. E. Peierls）和弗里施（O. R. Frisch）两名科学家在 1940 年初关于如何运用工业方法分离 235U 与如何引爆原子弹的

① 刘戟锋等：《两弹一星工程与大科学》，山东教育出版社 2004 年版，第 178 页。

应用研究，以及委员会成立后对235U分离方法和制造原子弹的物理学研究。当然，美国自1939年后，在慢中子反应、试制人造钚和235U的分离方面也都做了大量的应用研究，他们当时研究的重点在潜艇的核动力上，不在原子弹上，他们对235U的分离主要是为了浓缩天然铀，供慢中子反应堆使用，对快中子的反应方面没有做什么工作。[①]受英国MAUD委员会报告的鼓舞及其科研团队的支持，美国启动和落实了曼哈顿工程。如此，这项工程又是在美国军方主导下由多国科学家组成的科研团队共同开展的基于理论和应用双重研究的一项技术发明活动。

在理论研究方面，继续往前追溯，一是可以回到1808年道尔顿发表的原子理论[②]；二是基于伦琴发现的X射线、汤姆孙的电子概念、卢瑟福和维拉德发现的 α 和 β 及 γ 辐射、循踪被发射粒子之实验方法的发明以及查德威克发现的中子，物理学家建构了原子模型或结构；三是1905年爱因斯坦提出的质能方程，1938年哈恩和斯特拉斯曼发现了关于放射性铀元素裂变后能释放巨大能量的现象，巴黎约里奥·居里小组、费米和西德拉各自用实验证明了铀原子的链式反应；四是1939年波尔和惠勒关于235U原子比238U原子更容易裂变，而且慢中子比快中子更可能引起裂变的原子能理论。[③]以上这些理论研究连同英国MAUD委员会成员和美国科学家在1939—1942年所做的应用研究，都为原子弹的研制提供了充分的科学依据。接下来就是要解决生产适用于核武器的裂变材料、实现可控的裂变、引爆和投放等的技术实现问题。

对于第一个问题的解决，曼哈顿工程的科研团队在大型的热扩散工

---

① ［英］特雷弗·I.威廉斯著，姜振寰等译：《技术史》（第VI卷），上海科技教育出版社2004年版，第132–133页。

② 他假设每种元素由自身特定类型的原子组成，每种化合物则由原子的某种特殊组合构成。

③ ［英］特雷弗·I.威廉斯著，姜振寰等译：《技术史》（第VI卷），上海科技教育出版社2004年版，第131–132页。

厂（F1）、气体扩散工厂（F2）和电磁分离工厂（F3）中尝试着将热分离法（M1）、气体扩散法（M2）和电磁分离法（M3）应用于核裂变材料的规模化工业生产，其中F1占地面积为200万平方英尺（1平方英尺≈0.093平方米），在90天内建成，制造第一颗原子弹所需的裂变材料首先是在F1和F2中进行了部分的浓缩，然后再在F3中进行最后的浓缩后才生产出了足够引起爆炸的数量。对于第二个问题，曼哈顿工程主持人所委托的杜邦公司在1943年4月设计和建造了一座由科学家运作的空气冷却式核反应堆，获取受过辐射的铀块；同时，获得美国政府的同意后，杜邦的一个小组还和库珀与西博格的小组一起在大型的实验性化学分离工厂运用磷酸铋法，从受辐照的燃料元中提取钚。对于第三个问题，理论物理学家在计算机和一些实验的辅助下，先是发明了一种塑胶性高爆炸力炸药，外部设计了引爆点，但实际结果令人失望，后来在每一引爆点和高爆炸力炸药的界面之间使用一个爆炸透镜，在目标上空用引信来引爆。对于第四个问题，则是通过对枪机制将原子弹设计成适宜轰炸机携带的235U枪组装备。以上四个方面的技术实现得以有效整合后，1945年7月16日核爆炸试验一次成功后，在1945年8月投向了日本的广岛和长崎。

综上，可以发现，曼哈顿工程的成功完成包括五个阶段：第一阶段是理论研究。这一阶段始于1808年，止于1939年4月，包括关于原子的理论假设、基于一系列放射性元素而建构的原子模型和实验验证。

第二阶段是应用研究。这一阶段始于1939年，止于1942年上半年，包括原子能理论的发表、链式反应的试验与理论论证、对钚元素的实验验证与试制、对分离235U方法的理论推断与检验等。

第三阶段是科研和工程建设机构与人才队伍的组建、计划的起草和工作部署。

第四阶段工程或计划的实施，也即技术实现阶段。这包括实验性工厂的建设和具体材料的规模化生产、对材料物理特征的验证、对实验子系统实际性能的确定等。

第五阶段是全部系统性能的核试验。

概而言之，第一颗原子弹的现实生成是经由基本原理之理论与应用的科学研究、工程或计划的部署与具体的实施，也即技术发明活动的开展，再到技术合成的过程。就原子弹本身的研制而言，可用图 3-1 表示。

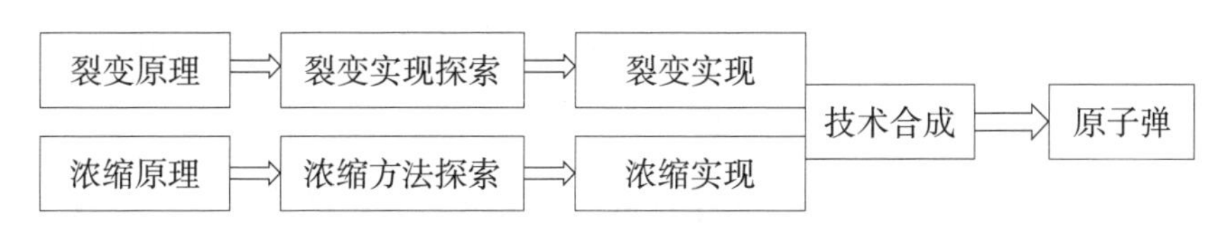

图3-1：第一颗原子弹的现实生成过程

可见，就技术本身即内部而言，曼哈顿工程也即大科学已经不是单纯的基础理论研究，而是以理论和应用双重研究为基础的在现代科学和工程双重意义上的技术实现和现实应用。也就是说，基础理论研究只是大科学的起点，继而以实践性的应用研究为中介，将理论转化为能在实践中应用的现实技术人工物。如此，与其说它是科学家进行的一项科学研究，倒不如说它是技术共同体基于现代科学知识和“现代工程”科学方法协同进行的一项现代技术发明活动更为贴切些，它是基于现代自然与工程科学的理论与实践思维在现代系统性技术发明活动中的运用。

就技术外部而言，曼哈顿工程的成功归功于国际间的友好合作以及一国政府部门、工业界和大学的融合；它是运用现代科学知识与方法整合技术系统内外因素的现代综合系统工程思维。相对于 18 世纪中叶以前，即经验时代人类技术思维方式的原始理论基础以及 18 世纪下半叶至 19 世纪中叶科学时代的现代自然科学理论基础，19 世纪下半叶以来的自然与工程双重科学理论基础以及技术系统内外因素的融通无疑是人类技术思维方式在科学时代的大变革，而在其中起推动作用的不仅有“19 世纪最伟大发明”之称的“现代工程”，还有作为人工智能的现代电子计算机。

二、思维工具的革新助推现代技术思维方式的新旧时代成功转换

20 世纪上半叶发明的现代电子计算机，就其对人脑记忆、运算和逻辑思维功能的模仿来看，无疑是 20 世纪一项影响最普遍、意义最深远的伟大发明，它推动人类技术思维方式在科学时代发生着变革，使人类技术思维方式进入大科学时代成为可能。

1. 作为人工智能的现代电子计算机的发明：人类思维工具的革新

根据马克思的劳动过程理论，在有目的的生产劳动或活动中，置于劳动者自己或活动主体自身与活动对象之间，用来把主体的活动传导到活动对象上去的物或物的综合体是劳动资料，它具有物的机械的、物理的和化学的属性，被主体用作发挥力量的手段，根据劳动过程发展程度的不断提高，它从劳动者本身的器官或肢体即自然物发展为需要经过加工的人工物或人造物，它一般也被称为“生产工具”或“劳动工具”，简称为“工具”，马克思把它称为人类器官或肢体的延长，既是劳动生产力发展的测量器，又是劳动生产关系的指示器，与劳动主体（有目的的活动或劳动本身）和劳动对象共同构成劳动过程的三个简单要素。[①] 同时，人类的劳动或生产活动可以分为生产物质生活资料的物质劳动和生产思想、理论、道德、法律、文学、艺术等的精神劳动，鉴于人脑中枢神经系统对人类感觉、知觉和行为所起的根本性作用，人类的物质和精神劳动活动都要以人脑的思维活动为基础，而人脑的思维活动过程像马克思劳动过程理论所阐述的，包含思维主体、思维工具和思维对象三个简单要素。其中思维工具是思维活动主体用来把自己有目的的活动传导到思维对象上的中介，是主体借以发挥自身思维能力的手段，言语或语言、图形、神话传说、符号、数字是人

---

① 《马克思恩格斯选集》（第 2 卷），人民出版社 1995 年版，第 178–179 页。

类社会早期就开始使用的思维工具；进入有文字的文明时代后，人类还会用数学公式或公理、理论假设、实验和对数表来加以辅助，最为重要的，要数公式和数字，正如冯·诺伊曼所指出的，“按照我们思维的习惯和表达思维的习惯，如果要表达任何真正复杂的情况而不依赖于公式和数字，是极其困难的”[①]；为了节省在与大量公式和数字有关的数值计算工作上花费的时间和脑力，避免脑力计算常产生的错误，人们还设计制造了大量的机械计算工具[②]。

电子数字计算机最初的应用在于其运算能力，但很快它就被用作逻辑机，在信息处理、存储和检索方面有着更为广泛的应用。对于计算机能够执行全部逻辑程序这一点，早在 17 世纪，莱布尼茨就在他的“思维规律”中预见到了，他看到了二进制的两个长处，一是把思维规律归化成最简单的形式，二是可以用来处理所需的算术操作，在法国数学家拉普拉斯（Pierre-Simon Laplace）看来，莱布尼茨在他的二进制算术中领会到了创造性思维；19 世纪中叶，布尔采纳和扩展了莱布尼茨的思想；1946 年，冯·诺伊曼意识到，二进制的优点不仅在于它强调运算机和逻辑机的等价性，还在于可以运用电学和电子学中开关的开和合、电流或电压的有和无来实现它所需的两种状态，更重要的是，根据巴比奇设计的具有“判断力”寄存器，冯·诺伊曼认为，如果存储器的容量大到足够存放许多指令程序，机器就能够按照自己的指令进行操作，自行调整运算过程，这就是冯·诺伊曼关于二进制存储程序计算机的原理，简称诺伊曼原理。[③]这一兼具算术和逻辑运算能力的存储器先后用汞延迟线、磁鼓、电介质和铁氧体磁芯作为

① [美]约·冯·诺意曼著，甘子玉译：《计算机与人脑》，商务印书馆 1965 年版，第 54 页。

② 例如，可用来做加减法的算盘，中国和日本还可以巧妙地用来计算较复杂的乘除法以及开平方和立方，可用来做乘法的耐普尔骨筹，可用来做乘除、开方和乘方的对数计算尺；开普勒、巴斯噶和莱布尼茨设计制造了计算机的机械装置，但只是个实验装置。

③ [英]特雷弗·I. 威廉斯著，刘则渊等译：《技术史》（第 VII 卷），上海科技教育出版社 2004 年版，第 346–349 页。

材料。存储器中程序或指令的编制在早期非常费力，这些程序或指令有如下几种演变：指令序列、指令代码、汇编程序或语言、助记符、以普遍的数学符号描述的自动编码、被称为公式编译程序设计语言后来成为国际标准语言的FORTRAN语言，后来还有ALGOL（算法语言）、COBOL语言等等。[①]如此，基于过去时代发明的思维工具，如语言、符号、数字等编写的编译程序，计算机可以模拟大脑的思维活动和功能，执行通常由人脑来完成的一些工作，包括科技计算、数据和信息的加工和处理、文件编辑、过程控制，还出现了专家系统、机器翻译、定理证明、联想推理、问题求解、模式识别、语言理解以及图文和声音的识别等等。[②]

综上，计算机以储存在存储器中的指令程序为载体对人脑思维的抽象、概括、推理和判断等功能以及它们活动过程的再现与执行，这是以往的思维工具所无法企及的，它既以过去和当下的思维工具为基础，又在功能上远远地超越了它们，甚至在可靠性、精确性和工作的效率和强度上都远远地超越了人脑，是人类思维工具史上的一次大革新。

2. 现代电子计算机发明的意义：助推人类技术思维方式从科学时代走向大科学时代

就对人类社会进步所具有的意义而言，作为人类社会进入文明时代标志的文字和引起人类生产方式第一次发生伟大变革的蒸汽机都算得上是伟大的发明。然而，从时间的幅度来看，蒸汽机从最初的发明、到技术改进、再到规模化生产应用的实现花费的时间以“百年”为单位来计算，文字从最初的发明到普遍流行的时间以“千年”为单位来计算，而且，二者在那段时间里的变化过程是缓慢的、不知不觉的和事先没有预料到的；19世纪后半叶的“现代工程”这一方法则使得技术的变化发展过程不仅迅速，

---

① ［英］特雷弗·I. 威廉斯著，刘则渊等译：《技术史》（第VII卷），上海科技教育出版社2004年版，第346–352页。

② 钱学森：《关于思维科学》，上海人民出版社1986年版，第223页。

而且是有意识和有预见性的，而这整个变化又是以新的科学知识为基础的。也就是说，“现代工程”作为方法与科学知识在现代技术发明活动中实现了结合，一方面，人们对科学的认识由多半是关于它的结果发展为它的原理或过程，科学从“实用观念的储存所”演变为“矿藏”，而且人们找到了通达科学矿藏之纵深矿脉的方法；另一方面，原本在科学概念与最后的发明成果之间隔着的“构思设计”这一鸿沟也被联结起来了，技术发明不再是依靠偶然出现的天才和碰巧的幸运思想，而是一个有组织的技术共同体有步骤地向一个又一个困难进攻的过程。①

“现代工程”之所以能引起科学知识与技术发明同时发生质的飞跃，就在于作为工程之本质的设计环节，它不是非理性、无意识、凭直觉的偶然的设计，而是为适应于大规模工业生产环境的高度制度化、组织化和系统化的设计，其目标是以技术的有效性和实用性为前提追求效率和效益，它通常在由各种设计部门和许多专业设计师组成的工业研究实验室中进行。设计的过程就是将要实现的某一给定功能转变为要被生产的建构，它首先要以充分的细节详细地说明和描述一些能实现某一给定运行原理的物理客体，使得在描述的基础上能把它制造出来；其次是将要实现的整体功能分解成若干个部分，待各部分设计完成后，再加以整合。同时，工程设计也可以描述为“利用可用知识在思考中尝试解决制作的问题”，使在实际建造人工物的过程中能够节省体力、智力、材料，它并不停留在大脑内部的认知活动，也并不止于绘制草图或建造模型，而是以此为基础，联系特定的材料和能量对投入和产出关系进行模仿性的微型建构，以便在自变量、固定参数和因变量之间获取效用功能的较满意的数值，并用数学分析的方式精确地将绘图或模仿的结果表达出来，提出在明确规定的条件下要实现特定目标应当如何去做的行动指令，也即技术规则，并不断地进行

① ［英］A.N. 怀特海著，何钦译：《科学与近代世界》，商务印书馆 1987 年版，第 110–111 页。

优化，使某一特定技术活动具有理论上的可能性、实践上的适用性以及操作上的有效性，最终为某一潜在技术可能性的实现寻求较满意的方案和手段；进而再借助工程活动中的生产和操作环节，将微型建构转化为具有给定功能的现实技术人工物。

基于此，工程设计是基于基础理论研究的以实践应用为目的的应用研究，属于工程科学或应用科学的范畴，它在基础理论研究与最后的发明成果之间架起了一座使二者实现沟通与融合的桥梁；生产和操作环节的技术行为由于受到科学技术规则或行动指令的指导而成为理性的行动。如此，技术行为或行动的有效性不再由世代积累的经验规则和诀窍来保证，而是由基于应用研究的技术规则来保证，尽管那些经验规则和诀窍至今证明仍然是有效的，但已经不能达到现代人所期望达到的功效。虽然瓦特蒸汽机也有对科学的某种程度的应用，但那时的科学仅限于自然科学，而且是对科学结果的应用；但此时应用的科学除了自然科学，还有工程科学，而且对自然科学的应用不仅在于其结果，更在于其过程。概而言之，由于“现代工程”在技术发明过程中的应用，在数学和物理学上取得成就的数控与精密科学的实验方法扩展到了经验领域，技术实践成为工程或应用科学，理论思维与实践思维以工程思维为中介实现了融合。没有理论与应用科学的指导，技术发明即使不是不可能，至少也会非常困难，而且掌握最前沿技术的可能性也很小。

19世纪末，德国人之所以能在合成染料的生产上处于垄断地位，就在于德国的合成染料生产企业发现了抽象的科学知识与技术进步相联系的方法，他们在19世纪70年代和80年代组建了第一批工业研究实验室，通过雇佣研究型科学家来提高工业生产水准。美国的电器工业之所以能成为工业研究的先驱，就在于爱迪生在1876年建立的“发明工厂”提供了一个成功的发明样板或模式，显示了组织化的实验室研究成为解决技术难题的方式后所带来的积极效果；后来通用电气公司在1899年建立了他自己的研究实验室，杜邦公司和贝尔系统分别在1902年和1911年建立了各自的研究实验室。如此，电力和化学工业技术在19世纪后半叶的兴起和发展归功于工业研究实验室对化学与电学两门理论科学的应用研究。

不仅如此，以工业研究实验室为主要形式的“现代工程”也是整个20世纪甚至是21世纪重大技术发明的方法。可以说，以基础理论和应用研究为基础的，并兼具理论思维与实践思维特点的现代工程思维是人类技术思维方式进入科学时代以来实现的第一次飞跃，作为人工智能的现代电子计算机也归功于“现代工程”这一发明方法和这一次飞跃。而电子计算机作为高能、高速、高效运行的现代思维工具，在二战期间和战后与“现代工程”相结合应用于军事领域中的高尖端技术时，又兴起和发展了以“大科学”为基础的“大技术”，也称为“系统工程”，“现代工程”开始由技术本身的系统转向技术本身的内部系统与外部社会系统整合而成的大系统，成为解决技术问题的新方法，也正是电子计算机这一新思维工具使这一新方法成为可能。作为运算器和数据库，一方面，它为标准化的设计、生产和操作，即在工程活动的实施过程中提供了精确或精密的数据。例如，在曼哈顿工程中用来分离235U的气体扩散工厂，一是必须以非常精密的数学计算来优化扩散级的“串联”，二是必须要有几十亿个大小基本相同、分布必须均匀、直径大约是万分之一毫米的孔组成的薄膜来对抗六氟化铀HEX及其离散产生的化学腐蚀，而且必须适应大规模生产，并在以后的处理和生产过程中保持其质量，以及需要做大大超过当时可以利用的手算方法完成的大量计算，以了解在爆聚系统中特定压力和温度条件下材料的变化等等，要使用一组早期的计算机，并结合出色的实验工作才能得出给人以信心的数据。另一方面，它在工程活动的组织和质量管理过程中发挥作用，使政府、工业界和大学融合为一体成为可能。例如，阿波罗计划有关的50万人员的智力和体力活动在时间和空间上的指挥，就是由计算机的程序来控制的。

概而言之，运用“现代工程”方法发明的现代电子计算机，反过来又推动了这一方法的发展，它们二者相互结合共同推动人类技术思维方式在科学时代实现第二次飞跃，即迈进大科学时代。

三、新技术浪潮助推现代技术思维方式第三形态的兴起

一方面，汤姆·马杰里森在《技术史》中把预见计算机具有商业价值，并于1948年成立公司制造首台商用电子计算机UNIVAC的埃克特和毛希利称为“技术创新的领先者”。也就是说，二战期间基于军事目的研制的现代电子计算机在20世纪50年代初开始从军用转向民用①，走上了商业化和市场化的发展征程，60年代开始呈现产业化的发展态势。也正是基于美国掀起的如下这样一个新技术浪潮提出的理念：工业界在政府的支持下将二战期间基于军用目的研制的新能源和新技术，如原子能和电子计算机推向市场，将它们的商业价值由潜在转化为现实。20世纪60年代，罗斯托在理论上将熊彼特在1912年提出的“创新”②发展为“技术创新”，林恩和费里曼等学者又将“技术创新”理解为将具有潜在经济价值和社会效益的各种新技术实现商品化和市场化的转化，包括基础研究、应用研究和新成果的开发与市场推广。可见，这时的创新不仅强调运用“现代工程”这一

① UNIVAC于1951年交付美国人口普查局使用后，莱昂斯与伦敦公司共建的工程师小组与剑桥大型的研究小组合作，在1951年成功研制出一台完全用于商业数据处理的电子计算机，称为“LEO”。1952年，它被伦敦的一家面包连锁店用来处理订单，这是计算机在商业领域的首次应用。稍晚洞悉计算机商业价值的IBM（美国国籍商业机器公司）在1953年制造第一台商用计算机后，呈现出了迅速发展的势头，1956年，IBM的计算机销售大大超过了UNIVAC。

② 熊彼特在1912年提出的“创新”被布拉德伯里理解为“新技术在其用户手中实现的过程”，它包括研究和开发活动的研制阶段，它的研制过程与“现代工程”这一发明方法具有同一性，但创新突出了“用户”，而且“用户”的范围更为广泛。

发明方法，而且非常明确地强调新技术成果的商品化或商业化，突出市场推广。

另一方面，马克思、恩格斯在19世纪揭示的技术问题在二战期间，尤其是20世纪60—70年代持续发酵，受到了技术活动主体的重视，使技术活动主体开始关注科学技术发展所导致的生态、社会、伦理等一系列问题，技术活动主体对科学和技术的应用已经产生或可能产生的不利后果才有了自觉预防、保护和应对之类的觉醒。首先，对于以铀元素为新能源的核武器所具有的破坏性和毁灭性后果，在向罗斯福总统建议研制原子弹时，爱因斯坦就提到过；在研制过程中，对于有可能产生的核辐射和泄漏采取了一系列防护措施；成功试爆后，爱因斯坦认为，为了使世界免于战争而更加接近和平，要回到战争的伦理标准上，即建立世界政府对原子能进行超国家管理、制定研制原子弹的国际协议，保证它用于和平的、建设性的目的，这是人类所面临的迫切问题之一。[①] 其次，1960年，为了应对美国埃克森石油公司关于减少给石油生产国支付税收的决定，石油输出国成立了石油输出国组织（OPEC），这一组织在1973年埃及和以色列爆发战争时切断了世界原油供应，爆发了能源危机，人们不仅意识到核技术所具有的危险性，而且意识到对化石燃料过于依赖所导致的不良经济后果，还意识到煤炭终究会枯竭以及它对空气和气候的破坏，人们开始把注意力聚焦到安全又洁净的太阳能的利用上，探索对于它的生产、储存和输送技术。

1972年，联合国主持召开的人类环境研讨会提出了“可持续发展”一词，1987年挪威首相对它的概念界定得到了广泛认可，也即世界环境与发展委员会在《我们共同的未来》报告中所定义的：“既能满足当代人的需

① ［美］爱因斯坦著，许良英等编译：《爱因斯坦文集》（第3卷），商务印书馆2010年版，第210–211、268–269页。

要，又不对后代人满足其需要的能力构成危害的结果。”这一定义是人类对工业技术发展不良后果进行反思后的一种理性表达和选择，是对经济、社会和环境和谐发展的一种理性追求。

如此，20 世纪 50—60 年代以后，尤其是 20 世纪 70 年代以后，技术活动主体思考问题的出发点不再仅仅围绕技术对经济增长和军事威力有没有贡献，还有对生态环境、社会伦理和发展战略的系统而综合的思考。换句话说，人们不再毫无节制地追求金钱、价格、资本和股份这些身外之物，不再只是关注技术上的可行性与商业上的经济效益，而是开始关注技术对人类生存和发展的社会影响，即人文关怀和社会的持续发展问题。

换句话说，活动主体思考问题的出发点由主体外部转而向主体外部与内部的结合，也即对人类自身与自然和社会和谐关系的考量。从技术的角度看，由技术自身或内部转而向技术内部与外部的结合，技术自身也就是对利用和支配自然以及干预自然过程的关注，就是对技术合理性和技术本身特性的解释和分析，这是工程技术哲学所关注的方面；技术外部也就是对自然过程进行干预所引起的较近或较远后果的关注，即技术与生态、社会、政治、伦理和宗教等的关系，这也是人文技术哲学所关注的方面。基于此，技术内部与外部的结合，也就是工程与人文的结合，是人类对自身技术行为或行动自觉承担责任的一种表现。在技术思维方式层面，就是由对自然及其过程的基础研究以及对它们进行干预的应用研究，转而向基础和应用研究与人文社会研究的结合，也即自然科学、工程科学与人文社会科学的结合，当然还有与管理科学与决策科学的结合。

概而言之，以第二个形态为基础，技术创新思维方式作为现代技术思维方式的第三个形态在 20 世纪五六十年代兴起后在 70 年代逐渐形成，并具有了伦理意蕴和人文底蕴。

四、中国共产党的使命：推动现代技术思维方式的三个形态在中国兴起

在1949—1976年的近30年间，从人类技术文明的发展进程看，人类现代技术思维方式已经处在了大科学时代这样一个不可逆转的潮流中，而且在新思维工具和新技术浪潮的双重推动下，现代技术思维方式不仅从科学时代转换到了大科学时代，还以新的形态继续向前演进。而从中国技术文明本身的发展进程看，中国技术思维方式在很大程度上还处在经验时代向科学时代转变和过渡的阶段，或者说中国现代技术思维方式还处于萌芽期，并未真正形成。面对不以人的意志为转移的客观规律和宏观趋势及中国自身的落后情况，新生的社会主义中国顺则进、逆则滞，鉴于几百年来技术思维方式演进停滞所导致的百年民族危机，谋求民族复兴的新中国必须顺势而为。如此，也就意味着1949—1976年，中国共产党面临着三重使命：一是推动中国现代技术思维方式要从萌芽走向成熟，使现代技术思维方式的第一个形态在中国形成，中国技术思维方式完成从传统向现代的转换；二是推动现代技术思维方式的一个形态在中国发展演变为第二个形态，中国现代技术思维方式完成从科学时代向大科学时代的转换；三是推动现代技术思维方式的第三个形态在中国形成后继续演进。

第二节 中国共产党对中国现代技术思维方式形成和初步发展的思想领导

恩格斯在阐述完唯物主义思想体系及其相联系的思维方法要与自然科学的发展状况相适应后，将自然科学领域的这一立场和方法应用到历史科学和哲学科学等社会科学领域。在恩格斯看来，我们既生活在自然界中，又生活在人类社会中，"人类社会同自然界一样也有自己的发展史和自己的科学"，因此，"关于社会的科学，即所谓历史科学和哲学科学的总和，同唯物主义的基础协调起来"[①]，并在这个基础上运用辩证思维方法将它们加以改造，建立历史唯物主义和辩证唯物主义的思想体系。思维科学既是一门历史的科学，也是一门从哲学领域独立出来的科学，是哲学研究的范畴，技术思维方式则是思维科学在技术哲学领域的延伸，因而对待自然科学领域的立场和方法也应用于思维科学和技术哲学这两个领域。中国共产党作为以马克思主义理论为指导的无产阶级政党，运用马克思主义的立场、观点和方法，构建了与世界和中国技术发展的事实相符合的正确技术思想，对中国现代技术思维方式的形成和发展进行思想领导。

一、中国共产党思想领导的方式：发展毛泽东技术思想

如前所述，技术思想是技术思维方式的内核，技术思想与技术思维方

① 《马克思恩格斯选集》（第 4 卷），人民出版社 1995 年版，第 230 页。

式相互交织、相伴相随，因而技术思维方式的形成和发展需要技术思想作为思想源泉。不仅如此，技术思维方式还需要技术实践活动作为它形成发展的实践活动，而技术实践活动就是技术发明、生产和制造，就是“做”和“行动”。在毛泽东看来，“思想等等是主观的东西，做或行动是主观见之于客观的东西”[①]，都是人类特有的自觉的能动性。毛泽东认为，“一切根据和符合于客观事实的思想是正确的思想，一切根据于正确思想的做或行动是正确的行动”[②]，如此，在毛泽东看来，要做好或做出正确的行动，就必须“先有人根据客观事实，引出思想、道理、意见，提出计划、方针、政策、战略、战术”[③]。如此，正确的技术行动需要正确技术思想的指导，在这双重基础上，才能孕育、形成和发展出正确的技术思维方式。毛泽东技术思想是以毛泽东同志为核心的第一代中共中央领导集体建构的正确的技术思想，是新中国成立初期中国现代技术思维方式形成和初步发展的思想基础。

二、毛泽东技术思想的早期建构（1937 年）

在《实践论》中，毛泽东不仅完整地阐述了马克思主义的认识论，也即唯物辩证论的认识论，认为它不同于“唯理论”和“经验论”片面地强调感性或理性，也不同于唯心论和机械论以及机会主义和冒险主义把主观和客观、认识和实践分离开来，它是以革命的社会实践为基础，由感性到理性再到实践的科学的认识论，实践是它基本的和唯一的特征，毛泽东称之为真理，认为适用于一切实践，因而也适用于变革自然的技术和工程活动。如此，将马克思主义的认识论具体地运用于中国技术活动及其思维方

① 《毛泽东选集》（第 2 卷），人民出版社 1991 年版，第 477 页。

② 《毛泽东选集》（第 2 卷），人民出版社 1991 年版，第 477 页。

③ 《毛泽东选集》（第 2 卷），人民出版社 1991 年版，第 477 页。

式的认识上，就衍生了马克思主义中国化的技术思想。

1. 理论与实践的统一性原理：理论的认识由实践发生又服务于实践

首先，毛泽东阐述了马克思主义辩证唯物论的立足点，即认为马克思在观察认识时能够立足“人的社会性”和“人的历史发展”，因而能够洞悉认识对于社会实践也即生产活动、阶级斗争、政治生活、科学实验和艺术活动等的依赖关系。具体地说，物质的生产活动是最基本的实践活动，也是人的认识主要的来源，人在物质生产的实践活动中不仅能认识自然的现象、性质、规律性及其与人的关系，还能认识关于人与人之间的相互关系。同时，人们在社会中以各种不同的形式结成一定的生产关系来从事物质生产活动，这是人的认识发展的基本来源，人类社会的生产活动随着生产工具进化由低级到高级向前发展，关于自然和社会的认识也由低级向高级发展。[①] 受生产力和生产关系的影响，人们对自然的认识只是到了 18 世纪才具有科学的形式，以至于恩格斯说，18 世纪以前根本没有科学；而对于社会的认识，毛泽东指出，只是在生产力发展到机器大工业且出现无产阶级时才有了科学形式，即马克思主义的科学。[②]

其次，毛泽东阐述了理论或认识真理性的检验标准，即社会的实践，他认为辩证唯物论的认识论把实践放在了首位，强调了实践对于认识或理论的重要性，他还引用列宁对实践品格的揭示对此加以论证，即实践之所以高于理论的认识，就在于它兼具“普遍性”和“直接现实性”的品格。对于实践如何检验人们认识的真理性，毛泽东强调了两点：一是人们只有在社会实践过程中达到了思想中所预想的结果时，人们的认识才被证实；二是人们的思想只有合于客观外界的规律性时，才能在工作中得到预想的结果。[③] 概而言之，就是理论能否被实践所证实，或者将理论的认识运用

---

① 《毛泽东选集》（第 1 卷），人民出版社 1991 年版，第 282–283 页。

② 《毛泽东选集》（第 1 卷），人民出版社 1991 年版，第 283–284 页。

③ 《毛泽东选集》（第 1 卷），人民出版社 1991 年版，第 284 页。

于实践，即用它来指导实践，看是否能够达到预想的目的。

再次，毛泽东阐述了马克思主义辩证唯物论的两个最显著特点，即服务于无产阶级的“阶级性”以及强调理论依赖于实践又为其服务的“实践性”。最后，他把实践的观点视为“辩证唯物论的认识论之第一的和基本的观点”[①]。

2. 理论发生与发展的运动过程：感性到理性再到实践的两次飞跃

为了阐明理论的认识如何从实践发生又服务于实践，毛泽东根据马克思主义辩证唯物论的认识发展过程理论，深入剖析人类理论认识发生和发展的运动过程，即从解决事物现象问题的感性认识、到解决事物本质问题的理性认识、再到改造世界的革命实践。这一运动过程包含两次能动的飞跃，一次是感性认识到理性认识的能动的飞跃，一次是理性认识到实践的能动的飞跃。

首先，第一次飞跃中的感性认识是各个事物作用于人们的感官，从而引起了关于事物的现象、片面和事物间外部联系的感觉和印象；理性认识是在对感觉到的材料进行综合的基础上加以整理和改造，从而在人类的大脑中对反复出现的东西产生了质的飞跃，也就是大脑抓住了事物的本质、全体和内部联系，产生了概念，而且以概念为基础，运用判断和推理还可以产生出合乎论理的结论。因而这又可以说是一个概念、判断和推理的阶段，意味着人类的认识经由感觉到达于思维，到达于逐步了解客观事物的内部矛盾，了解了事物的规律性、过程以及过程间的内部联系，获得了关于事物的理性或论理的认识。简言之，就是感性认识上升为了理性认识，认识实现了第一次飞跃。

毛泽东强调，感性认识和理性认识这两个阶段是认识由浅入深的深化运动，也是由感性认识到理性或论理认识的推移的运动，二者虽然性质不

---

① 《毛泽东选集》（第 1 卷），人民出版社 1991 年版，第 284 页。

同，但又不能分离，它们是同一认识过程的两个阶段，统一于实践，而且不论是由感觉解决的现象问题，还是由理论解决的本质问题，都离不开实践，离不开问题所处的生活或实践环境。这里，就认识过程的秩序来看，感觉经验是第一位的，即认识始于社会实践中产生的感觉经验，理性认识依赖于感性认识。同时，又要发挥思考的作用，即根据实践基础在思维中科学地对感觉经验加以改造，将感性认识发展为理性认识，即“将丰富的感觉材料加以去粗取精、去伪存真、由此及彼、由表及里的改造制作工夫，造成概念和理论的系统”[①]。基于此，毛泽东批评哲学史上的“唯理论”和“经验论”都不懂得认识的历史性或辩证性[②]，虽各自具有片面的真理性，但在总体上是错误的。

但是，正如马克思主义哲学并不仅仅在于认识和把握事物的客观规律，从而能够解释世界，更在于运用这种认识和把握去能动地改造世界。毛泽东认为，认识运动并不仅仅在于由感性上升为理性，或者由感觉上升为理论，更在于运用理性或理论去指导行动或实践，就是要实现认识运动的第二个飞跃，即“从理性的认识到革命的实践”[③]。换句话说，认识的运动不能停留在理论阶段，还应该再回到实践中，如此，理性认识发生和发展的整个过程就是：认识始于实践中的感觉经验，经过反复的实践和思考获得关于世界规律性的理论或理性认识后，使其再回到改造世界的实践中，在实践中检验和发展理论。

3. 辩证唯物论认识论适用于技术活动：建构唯物辩证论的技术思想

根据以上对理论与实践统一性原理以及认识运动两次飞跃的阐述，毛泽东指出，正如被称为真理的自然科学理论不仅在于自然科学家在创立学说时运用思维能力和科学手段实现了由感性认识到理性认识的飞跃，还在

---

① 《毛泽东选集》（第 1 卷），人民出版社 1991 年版，第 291 页。

② 《毛泽东选集》（第 1 卷），人民出版社 1991 年版，第 291 页。

③ 《毛泽东选集》（第 1 卷），人民出版社 1991 年版，第 292 页。

于他们的学说在当时或后来的科学实践中得到了证实，即理论与实践实现了统一；马克思主义之所以是真理，不仅在于马克思主义经典作家在创立学说时坚持了辩证唯物主义和历史唯物主义的原则、立场和方法，还在于被后来的革命的阶级斗争和民族斗争的实践所证实，因而也是科学的；由感性到理性再到实践的辩证唯物论认识论之所以是真理，就在于它以科学的社会实践为根本特征，适用于任何一种实践，如此，无疑它也是适用于技术发明与制造的实践活动的。

同时，毛泽东指出，社会的人们投身于变革在某一发展阶段内的某一客观过程的实践中，由于客观过程的反映和主观能动性的作用，人们的认识得以由感性上升为理性，即在大脑中产生出关于某一客观过程的法则性的思想、理论、计划或方案，然后再将它们运用于同一或类似的客观过程的实践中，如果预期目的达成了，即将脑海中构想或预定的思想、理论、计划、方案在同一或类似的客观过程的实践中转变为了事实，即使是大体上成为事实，那么，对于这一具体过程的认识运动也就完成了。[①]对于技术发明与制造的实践活动而言，它是以认识和把握自然界客观规律为基础的一种改造或变革自然的实践活动，它首先是技术发明者或技术专家根据用户的需求和现有的原材料在脑海中构想技术方案和模型，即基于对自然物客观规律性的认识和把握设计出能实现某一技术客体运行原理的常规型构，然后以它为模型，借以人工手段对原材料进行加工和改造，现实地产生出能满足客户需求的技术客体，活动完成。在唯物辩证论的认识论角度，技术发明与制造活动包含着认识的两个飞跃，常规型构的设计是发明家或技术专家有目的地对原材料做出能动反映的结果，也是以概念为基础运用判断和推理对解决某一特定环境中的某一技术问题进行反复思考的结果，从而由感性认识上升为理性认识，乃至产生法则性的技术方案或

①《毛泽东选集》（第1卷），人民出版社1991年版，第293页。

模型，这是第一次飞跃；按照模型对原料的加工和制造是常规型构的现实化或事实化，是常规型构在科学实验或生产实践中接受检验和证实，这是认识的第二次飞跃，技术客体的现实生成，也即技术活动预期目的的达成，或者说技术问题的解决，意味着常规型构得到了检验和证实，活动结束。简言之，技术发明和制造的实践活动经过这两次飞跃后得以完成。如此，技术客体的产生是理论思维和实践思维在技术活动过程中发挥作用的结果。

然而，由于科学和技术条件以及客观过程的发展及其本质表现程度的限制，像技术发明和制造这样一种变革自然的实践中，人们很少能够毫无改变地将原定的技术方案或模型转变为现实，对原定方案部分或全部地做些调整和改变是常有的。也就是说，由于原定方案部分或全部地不符合实际，部分做错或全部做错的情况都是有的；而且很多时候必须经历多次或无数次的失败，才能纠正错误的认识，使其与客观过程的规律性相符合，才能把头脑中构想的东西转变为客观存在的技术客体，从而现实地达成所期望的目的。

同时，由于内部的矛盾和斗争，属于自然界的客观过程和属于人类社会的需求和愿望都在变化发展着，人们的认识运动也相应地跟着变化发展着。就技术活动而言，活动主体必须在主观认识上跟上自然与社会发生的变化，提出适合于解决新情况和新问题的新思想、理论、计划、方案，并以此为指导从事变革自然的技术活动，理论和实践思维这样一次又一次地深化和发展，技术活动也随之得到延伸和扩展。换句话说，技术活动主体在变革自然或改造客观世界的同时，他自己的主观世界和认识能力，以及主观世界与客观世界的关系也得到了改造，从而实现“主观和客观、理论和实践、知和行的具体的历史的统一”[①]，避免出现唯心论者和机械唯物论

①《毛泽东选集》（第1卷），人民出版社1991年版，第296页。

者把认识与实践、主观与客观相分离的错误。

以上是毛泽东以科学的社会实践为特征的马克思主义即唯物辩证论的认识论在技术活动认识上的运用，由此产生马克思主义唯物辩证论的技术思想，它无疑可以用来指导推动中国技术思维方式再生和新演进的具体实践。具体地说就是，在20世纪上半叶，人类的技术思维方式已经发展到了科学时代，推进中国技术思维方式在现代的再生已经历史地落在了中国无产阶级及其政党的肩上。正如毛泽东所指出的，“根据科学认识而定下来的改造世界的实践过程，在世界、在中国均已到达了一个历史时节，也是自有历史以来未曾有过的重大时节”①，这就是要整个儿地推翻不适宜中国技术思维方式再生和演进的旧世界和中国的黑暗面，把它们转变过来，创造适宜于中国技术思维方式再生和演进的前所未有的光明世界。中国无产阶级和革命人民改造世界的斗争，其基本任务就是改造客观世界，改造中国人民所处的政治、经济、文化和社会环境，也改造中国人民的思维和认识能力，培育和发展中国的现代科学理论和实践思维，构建中国技术活动主体与客体间的现代科学关系，推进马克思主义中国化技术思想的发展。

三、1949—1965年毛泽东技术思想的丰富和发展

1954年9月15日，毛泽东明确指出我国社会主义建设事业指导思想的理论基础是马克思列宁主义，领导的核心力量是中国共产党，奋斗的目标是“准备在几个五年计划之内，将我国现在这样一个经济上和文化上落后的国家，建设成为一个工业化的具有高度现代文化程度的伟大的国家”②，在1956年1月25日则指出，“要在几十年内，努力改变我国在经济

①《毛泽东选集》（第1卷），人民出版社1991年版，第296页。
②《毛泽东文集》（第6卷），人民出版社1999年版，第350页。

上和科学文化上的落后状况，迅速达到世界上的先进水平”[①]。这为中国技术思维方式在1956年以后发展演进指明了方向、明确了目标，就是要在中国共产党的领导下，以马克思列宁主义为理论基础，争取在几十年内，努力改变我国在技术思维方式上的落后状况，迅速达到世界的先进水平。这里值得一提的是，毛泽东认为马克思列宁主义理论是作为普遍真理存在的，它仅仅是行动的指南，是指导方向的，不能当作教条，这是他们本人所指出的，毛泽东强调普遍真理必须要与中国社会主义的具体情况尽可能好地结合，在实践中进一步地认识客观规律。[②]如此，社会主义制度确立后，以马克思列宁主义为理论基础，以毛泽东为代表的第一代中共中央领导集体立足我国经济文化落后的基本国情和恢复国民经济与土地改革的实践经验，基于对技术本质及其与科学关系的认识，对中国科学技术如何追赶世界先进水平进行了一系列的理论探讨。

1. 关于中国技术发展状况与世界科技进步的基本认识

毛泽东在1956年的认识是，中国没有工业，没有工业化，主要是农业和破破烂烂的手工业。[③]刘少奇在1956年的认识是，中国的技术状况与经济、科学、文化状况一样是很落后的，更为确切地说，中国是一个工业落后的农业国，基本上没有重工业；到1962年，刘少奇认为，我国已经有了比较发达的工业，建立了基础比较强大、部门比较齐全的重工业，涵盖了煤炭、电力、石油、钢铁、有色金属、化学、建筑材料和机械制造等，机械设备和重要材料的自给程度有了很大的提高。[④]周恩来在1956年认识到，现代科学技术在“最近二三十年”的进步特别巨大和迅速，我们已经被远远地抛甩在了后头，生产过程正在逐步实现全盘机械化、自动化和远

---

① 《毛泽东文集》（第7卷），人民出版社1999年版，第2页。

② 《毛泽东文集》（第8卷），人民出版社1999年版，第5、302页。

③ 《毛泽东文集》（第7卷），人民出版社1999年版，第123–124页。

④ 《刘少奇选集》（下），人民出版社1985年版，第195–196、350–351页。

距离操纵；各种高温、高压、高速和超高温、超高压、超高速的机器正在设计和生产出来，水、陆、空三方面运输机器的航程和速率日益提高；新材料、新工艺流程日新月异地变革，最高峰的则是原子能的利用，还有基于电子学、脑科学和神经科学进步而产生的电子自动控制机器，它将引发新一轮的科技和工业革命。[①]而正如《1956—1967年科学技术发展远景规划》所指出的，到1956年，不只是特别重大的复杂技术问题，就连比较一般性的问题中国都还不能完全依靠自己的力量来解决，与最新技术有直接联系的原子核物理、空气动力学、电子学和半导体等重要科学部门几乎还是空白或者十分薄弱。[②]

2. 关于短时间内达到世界先进水平的目标及对其可能性的理性分析

1956年以后，毛泽东、刘少奇和周恩来等中国共产党领导人多次强调在短时间内达到世界先进水平，认为这是中国人民奋斗的伟大目标和战斗任务。对于实现这一个目的的可能性，毛泽东认为，经过社会主义革命，也就是社会主义改造后，中国确立了社会主义制度，这必然使生产力大大地获得解放，从而为大大地发展工业和农业的生产创造了社会条件。资本主义国家从17世纪开始，经过360多年的时间，发展为世界上最先进的国家；而中国在1840—1945年共105年的时间里屡遭侵略是由于社会制度腐败和经济技术落后，1956年以后，基本解决了制度问题，较之于资本主义国家，中国有先进的制度优势，在50年和100年解决经济技术落后问题、赶上甚至超过它们是可以做到的。[③]刘少奇指出，人类社会的历史，归根结底是生产的历史，是生产者的历史，先进生产者是人类社会历史向前发展的先驱，不同于剥削阶级统治的旧社会，先进生产者的先进经验和各种发明创造的利益和发展总是受到打击和压制，在劳动者自己当家作主的社会

① 胡维佳：《中国科技政策资料选辑》（上），山东教育出版社2006年版，第158-159页。

② 胡维佳：《中国科技政策资料选辑》（上），山东教育出版社2006年版，第225页。

③《毛泽东文集》（第8卷），人民出版社1999年版，第302、340页。

主义社会里则是得到充分保护和鼓励的，先进生产者在保持自己先进的同时，还努力促进别人由落后到先进，劳动群众的这种自觉努力使先进生产成为强大的群众性的运动，就一定能够完成我们共同的历史任务。[①]

3. 关于追赶世界先进水平之途径和手段的认识

毛泽东认为，一是要有一个远大规划，要有干部，要有数量足够的、优秀的科学技术专家；二是统一人民的意志，要发展机械化、实现工业化；三是要向资本主义和社会主义国家认真学习，吸取对我们有益的先进经验，总结和推广国内技术革新和技术运动的经验，增强自身的创造性和独立自主的能力，以自力更生为主、争取外援为辅；四是不走世界各国技术发展的老路，必须打破常规，尽量采用先进技术；五是加强自然科学和社会科学的理论研究，培养一批懂得理论的人才。

刘少奇认为，一是要具有近代机器设备的大生产，在建立和发展重工业的基础上，大大发展轻工业，使农业生产机器化，使中国逐步走向工业化和电气化；二是坚决支持先进生产者的运动，支持每一个有实际意义的先进经验和创造，科学研究和技术发明既要在科学研究机关的实验室，也要在实际工作中进行，要优待科学技术人才；三是要在企业、行业和国民经济中有组织、有计划地兴办社会主义的托拉斯。

周恩来认为，一是必须要在高度技术的基础上，充分地发展科学和利用科学知识，依靠体力劳动和脑力劳动的密切合作以及工人、农民和知识分子的兄弟联盟；二是大规模地培养政治觉悟高、业务能力强的知识分子，既要有系统地利用苏联科学的最新成果，也要减少对苏联的依赖，加大对基础理论科学研究的投入，增强独立解决复杂自然科学和技术问题的能力；三是要做出全面规划，并把世界科学的最先进的成就尽可能迅速地介绍到我国的科学、国防、生产和教育等部门中来；四是科学院既要抓基础

① 《刘少奇选集》（下），人民出版社 1985 年版，第 196、201 页。

科学和理论研究，也要把理论研究与科学实验结合起来。

4. 关于认识发展和“认识工具”之本质的认识

1964 年，毛泽东在关于人的认识问题的谈话中首先指出，“人对事物的认识，总要经过多少次反复，要有一个积累的过程。要积累大量的感性材料，才会引起感性认识到理性认识的飞跃”[①]，在他看来，对于从实践到感性认识，再由此到理性认识的飞跃的道理，不仅马克思、恩格斯没有讲清楚，列宁只讲清楚了唯物论、没完全讲清楚认识论，而且中国的古人也没有讲清楚。进而，一方面毛泽东认为认识总是在发展的，对于许多事物的认识，我们都还不清楚；另一方面他赞同于光远把望远镜和人造卫星等概括成“认识工具”，认为由于人的认识来源于实践，“认识工具”的发明及其在人类改造世界活动中的应用，又使人类对事物的认识加深了。[②]基于此，他和马克思一样，把工具看成是人的器官的延长，镢头是人的手臂的延长，望远镜是人的眼睛的延长，身体器官都可以延长；同时，毛泽东还把人脑看成是一个加工厂，认为正如工厂设备要更新一样，人脑也要更新，人体的各种细胞都在不断更新，人的认识和“认识工具”也在实践中不断更新。[③]

以上毛泽东、刘少奇和周恩来对中国技术相关问题的认识是由革命党转变为执政党的中国共产党对技术思想的阐发，标志着马克思主义中国化技术理论体系的初步形成，奠定了中国技术思维方式演进实现突破的理论基础。

---

①《毛泽东文集》（第 8 卷），人民出版社 1999 年版，第 389-390 页。

②《毛泽东文集》（第 8 卷），人民出版社 1999 年版，第 390 页。

③《毛泽东文集》（第 8 卷），人民出版社 1999 年版，第 390、393 页。

第三节 中国共产党对中国现代技术思维方式形成和初步发展的政治领导

如前所述，中国共产党对中国现代技术思维方式演进的政治领导就是将马克思主义技术思想和思维科学理论与中国技术和技术思维方式发展的实际结合起来，在社会主义现代化建设的各个阶段上，围绕社会主义现代化建设的政治任务、政治目标和政治方向，制定科技发展规划。科技规划是“科技发展的长远规划，是关于较长时期的科技发展方向、重大目标和主要措施的总体设想，是科技发展思想和指导方针的战略体现”[①]，它是社会主义建设初期中国共产党对科技事业进行政治领导的一种重要形式和特色，也是中国共产党推动中国现代技术思维方式形成和初步发展的主要方式。

一、中国共产党政治领导的方式：领导制定两个科技发展规划

1941 年，毛泽东在《自由是必然的认识和世界的改造》一文中指出，必然王国之变为自由王国，是必须经过认识与改造两个过程的，一个好的马克思主义者既要懂得从改造世界中去认识世界，又要从认识世界中去改造世界，同理，一个好的中国马克思主义者，既要懂得从改造中国中去认识中国，又要从认识中国中去改造中国。该如何做到这一点呢？毛泽东援

① 胡维佳：《中国科技规划、计划与政策研究》，山东教育出版社 2007 年版，第 1 页。

引马克思所言“人比蜜蜂不同的地方，就是人在建筑房屋之前早在思想中有了房屋的图样”，强调建筑中国革命这个房屋，也须先有中国革命的“图样”，这“图样”就是我们在中国革命实践中所得来的关于客观实际情况的能动的反映，不仅包括国内阶级的阶级和民族关系，也包括国际各国间以及它们与中国的关系，这“图样”不仅要有大的和总的，还须有小的和分的。[①]将中国革命的“图样”原理应用于中国社会主义技术发展中则演变为“规划”。对于经济技术落后的中国如何迅速达到世界先进水平，1956年1月，毛泽东强调“应该有一个远大的规划”，周恩来强调“要作出全面规划”。为此，国务院科学规划委员会在苏联专家的帮助下，在中国科学院15年发展远景规划和“六项紧急措施”[②]的基础上，制定了《1956—1967年科学技术发展远景规划》（简称“十二年规划”）；鉴于国内反右派斗争和“大跃进”运动以及中苏关系恶化对我国科技发展产生的不利影响，结合调查研究和“十二年规划”主要任务的完成情况，党中央和国务院的领导动员和组织我国各方面的专家和学者对科学技术发展的规划问题进行了审视，并于1963年制定了《1963—1972年科学技术发展规划》（简称“十年规划”）。这两个规划所确立的方针、目标、任务和一些措施对我国现代技术思维方式的形成和初步发展产生了根本性的影响，同时，这两个规划在一定程度上也反映了中国共产党战略和策略的改变。

二、《1956—1967年科学技术发展远景规划》的制定与基本内容

一是明确了力求某些重要的和急需的部门在12年内接近或赶上世界

---

① 《毛泽东著作选编》，中共中央党校出版社2002年版，第198页。

② 《发展计算技术、半导体技术、无线电电子学、自动学和远距离操纵技术的紧急措施方案》中的“四项紧急措施”加上未公开的原子能和导弹，就是“六项紧急措施”。

先进水平，能够逐渐依靠自己的力量解决复杂的科学与技术问题；确立了“重点发展、迎头赶上”的方针，强调应该掌握世界现有的先进科学成就，尽量避免重复研究国外早已解决了的问题，积累在基础科学理论和技术科学以及其他应用科学理论的科学储备。

二是从13个方面提出了57项重要的科学技术任务，针对每个任务包括的中心问题，又参照国际先进水平，提出了符合我国情况的科学解决途径。[①]鉴于科研人员不足，提出了优先保证发展的12项重点任务（如表3-1所示）。

三是明确了数学、力学、天文学、物理学、化学、生物学、地质学和地理学这八个基础科学的发展方向（如表3-2所示）。

四是组建科学研究的工作系统，包括作为学术领导核心的科学院、作为主要力量的高等学校和产业部门的研究机构，作为助手的地方研究机构，科研工作以合理的分工合作为原则，有计划地协调进行。

五是要按照五项原则，合理地设置科学研究机构。

六是明确规定了生产、研究和教育三方面科学技术力量的分配比例、高级科学人员的比重和增长速度，并在保证质量的原则下，制定多种人才培养的有效措施。

七是强调在平等互利的基础上开展科学技术的国际合作，提出了7种合作方式。[②]

---

①《一九五六 — 一九六七年科学技术发展远景规划》，胡维佳：《中国科技政策资料选辑》（上），山东教育出版社2006年版，第224–226页。

②《一九五六— 一九六七年科学技术发展远景规划》，胡维佳：《中国科技政策资料选辑》（上），山东教育出版社2006年版，第274–282页。

表3-1　“十二年规划”优先保证发展的12项重点任务

序号	项目
1	原子能的和平利用
2	无线电电子学中的新技术：超高频技术、半导体技术、电子计算机、电子仪器和遥远控制
3	喷气技术
4	生产过程自动化和精密仪器
5	石油资源的勘探
6	冶金
7	燃料的有机合成
8	新型动力机械和大型机械
9	黄河、长江综合开发的重大科学技术问题
10	农业的化学化、机械化、电气化的重大科学问题
11	几种主要疾病的防治和消灭
12	自然科学中若干重要的基本理论问题

注：根据《一九五六——一九六七年科学技术发展远景规划》绘制。

表3-2　“十二年规划”明确的8个基础科学的发展方向

序号	基础科学	发展方向
1	数学	计算数学、概率论与数理统计、微分方程论
2	力学	流体力学、固体力学的强度理论、物理力学
3	天文学	太阳物理、无线电天文学、天体演化学
4	物理学	原子核物理与基本粒子物理、无线电物理与电子学、半导体物理
5	化学	放射、分析、有机、物理、胶体、高分子、化学工程
6	生物学	累积基本资料、充实理论基础、发展生物学的边缘学科
7	地质学	（非）金属矿床学、煤田和石油、水文和工程等地质学
8	地理学	景观学、经济地理学、地貌学与气候学、地图学

注：根据《一九五六——一九六七年科学技术发展远景规划》绘制。

三、《1963—1972 年科学技术发展规划》的制定与基本内容

一是提出了 7 项具体的目标，前三项为："系统地解决实现农业技术改革中的科学技术问题"；"重点掌握六十年代工业科学技术，积极进行工业的技术改革"，并将改革的措施具体化为"组织从科学技术研究试验到产品试制、建厂设计等成龙配套的工作，特别要注意加强中间试验，加强研究试验与设计工作的联系"；把从基础科学、技术科学到工业生产技术的研究试验工作摆在优先的地位，切实保证国防尖端技术的初步过关。①

二是确立了"自力更生、迎头赶上"的指导方针，强调要形成自己的配套的科学技术队伍，要大力开展科学技术试验工作，要迅速建立为科学研究提供先进的仪器装备的工业部门，要加强从科学研究、中间试验到生产应用的各个环节，使研究工作能及时出成果，要能够迅速推广应用。同时还根据四项原则，对规划各项任务和各方面的力量做出了全面的安排。②四项原则的内容与要点如表 3–3 所示。

表3–3 "十年规划"工作安排遵循的四项原则之内容与要点

序号	原则的内容	要点
1	集中力量打歼灭战	抓住具有战略意义的关键问题

① 《中央科学小组、国家科委党组关于一九六三—一九七二科学技术发展规划的报告》，中共中央文献研究室：《建国以来重要文献选编》（第 17 册），中央文献出版社 1997 年版，第 490–515 页。

② 《中央科学小组、国家科委党组关于一九六三—一九七二科学技术发展规划的报告》，中共中央文献研究室：《建国以来重要文献选编》（第 17 册），中央文献出版社 1997 年版，第 490–515 页。

（续上表）

序号	原则的内容	要点
2	全面安排，充实基础	一是抓两头，即抓农业和有关解决吃穿用问题的科学技术问题，抓尖端技术；二是全面安排，即对科学技术问题，对基础科学研究、技术科学研究和各专业生产技术研究，对从科学研究、中间试验、设计、试制以至推广应用的各个环节，都要全面安排
3	学习国外成就与开展创造性研究的结合	引进外国技术，对其加以实验研究和消化后在我国具体条件下掌握和发展它
4	专业研究与群众性科学实验活动的结合	既要依靠专业的研究机构，也要开展群众性的技术革新活动，使其制度化

三是在规划的具体内容上，包括 17 个技术科学的主要任务和方向，7 个（数学、物理学、力学、化学、生物学、地学、天文学）基础科学的发展方向，农业、工业、资源调查、医药卫生等方面重要问题的研究目标和方向，共 77 卷，其中重点研究试验项目 374 项。①

四是提出了为实现“十年规划”必须采取的12项措施，包括机构设置，人才培养，科学器材的改善，科学投资的管理，计量和标准化，情报资料与图书档案，成果鉴定和奖励制度，中间试验基地的建立与技术推广，学术活动的开展，国际学术交流与合作，科技的普及与组织。②

① 《中央科学小组、国家科委党组关于一九六三—一九七二科学技术发展规划的报告》，中共中央文献研究室：《建国以来重要文献选编》（第 17 册），中央文献出版社 1997 年版，第 490–515 页。

② 《中央科学小组、国家科委党组关于一九六三 — 一九七二科学技术发展规划的报告》，中共中央文献研究室：《建国以来重要文献选编》（第 17 册），中央文献出版社 1997 年版，第 490–515 页。

四、两个科技发展规划的演变：追赶战略和措施的演变

考察这两个规划的制定过程，可以发现，不同于“十年规划”是我国组织专家和学者在调查研究的基础上自行制定的，“十二年规划”是在苏联顾问的提议和近百名苏联专家的帮助下制定的，不仅规划的设想、指导思想、实施步骤等借鉴了苏联的经验，对世界科学技术发展状况和趋势的判断和把握，也得益于苏联专家的介绍，而且苏联专家还参加了一些新技术学科规划编制的实际工作，吸收了他们提出的意见；值得一提的是，“十二年规划”纳入了中国科学院十五年发展远景计划（简称“十五年计划”）的大部分任务，而“十五年计划”的初稿是在中国科学院苏联顾问拉轧连柯的帮助下，通过约360名科学家的努力拟定的。[①] 概而言之，中国科学技术发展的“十二年规划”在很大程度上是苏联科学技术发展规划模式的引进和仿效，在实际实施过程中，也强烈地依赖苏联的援助。到1962年，“十二年规划”中规定要在1962年完成的任务大部分已经完成或基本完成，在基础科学和技术科学方面，加强了或建立了许多原属薄弱或空白的学科研究工作；原子能、喷气技术、电子学、半导体技术、自动控制、高分子化学和计算技术等新的专业和新的学科的研究试验，在几乎是空白的基础上已经建立起来，并有了重要进展；原定1962年以后要完成的任务，也有一些提前进行。[②] 由于“十二年规划”的实施，我国科学技术大大缩小了与世界先进水平的差距，为“两弹一星”奠定了基础。但这只是中国向科学技术进军之万里长征的第一步，受国内外形势的不利因素

---

① 张柏春等：《苏联技术向中国的转移（1949—1966）》，山东教育出版社2004年版，第169、178页。

② 《中央科学小组、国家科委党组关于一九六三 — 一九七二科学技术发展规划的报告》，中共中央文献研究室：《建国以来重要文献选编（1949—1966）》（第17册），中央文献出版社1997年版，第490-515页。

的影响，“十二年规划”的继续实施遭受到严重挫折，这也正是“十年规划”制定的原因之一。

“十年规划”制定的过程、内容和具体的实施都体现了“自力更生”的思想，调整了追赶战略，确立了更为务实的目标和赶超措施。如果说，“十二年规划”中重视尖端技术的研制、基础理论及其应用的研究以及以国家意志来组织和协调专家，对规划的实施加以管理，突出国际交流合作，与“大科学”有诸多共通之处，在一定程度上也是一种“大科学”的规划模式，只是受我国经济文化、科学技术和人才基础薄弱以及苏联高度集中的计划体制经验的影响，在其中发挥根本作用的不是基于科学技术自身内在发展规律的“水到渠成”，也不是商业资本在市场经济中逐利的利益驱动，而是基于国家安全的政府行政职能的有力执行，这一点也具有了苏联科技计划体制模式的特点；那么“十年规划”除继承“十二年规划”的一些特点外，由于“十二年规划”的实施，我国的科学技术和人才基础有所增强，而且规划中强调了对基础科学、技术科学和各专业生产技术的研究以及对科学研究、中间试验、设计、试制以至推广应用各个环节的全面安排，因而具有了“大科学”的本质特征，在其中发挥作用的不仅有政府强大的行政能力，还有科学技术自身内在的发展规律。在这一维度上，“十年规划”又发展了中国科技发展的“大科学”规划模式，它的实施使“两弹一星”的成功研制成为可能。

第四节 中国共产党对中国现代技术思维方式实践基础的组织领导

从宏观上看，思维方式是实践方式的内化或定型化，技术思维方式是技术活动方式的内化，如此，技术思维方式的孕育和成长发展需要特定的技术活动作为实践基础。早在抗日战争和解放战争期间，中国共产党就领导干部和群众开展了有关机械、电力和电器的生产制造活动，积累一定的经验。新中国成立后，以毛泽东同志为核心的第一代中共中央领导集体领导中国技术活动主体紧紧把握世界科技发展的新趋势，紧锣密鼓地开展以现代电子计算机为代表的世界前沿技术和“两弹一星”高尖端技术的研制和生产活动，为现代技术思维方式在中国的形成和发展提供了实践基础。这也是新中国成立初期中国共产党对中国现代技术思维方式实践基础的组织领导。

一、实践基础：中国共产党组织领导的世界前沿和高尖端技术研制

如前所述，在恩格斯看来，人所引起的自然界的变化是人的思维的本质和最切近的基础，人的智力也是在人学习如何改变自然界的过程中发展的。[1]如此可以说，引起自然界发生变化的技术实践活动不仅是技术思维方式形成和发展的实践基础，也是人的思维能力发展的实践基础。

① 《马克思恩格斯选集》（第4卷），人民出版社1995年版，第329页。

由于技术实践活动在不同的时代有不同的活动方式和内容，因而也会孕育出不同形态的技术思维方式。反过来，技术思维方式形态的形成和发展需要有相应的技术实践活动方式和内容作为基础。如此，中国现代技术思维方式形成和初步发展也需要相应的作为它实践基础的技术实践活动。

从前面对世界首台现代电子计算机的发明过程及其在思维工具史上所具有的意义来看，它不仅是兴起于19世纪的“现代工程”在20世纪上半叶继续发展的产物，而且也是美国“曼哈顿”这一大科学时代标志性工程得以成功完成的技术基础，它在现代技术思维方式由科学时代向大科学时代的转换过程中具有承前启后的作用。同时，从前面对世界首颗原子弹研制过程即曼哈顿计划整个开展过程及其意义的考察来看，原子弹作为威慑性的高尖端军事技术，其意义不仅在于它成为国家军事实力、国家现代化和国家综合国力的标志，还在于它成为大科学和大技术的标志，意味着人类认识世界和改造世界的思维方式发生了重大变革。而且，美苏成功研制原子弹后，不仅成功试验热核装置即氢弹，使核武器技术又实现了一次飞跃，还成功发射了人造卫星，标志着现代高尖端技术向空间技术加速前进。

鉴于以上现代电子计算机和原子弹等高尖端技术所具有的意义，中国共产党组织领导技术共同体对世界前沿和高尖端技术的研制就构成了中国现代技术思维方式形成和初步发展的实践基础，中国共产党对世界前沿和高尖端技术研制的组织领导，也就是对中国现代技术思维方式实践基础的组织领导。

二、中国共产党对技术实践活动的早期探索（1937—1949）

在机械工业技术方面，1937年，沈鸿带领一批工人及设备到达陕北，进入陕甘宁边区机器厂，使边区有了机械工业。1939 年，国民党对共产党领导的陕甘宁边区实行经济封锁，边区财政、生产生活遇到严重困难。同年 5 月，延安自然科学研究院成立，还附设机械实习工厂，希望延安自然科学家和有科学基础的大学毕业生将工艺生产实践与基础理论科学研究结合起来，解决当时边区生产和国防的实际应用问题。研究院为边区研制了炸药，生产和制造了机械配件、军装铜扣、肥皂、牙刷等，发展了重工业、手工业、农业和教育。[①]

在电力技术方面，解放战争时期，在刘伯承、邓小平和李达的领导下，八路军一二九师组织在冀晋豫边区兴建了一座最早的小型水电站；朱德所在晋察冀边区在 1947 年也自行设计建造了一座水电站，于 1948 年投入使用。[②]

在电器制造业方面，在土地革命战争和抗日战争时期，由于战争原因，无法建立自己的电器工业，只有在外部严密封锁的战争环境下，利用从国统区偷偷购进的电子管和电器元器件，修理、自制一些军用电信设备；到 20 世纪 30 年代末期，山东胶东区电器厂、兵北后方材料厂和渤海军区材料股 3 个单位合并组建成华东革命根据地军区总厂，生产战时所需的通信和其他电器设备；1938 年，建立了延安通信器材厂，1941 年无线电通信用 15 千瓦手摇发电机试制成功；抗日战争胜利后，从革命根据地和解放区抽调的大批干部在 1946 年到达东北安东市建厂生产电器产品，1948 年发展为东北军区军工部直属二厂，下设 5 个分厂和 1 个试验室，1948 年 11 月东北人民政府工业部在沈阳成立了东北电工局，下设 13 个工厂。[③]

---

① 胡维佳：《中国科技规划、计划与政策研究》，山东教育出版社 2007 年版，第 16–17 页。

② 黄晞：《中国近现代电力技术发展史》，山东教育出版社 2006 年版，第 44、51 页。

③ 黄晞：《中国近现代电力技术发展史》，山东教育出版社 2006 年版，第 8–11 页。

三、中国共产党组织领导现代电子计算机的研制

在现代电子计算机的研制方面，1949 年以前中国在这个领域基本是一片空白，1952 年秋，成立于 1951 年的中国科学院数学所在华罗庚的带领下开始电子计算机的研究工作；1953 年底根据英文资料做了一些基本的电路实验，初步拟定了技术路线和发展的轮廓设想；同年底，数学所电子学方面的人员集中到近代物理所后，在所长钱三强的支持下，计算机科研小组的人员在 1955 年和 1956 年先后得到了扩充，研究工作分为示波管存储器和运算器两个部分进行，1956 年 4 月示波管存储器试验成功，中国成功地研制了第一个电子计算机部件，运算器研究小组对控制器的逻辑设计后来用于 1960 年运行的 107 通用电子计算机上。[①]

我国于 1956 年制定的《1956—1967 年科学技术发展远景规划》，把电子计算机列为紧急发展的六个重点之一，电信工业局和中国科学院就中国第一台电子管计算机的研制展开紧密的合作，苏联提供设计图纸和主要器件。研制工作始于 1957 年下半年，由中国科学院计算技术研究所和新建投产的北京有线电厂共同承担。在研制过程中，由于计算机的元器件、外部设备和存储器等对精密加工、化学冶金和新兴材料方面提出了较高的技术要求，北京有线电厂与华北无线电器材厂展开合作。1958 年 8 月 1 日，我国第一台电子计算机（代号 103）研制成功。[②]

1956 年 5 月 20 日，在国务院审议批准的“四项紧急措施”中，计算技术排在了首位。随后，科学院集中力量，专门筹建计算技术、自动化、电子学和半导体 4 个研究所，于 1956 年 8 月 26 日成立了由华罗庚担任主任委员的中国科学院计算技术研究所筹备委员会。这是中国第一个研究计

---

① 张柏春等：《苏联技术向中国的转移（1949—1966）》，山东教育出版社 2004 年版，第 205–207 页。

② 刘益东、李根群：《中国计算机产业发展之研究》，山东教育出版社 2005 年版，第 92 页。

算机技术的国家级研究机构，聚集了一批从欧美国家回国的物理学家和国内的著名数学家，他们对计算机技术进行过不同程度的相关理论研究和实验探索，是我国现代电子计算机研制的骨干力量。①

1957 年 7 月至 1958 年 8 月、1958 年 5 月至 1959 年 1 月，得益于苏联提供的全套技术设计和工艺图纸资料（包括元器件和零部件的试制加工、计算机原理、安装调试）与苏联专家的技术指导，以及北京有线电厂、华北无线电器材厂和北京电子管厂等对计算机元器件、外部设备和存储器元件等的生产制造能力，中国科技人员在对图纸进行消化吸收的基础上开展相关实验后，成功地仿制了两台苏联计算机，即以苏联 M–3 小型电子管数字计算机为模型仿制的 103 机和以 Б З CM–II 大型电子管数字计算机为模型的 104 机，运行速度为 1 万次 / 秒。② 苏联计算机的成功仿制意味着中国计算机技术科研人员已经消化和掌握了电子管计算机的工作原理和设计方法，标志着现代技术思维方式在中国诞生了。后来北京有线电厂生产了 36 台运算速度为 1800 次 / 秒的 103 机，供当时国内军工部门、科研单位和高等院校的科学计算与计算机的人才培养使用；生产了 7 台 104 机，在研制原子弹时，104 机取代手摇机械式和电动式计算器进行大量复杂的科学计算，加快了原子弹研制的步伐。③

1959 年 6 月至 1964 年，以“全部采用器件、依靠自己的技术力量”为指导导想，以设计单位、试制厂家和使用单位的共同协作为形式，中国自行研究、设计、研制成功了 119 计算机，运行速度为 5 万次 / 秒，它可以解决一些 104 机不能解决的问题，完成了中国第一颗氢弹研制和其他重

① 刘益东、李根群：《中国计算机产业发展之研究》，山东教育出版社 2005 年版，第 95 页。
② 刘益东、李根群：《中国计算机产业发展之研究》，山东教育出版社 2005 年版，第 98–101 页。
③ 刘益东、李根群：《中国计算机产业发展之研究》，山东教育出版社 2005 年版，第 99–100 页。

大工程的计算任务。[①]1965年，我国采用国产晶体管器件成功研制了第二代晶体管计算机，即109乙机，运算速度6~9万次/秒；1966年，我国开始研制第三代100万次/秒的集成电路计算机，到1973年交付使用；1975年和1976年还成功研制了151机和1001中型机；到20世纪70年代末，我国DJS-050和DJS-060微型机系列相继研制成功。[②]

四、中国共产党组织领导“两弹一星”的研制

鉴于近百年来帝国主义对中国野蛮而疯狂侵略的惨痛历史教训，加之新中国成立后的头20年，拥有高尖端军事技术的世界强国对新中国虎视眈眈，我国时不时地面临着“两个超级大国的核垄断和核讹诈”[③]，为保障国家安全，打破核垄断和讹诈，让中华民族屹立于世界民族之林，中国在1955年决定发展原子能事业，“以核制核”，在1958年决定向空间技术进军，推进中国现代尖端技术加速前进。同时，也正是中国共产党组织领导技术共同体研制“两弹一星”的技术活动，奠定了中国现代技术思维方式发展的实践基础。

1. 原子弹的研制与武器化的实现：基于国际援助的全面独立自主

1949年春，物理学家钱三强设法购买了一些仪器设备，在约里奥·居里夫妇的帮助下购买了一些器材和图书；1950年，放射性化学家杨承宗从居里夫人那里获得了10克含微量镭盐的标准源；1950—1956年间，苏联除了向中国提供经济援助和援建原子能工业外，还帮助中国培养人才、建

---

① 刘益东、李根群：《中国计算机产业发展之研究》，山东教育出版社2005年版，第103-104页。

② 刘益东、李根群：《中国计算机产业发展之研究》，山东教育出版社2005年版，第105-108页。

③ 总装备部政治部：《两弹一星——共和国丰碑》，九洲图书出版社2000年版，第629页。

立实验室和勘察铀矿，提供原子能的教学模型和图书资料；1954 年，李四光团队发现了具有工业价值的铀矿资源；中国科学院近代物理研究所自 1950 年 5 月成立以来，就开始从事核科学研究工作，到 1956 年，研究所聚集了一批海外归国的科学家、留学生和国内以及与苏联联合培养的一大批科技人才，在实验原子核物理、探测器研制、理论物理、宇宙射线、放射化学和反应堆材料研究方面有了一定的科学积累；成立于 1955 年的原子能工业部和第二机械工业部（简称“二机部”）进行了地质勘探和矿山建设，并开始了原子弹的研制，初步掌握了制造原子航弹的基本原理，进行了一系列部件的试制和试验工作；在 1956 年“十二年规划”确定的 12 项重点任务中，原子能排在首位；到 1958 年，浓缩铀、反应堆、核燃料元件等工厂和矿山的建设陆续展开，同时，中国科学院成立了多学科综合性的原子能科研基地（研究所），建立核试验基地，“二机部”九局在 1958 年秋成立了核武器研究所，设立理论、实验、设计和生产 4 个部门，在组织机构、人才队伍、基础理论研究、生产工厂、矿山和实验基地等问题得到基本解决后，原子弹的研制正式工作。① 正当此时，中苏关系开始恶化，1959 年 6 月苏联开始停止向中国提供原子能教学模型和相关技术资料，援华的苏联专家陆续撤离中国，中国于 1960 年进入独立自主、自力更生研制原子弹的阶段，工程代号 596。

1960 年初至 1962 年底，中国掌握了大量的理论、设计、试验和加工工艺等关键技术，完成了理论设计以及爆轰物理试验、飞行弹道试验、自动控制系统台架试验三大试验，同时，还研制了各种耐高温材料、高能燃料、精密合金、半导体材料、稀有金属元素、人工晶体、超纯物质和稀有气体等新型材料；1963 年底，成功试验了全尺寸聚合爆轰中子；1964 年 1 月，兰州浓缩铀厂生产出了合格的高浓铀产品；1964 年 6 月，通过原子弹

① 刘戟锋等：《两弹一星工程与大科学》，山东教育出版社 2004 年版，第 35–46 页。

模拟爆炸试验解决了一系列神秘参数后，最后于1964年10月，中国成功地爆炸了首个原子弹装置。为了解决运载原子弹的工具问题，推进原子弹武器化，基于1960—1964年进行的前期试验工作，1965年5月核航弹空投试验成功，1966年10月导弹核武器发射试验成功，中国拥有了可用于实战的导弹核武器。

2. 氢弹的成功研制：核武器发展的又一个飞跃

氢弹是一种比原子弹更具杀伤力和破坏力的核武器。1965年2月，"二机部"制定的关于加速核武器发展的全面规划在经得中央审议和同意后，科技人员在总结前一阶段工作的基础上，开始研究氢弹原理和实现它所必须解决的关键技术问题，即要突破基本原理和热核弹头的理论设计，对核装置设计方面的大量数据进行实验分析和验证。1965年9—12月，在借助J-501计算机完成大量计算和对数值模拟结果进行理论分析后，找到了支持热核反应条件的关键所在。1965年底，经过专家的多次研究，把于敏等人提出的利用原子弹引爆氢弹的理论方案确认为突破氢弹技术的新方案；陈常宜等经过上百次爆轰模拟实验后获取了引爆装置设计所需的实验数据，攻克了引爆的技术难关。到1966年12月，完成了实验装置的设计和加工任务；同年12月28日，氢弹设计原理试验成功。1967年6月，全当量氢弹空爆试验成功，爆炸威力为3×106tTNT当量。[①] 这标志着中国掌握了氢弹技术。

3. 中国首颗人造卫星的成功发射：对空间技术的成功掌握

1964年6月29日，中国自行研制的第一枚弹道式导弹发射成功，这为人造卫星的发射提供了最根本条件。1965年9月，在中央批准了国防科委关于发展人造卫星的规划方案后，中国科学院从力学所、自动化所和地球物理研究所等单位抽调科技人员，正式组建了卫星设计院，开始第一颗

---

① 刘戟锋等：《两弹一星工程与大科学》，山东教育出版社2004年版，第55-57页。

人造卫星的设计与研制，具体分工为：中国科学院负责研制卫星本体，第七机械工业部负责研制运载火箭，酒泉卫星试验基地负责建设卫星发射场和跟踪测量系统，空间技术研究院负责解决一系列技术问题的攻关，电子、机械、冶金、化工和建材等工业部门承担协作配套任务。到1969年，发射人造卫星的各项先期准备工作大体就绪，同年底，运载火箭与人造卫星联合试车获得成功，至此，发射第一颗人造卫星的基本条件已经具备；酒泉卫星发射基地反复研究修订了轨道计算方案，进行了各种条件下的轨道预报预演，于1970年4月20日成功发射首颗人造卫星。[①] 这标志着新中国成功地掌握了空间技术。

① 刘戟锋等：《两弹一星工程与大科学》，山东教育出版社2004年版，第69–71页。

第五节 1949—1965年中国现代技术思维方式的形成和初步发展

新中国成立后的一段时间里，由于资本主义和社会主义两大阵营的对峙，作为社会主义阵营的新中国遭到西方各国的封锁，新中国在成立初期并不具备西方所具有的一流科学实验室、顶尖科技人才队伍以及充足的资金，但新民主主义社会的建设和社会主义制度的确立，为现代技术思维方式在中国的形成和发展创造了明清至民国时期所未有过的有利条件和环境，尤其是在中国共产党领导下，现代机械、电力、电信和电子计算机等一系列重点工程项目在新中国的“一五”期间有组织、有计划地实施，并陆续完成，现代技术思维方式的基本要素在新中国获得了较充分的成长发展。这里，结合现代技术思维方式第一个和第二个形态的特点，以现代电子计算机和原子弹在中国的成功研制为例，阐述现代技术思维方式首个形态在中国的形成及其向第二个形态的发展。

一、1949—1958年：现代技术思维方式首个形态在中国形成

如前所述，经过18世纪60年代至19世纪中叶的成长发展，人类技术思维方式在19世纪下半叶开始进入科学时代，20世纪40年代中期开始进入大科学时代，现代电子计算机作为人类思维工具的革新，它既是科学

时代人类技术思维方式的凝结，又是大科学时代人类技术思维方式发展演进的助推器。现代技术思维方式首个形态的特征突出地表现为：在方法上，实践思维与理论思维以“现代工程”为桥梁实现了融合，并日益呈现出一体化的趋势。在主体及其组织活动形式上，“现代工程”又以工业研究实验室的形式将受过专业训练的科学家、技术专家或工程师作为技术共同体聚集到大公司的企业里。在动力上，一开始主要是政府通过对科学技术教育系统的建立、人才的培养以及基础和应用研究的政策支持和资金投入，对技术研制活动产生着影响，推动现代技术思维方式首个形态的形成；一战后到二战前，政府还通过专利制度的实施以及对军事技术的资金资助，日益扩大在技术活动中的影响；二战期间，政府通过对技术发展政策和计划的制定以及公共资金的技术投资或补贴，从技术活动的“幕后”逐渐走到“台前”。概而言之，为实现某一技术目标，政界与学界、工商界在明确分工的基础上展开日益紧密的合作。

从本章对作为中国现代技术思维方式形成之实践基础——现代电子计算机的研制来看，现代电子计算机在中国的成功研制大概经历了五个阶段：一是 1949 年 11 月至 1952 年，中国科学院、高等学校（新专业和实验室）、工业生产部门和地方科研机构陆续建立起来，新中国科学技术研究的组织体系初步形成；二是 1952—1956 年以华罗庚和钱三强为代表的中国科学家和工程师在实验室或研究所对电子计算机进行前期的基础理论和应用研究；三是 1956 年中国科技发展“十二年规划”和“四项紧急措施”的制定、骨干力量的集结、研制工作的部署和生产机构的设置；四是 1958 年 8 月，对苏联 M-3 计算机的成功仿制，也即中国第一台电子计算机的诞生；五是 1964 年 6 月，中国自行研究、设计和研制成功的 119 计算机，该机完成了在中国第一颗氢弹研制过程中的计算任务和国民经济领域中多项重大工程的计算任务。

综合考察新中国成立后，政府职能部门制定科技发展规划和实施方案、骨干力量和科技人才的组建和培养、电子工业的生产能力和技术水平，从1958年第一台电子计算机在中国的诞生到1964年中国能够自行设计和成功研制计算机并投入使用，现代技术思维方式在中国的诞生真正成为现实。

具体而言，第一，中国共产党强大的号召、动员和凝聚能力，中央人民政府强大的组织、协调和实施能力，党和政府各职能部门与科学技术研究组织体系之间的分工与合作，为现代技术思维方式在新中国的诞生做足了充分的准备；他们推进的各项科学技术工作，尤其是决策性的科技发展规划和四个新学科领域的发展方案，为新中国在短时期内改变科学技术及其思维方式的落后状况、追赶和接近国际水平指明了方向。例如，1952年9月，中国科学院听取重工业部、教育部和军委气象部的工作情况后，制定了科学技术工作计划；1953年2月24日，钱三强率领“19个学科的26位科学家”[①]前往苏联进行了为期三个月的访问；根据国家计委在1954年8月发出的关于《编制十五年远景计划的参考材料》以及周恩来和陈毅的相关建议，中国科学院协同国家计委和教育部在1955年9月开始制定中国科学15年发展远景规划，为国家制定12年（1956—1967）科学技术发展远景规划做了很好的准备；1956年2月，中共中央、国务院根据毛泽东的建议专门成立了“国家科学规划委员会”[②]，负责12年科学技术发展远景规划的制定，并在同年8月完成了草案的制定；同年12月，国务院科学规划委员会根据“重点发展、迎头赶上”[③]的方针，从57项重大科学任务中确立了12个重点，其中包括电子计算机技术的发展；同时，在12年科学技术发展远景规划制定的过程中，根据当时世界科学技术发展的最新趋势以及国民经济发展和国防建设的需要，国务院科学规划委员会提出了“四

① 胡维佳：《中国科技规划、计划与政策研究》，山东教育出版社2007年版，第34页。

② 胡维佳：《中国科技规划、计划与政策研究》，山东教育出版社2007年版，第39页。

③ 胡维佳：《中国科技规划、计划与政策研究》，山东教育出版社2007年版，第43页。

项紧急措施”实施方案，电子计算机技术是其中的一项，得到周恩来的立即批准，为此，中国科学院在 1956 年 7 月成立了与之相关的 3 个研究所和 1 个研究小组。

第二，在新中国成立初期，科学技术研究组织体系中会集了一大批在科学技术方面受过专业训练且有一定科研工作经验的骨干力量和科技人才队伍，为现代技术思维方式在中国的诞生奠定了人才基础。团队成员不仅有国内知名的科学家和新中国成立后我国高等院校培养的科技人才，也有从美国、英国和德国回国、掌握了西方先进科学技术的科学家，还有一大批来自苏联的科学家、技术专家和工程师们，更宝贵的是，以上科学家们“已经从各自的研究领域对计算机技术的发展进行了不同程度的研究和实验探索”[①]，还带来了文献资料。

第三，新中国成立初期，我国逐步成长发展起来的计算机工业（技术）体系，为现代技术思维方式在中国的诞生准备了人才、技术和设备等条件。新中国成立之时，全国的电器行业以及电力、电机、电信和电材等企业由中央人民政府重工业部统管；抗美援朝期间，中国电信行业依靠几家电信工厂建立了自造通信设备的生产体系，负责生产志愿军当时的战术和军用通信装备；到 1953 年，这些工厂不仅能批量生产电信设备整机，还开始了配套电子元器件和测量仪器的研制和制造。[②]“一五”期间，电信工业局隶属于国防工业部的“二机部”，纳入国家经济建设计划，在苏联帮助设计、引进技术的 156 项重点建设工程里，有 10 余家工厂属于电子工业方面的，这些重点工程一般在两年左右建成投产；到 1957 年，这些电子企业或工厂已经能够生产电子管、电子元件，而且开始了半导体的研制工作。其中，北京有线电厂和华北无线电器材厂相互合作，确立符合计算

---

① 转引自胡维佳：《中国科技规划、计划与政策研究》，山东教育出版社 2007 年版，第 95 页。

② 刘益东、李根群：《中国计算机产业发展之研究》，山东教育出版社 2005 年版，第 91 页。

机技术要求的生产工艺、技术标准、测试方法、绕制工艺，这两家企业先后与中国科学院计算机研究所共同承担对苏联 M–3 小型电子管计算机的仿制；北京电子管厂与中国科学院应用物理所半导体研究室合作，研制生产满足电子计算机需要的新型电子管。[①]

由此，可以说，1958 年 8 月 1 日对苏联 M–3 计算机的成功仿制过程，是我国培养计算机人才、掌握计算机工业技术、逐步建立新兴计算机工业的过程，也是政府、工业界、科研人才既分工又合作的产物，更是现代技术思维方式首个形态——现代工程思维方式在中国形成的过程。到 1964 年 6 月，中国第一台国产化大型通用电子管数字计算机的成功研制和投入使用，标志着首先形成和发展于西方的现代工程思维方式在中国得到巩固。

二、1959—1965 年：首个形态在中国发展为第二个形态

如前所述，成功研制人类首颗原子弹的美国曼哈顿计划，标志着现代技术思维方式的形态由“现代工程”发展为“现代综合系统工程”。中国共产党在组织和领导中国技术共同体成功研制原子弹的过程中，推进现代技术思维方式的首个形态在中国发展为第二个形态。

从前面对曼哈顿计划的考察来看，这一计划的成功归功于八个因素的相互作用：一是不同国家的科学家对原子结构、原子裂变、慢中子反应、人造钚试制和 235U 的分离、原子弹的引爆和投放等方面进行理论研究、应用研究以及技术实现问题的研究和探索；二是规模化工业生产的分离工厂对铀的足量浓缩；三是核反应堆的成功设计、建造和运作；四是高精度

① 刘益东、李根群：《中国计算机产业发展之研究》，山东教育出版社 2005 年版，第 91–93 页。

聚爆系统性能的技术实现；五是“三位一体”全部系统性能的测定与核试验；六是英、法、美等国科学家的紧密合作；七是美国政府、军方、科研机构和工商界的通力合作；八是主管部门（美国科学研究与发展办公室、国家防卫研究委员会和军事政策委员会）的科研管理和协调能力。

从以上八个相互作用的因素来看，现代综合系统工程思维方式有六个明显的特征：一是综合而系统的理论研究、应用研究以及技术实现的研究和探索；二是周密而科学的大型研究计划；三是庞大的科研和工程建造队伍；四是规模化的试验和工业生产；五是对子系统实际性能的测定和全部系统性能的试验；六是政界、学界和工商界的通力合作。

中国首颗原子弹的成功爆炸到武器化的过程可以划分为如下七个阶段：第一，1949—1956 年，决策的形成和规划的制定。1949 年，周恩来提出中国要发展原子核、实验生物学等新兴科学；1955 年，向李四光和钱三强等人了解情况后，毛泽东指出“中国要进入钻研原子能的新时期，正式做出发展原子能的战略决策”[①]。为了响应毛泽东关于制造原子弹的号召，12 年（1956—1967 年）科学技术发展远景规划把原子能的和平利用排在了首位，“四项紧急措施”也包括了“原子能和导弹两项国防任务”[②]。

第二，1949—1956 年，中坚力量的形成、研究人才队伍和组织机构的组建、科研工作与成果的积累，以及仪器设备和文献资料的前期准备。例如，新中国成立前后，一大批原子核科学家从欧美国家相继回国，包括钱学森、王淦昌、彭桓武、邓稼先、朱光亚、程开甲等，他们与国内科学家一起会聚于新成立的中国科学院，组建了“中国原子核科学的研究中心”[③]。1950 年 5 月，钱三强、王淦昌、彭桓武牵头专门成立了近代物理研究所，开展“理论物理、原子核物理、宇宙射线、放射化学、探测器研制、反应

---

① 刘戟锋等：《两弹一星工程与大科学》，山东教育出版社 2004 年版，第 44 页。

② 胡维佳：《中国科技规划、计划与政策研究》，山东教育出版社 2007 年版，第 44 页。

③ 刘戟锋等：《两弹一星工程与大科学》，山东教育出版社 2004 年版，第 43–44 页。

堆材料”[①]等方面的研究和探索，到 1956 年，该所在上述几个方面均取得了一定的科研成果。中国放射化学家在约里奥·居里夫妇的帮助下，购买了一些器材和图书，著名物理学家赵忠尧利用自行购买的 30 箱科研器材组装了第一台“质子静电加速器”[②]，为近代物理研究所提供了科研工作条件。1955 年夏，北京大学成立负责原子能理论研究的物理研究室 / 技术物理系，设立原子能专业，培养原子能人才；同年 10—11 月，钱三强等 39 名科学家组团分两批到苏联学习“核反应堆、加速器的原理和操纵以及仪器的制造和使用”[③]。

第三，1951—1958 年，中国核武器研制基地的选址、勘测、设计、机构筹备、施工准备和组织协作。例如，1951 年“原子城”的建立、1953 年核工厂设施和原子弹工厂的建造、1954 年地质部的成立及其对铀矿和放射性物质（钴）的勘探、1955 年 11 月设立了主管核工业建设和核武器研制的“第二机械工业部”[④]，进行了地质勘探和矿山建设以及一系列部件的试制和试验。经中央批准，1958 年“二机部”成立了九局，负责筹建代号为 221 的原子弹设计院，“生产和装备原子弹的工厂、试验原子武器的靶场、储存原子弹的仓库”[⑤]等工程项目；同年春，邓稼先带领一批大学毕业生开始对原子弹进行理论探索和研究；同年秋，九局组成核武器研究所，开始研制原子弹。同时，还成立了多学科综合性的原子能研究所；在苏联专家的帮助下，1958 年 5 月，中国选定了原子弹研制基地的厂址，由“2000 名转业干部和战士、7000 多名民工和 2000 多名建筑工人”[⑥]组成的施工队

① 刘戟锋等：《两弹一星工程与大科学》，山东教育出版社 2004 年版，第 44 页。
② 刘戟锋等：《两弹一星工程与大科学》，山东教育出版社 2004 年版，第 39 页。
③ 刘戟锋等：《两弹一星工程与大科学》，山东教育出版社 2004 年版，第 45 页。
④ 刘戟锋等：《两弹一星工程与大科学》，山东教育出版社 2004 年版，第 44 页。
⑤ 刘戟锋等：《两弹一星工程与大科学》，山东教育出版社 2004 年版，第 46 页。
⑥ 刘戟锋等：《两弹一星工程与大科学》，山东教育出版社 2004 年版，第 46 页。

伍投入到核武器研制基地的建设中；“浓缩铀、反应堆、核燃料元件”[①]等工厂和矿山的建设也陆续展开。

第四，1960年，自行研究和探索理论计算方法和实验技术。例如，在原子弹的设计方面，进行了“核裂变反应有关数据的测定、某些部件加工过程的物理检验、各种放射性检测方法及标准的建立”[②]。在爆轰试验场地方面，通过小药量的“爆轰物理试验研究”来摸索“爆轰物理规律和试验技术”[③]。在原子弹技术的若干重要环节上，一是把“内爆法”作为主攻方向，并对“枪法”进行理论计算；二是对“聚合爆轰、金属动力压缩性能和快中子链式反应”[④]进行专题探索和研究，弄清了原子弹设计要解决的物理、力学和数学等问题；三是研究了“高能炸药注装工艺、雷管结构和性能、起爆元件、测试技术”[⑤]以及设备的研制。当然，还包括新技术原料、新型材料、新技术元器件、仪器仪表和各种配套的大中型设备的研制，以及“二氧化铀、四氟化铀、六氟化铀的简法生产装置”[⑥]的建成和试产。

第五，1961—1962年，独立自主地进行技术设计和试制，攻克内爆型原子弹的重大技术难关以及235U生产线各个环节的技术难关。包括“内爆法”的分析、计算和确定，起爆元件的设计，“波形会聚流体力学”[⑦]过程的实验研究，“爆轰波传播规律和高压状态方程”[⑧]的实验研究，“高速摄影技术”“硝酸钡发光隙技术”的研究，“爆轰试验中信号”[⑨]等问题的解决。

① 刘戟锋等：《两弹一星工程与大科学》，山东教育出版社2004年版，第46页。
② 刘戟锋等：《两弹一星工程与大科学》，山东教育出版社2004年版，第48页。
③ 刘戟锋等：《两弹一星工程与大科学》，山东教育出版社2004年版，第48页。
④ 刘戟锋等：《两弹一星工程与大科学》，山东教育出版社2004年版，第49页。
⑤ 刘戟锋等：《两弹一星工程与大科学》，山东教育出版社2004年版，第49页。
⑥ 刘戟锋等：《两弹一星工程与大科学》，山东教育出版社2004年版，第50页。
⑦ 刘戟锋等：《两弹一星工程与大科学》，山东教育出版社2004年版，第51页。
⑧ 刘戟锋等：《两弹一星工程与大科学》，山东教育出版社2004年版，第51页。
⑨ 刘戟锋等：《两弹一星工程与大科学》，山东教育出版社2004年版，第51页。

第六，1963—1964 年，原子弹攻关的最后决战与爆炸成功。包括 1963 年底，“全尺寸聚合爆轰中子”[①] 的成功试验；1964 年 1 月，作为原子弹装料的合格的高浓铀产品的成功生产；同年 4 月，原子弹装置的成功研制以及对原子弹爆炸试验之“塔爆方式”[②] 的选择；同年 6 月，一系列“神秘参数”[③] 的解决，同年 10 月爆炸成功。这是新中国成功进行的第一次核试验。

第七，1960—1965 年，解决原子弹的运载工具，推进其武器化。包括对“核航弹壳体的气动外形模型”的设计、多次试验，空投试验，“引爆控制系统的飞行试验”[④]。

以上中国技术共同体研制原子弹的过程，正是现代综合系统工程思维方式在中国形成的过程。随着氢弹的成功研制和人造卫星的成功发射，这一思维方式在中国得到了巩固。

① 刘戟锋等：《两弹一星工程与大科学》，山东教育出版社 2004 年版，第 53 页。
② 刘戟锋等：《两弹一星工程与大科学》，山东教育出版社 2004 年版，第 53 页。
③ 刘戟锋等：《两弹一星工程与大科学》，山东教育出版社 2004 年版，第 53 页。
④ 刘戟锋等：《两弹一星工程与大科学》，山东教育出版社 2004 年版，第 54 页。

第六节 1957—1976年中国现代技术思维方式演进遭遇的曲折及其根源

如前所述，熊彼特在1912年从经济学角度提出的“创新”在20世纪50年代以后有了根本性和实质性的发展，即工商界在政府的支持下，将二战期间基于军用目的研制的新能源和新技术如原子能和电子计算机逐渐推向市场，推进军用向商用和民用的转化，到20世纪60年代，罗斯托提出了“技术创新”的概念，它被理解为“新技术的商品化和市场化”，也就是把新技术推向市场或新技术成果的市场推广，从而将它们潜在的经济价值和社会效益转化为现实。如此，可以说，1949年以后，现代技术思维方式形态已经从“现代工程”发展演变为“现代综合系统工程”了，而且在1950—1960年，西方还孕育并兴起了第三个形态—技术创新思维方式，并在1970年以后发展成熟。这一形态不仅强调新技术的研发要运用现代综合系统工程思维，还强调新技术的市场推广，将其潜在的经济和社会效益转化为现实。一个不能回避的事实就是，中国现代技术思维方式在1949—1965年主要是现代工程思维方式的形成以及向现代综合系统工程思维方式的发展，技术创新思维方式的各要素在这一阶段的中国有一定程度的萌芽，但由于缺乏相应的社会条件和环境而没能兴起，尤其是1966—1976年的“文革”，使中国现代技术思维方式的发展进入了长达十年的停滞阶段。

一、首个形态在中国形成和发展过程中遭遇的曲折及其根源

1957—1960 年，受当时美苏争霸、社会主义和资本主义两大阵营对峙、西方国家对中国进行技术封锁等国际形势的影响，中国共产党在科技发展方面采取向苏联“一边倒”的策略，这一策略在 1949—1959 年初，极大地推动了中国现代技术思维方式的形成，但随着 1958 年下半年中苏关系的紧张和持续恶化，苏联对华技术援助由缩减到全面中断，使我国社会主义科技事业的发展陷入了被动，给中国现代技术思维方式的发展造成了困难。

具体而言，《中国共产党中央委员会关于建国以来党的若干历史问题的决议》指出的，由于中国共产党在过去长期的革命战争中经常进行激烈的阶级斗争，加之对于社会主义建设缺乏足够的思想准备和科学研究，因而在处理新矛盾、新问题时，习惯沿用过去阶级斗争使用过而当时不适用的方法和经验，从而在 1957 年开展整风运动时导致了阶级斗争的严重扩大化。[①] 数据显示，被划为右派分子的有一半左右是知识分子[②]，而且，在这一过程中，一些党政干部对科技人才的重要性认识不够，导致作为知识分子组成部分的科技活动主体受到不同程度的冲击[③]，影响了他们开展科技活动的热情和积极性。

第二，1958 年，脱离科学轨道的科技“大跃进”影响科技活动的正常开展，中国现代技术思维方式的形成和发展缺少恰当的实践基础。受社会主义改造顺利完成以及苏联成功发射人造卫星的鼓舞，1958 年 5 月召开的八

---

①《中国共产党中央委员会关于建国以来党的若干历史问题的决议》，人民出版社 2009 年版，第 33-34 页。

② 胡维佳：《中国科技规划、计划与政策研究》，山东教育出版社 2007 年版，第 48 页。

③ 王朝祥：《六十年代初期调整科技政策、发展科技事业的决策与措施》，《党的文献》1996 年第 1 期，第 37-42 页。

大二次会议提出了“鼓足干劲、力争上游、多快好省地建设社会主义”的总路线，作出了进行技术革命的决策，还提出了争取7年内赶上英国，15年内赶上美国的要求。由于总路线和赶超决策忽视客观规律，片面强调主观能动性，主观意志空前膨胀，中国社会主义建设因此引向了以严重浮夸、高指标为特征的“大跃进”。受这一风气的影响，工业生产和科技活动领域无视现代技术和现代工业的科学性和复杂性，提出了脱离科学轨道和不符合技术标准的口号和目标，有些人违背科学原理构思设计自己的产品。[①]

同时，为了完成钢产量翻番的生产指标，1958年8月召开的中共中央政治局扩大会议决定发起全民大炼钢铁运动，党政机关、企事业单位、学校和医院等都参与到炼铁中来，就更不用说科研单位了。根据中央调查组在1960年冬对科研单位的调查结果，“许多科研工作者实际用于科研的时间不足一半，大量的时间被用来搞政治学习或与科研无关的各种体力劳动”[②]。一些党员科研人员从事科研活动的时间更少，有的科学家身兼多职，分身乏术，影响科研活动的工作质量和成果。

第三，1958年下半年，苏联开始缩减对中国的技术援助，尤其对原子弹等国防尖端技术的教学模型和技术资料有所保留，有的苏联专家回国“休假”后一去不回；1960年，随着中苏关系的恶化，苏联撤走援华的专家时也带走了设计图纸和技术资料，苏联政府停止供应中国必需的机器设备、材料和建设物质[③]，中国现代技术思维方式发展的动力之源、物质基础和实践基础受到了不良影响，增加了中国研制尖端技术的难度，从而也延长了中国现代技术思维方式形态的转换时间。

① 张柏春等：《苏联技术向中国的转移（1949—1966）》，山东教育出版社2004年版，第62–63页。

② 《聂荣臻回忆录》，解放军出版社1986年版，第828页。

③ 张柏春等：《苏联技术向中国的转移（1949—1966）》，山东教育出版社2004年版，第354、362页。

二、第三个形态在中国的兴起受阻及其根源

由于社会主义建设初期高度集中的计划经济体制和错误指导思想和决策，现代技术思维方式第三个形态的基本要素缺乏相应的思想和实践基础以及适宜的成长发展环境，最终未能在20世纪60—70年代的中国兴起。

1. 现代技术思维方式第三个形态在中国的兴起受阻

技术创新思维方式在活动主体方面，强调政府是宏观调控主体，企业既是市场主体又是创新主体，科学家、工程师或技术专家是研发主体，不同需求的社会群体和组织是技术实现的主体或载体，这就要求政府基于对计划、市场、技术研发和成果转化及其相互关系的科学认识，处理好自身与市场主体和研发主体的关系。然而，在关系问题上，毛泽东提出“发展商品生产、利用价值规律”的思想，认为“要有计划地大大地发展社会主义的商品生产”，陈云提出“三个主体、三个补充”的设想，以及要建立“适合于我国国情和人民需要的社会主义的市场”①的思想。但是，受国内外局势和第一代中共中央领导集体对社会主义某些方面还存在认识不清的问题，这些思想和设想终究没有在现实工作中落实和执行。

在对待和处理研发主体也即知识分子、科学技术工作者或脑力劳动者的问题上，毛泽东提出“知识分子在革命和建设中都有重要作用”，认为要“建设一支宏大的工人阶级知识分子队伍”，周恩来提出“知识分子是工人阶级的一部分”的观点，认为要“善于团结广大知识分子，使他们得以发挥自己的聪明才智，为社会主义服务”②，但在后来的工作实践中都偏离了这些思想。

同时，技术创新思维方式在技术应用或价值上，强调要面向广大用户

---

①《毛泽东思想和中国特色社会主义理论体系概论》，高等教育出版社2018年版，第75页。

②《毛泽东思想和中国特色社会主义理论体系概论》，高等教育出版社2018年版，第75页。

（包括军、商、民），强调经济和社会效益的现实转化以及转化的商品化和市场化手段，这就要求技术活动主体协调好技术的军用与商用和民用的关系。在这一关系问题上，毛泽东提出要“以农业为基础，以工业为主导，以农轻重为序发展国民经济”的总方针以及一整套“两条走路”①的工业化发展思路，但在实践中，农、轻、重的顺序颠倒了，发展严重失调，而且国防军用技术极少能转化为商用和民用。在“大跃进”期间，在科学为农业生产“大跃进”服务的感召下，生物学、地理学、地质学、数学等科学领域的科学家或工作者纷纷服务“三农”，革命般的工作热情和干劲是值得肯定的，但由于过度夸大主观能动性，在很大程度上忽视或违背了客观规律，存在不少问题，产生的经济和社会效益很有限。

2. 发展受阻的原因

受赫鲁晓夫修正主义的影响，1966—1976 年，毛泽东“在关于社会主义阶级斗争的理论和实践上的错误发展得越来越严重”②。1966 年 5 月和 8 月分别召开的中央政治局扩大会议和八届十一中全会相继通过了作为“文革”纲领性文件的《五一六通知》和《关于无产阶级文化大革命的决定》，“文革”由此全面发动，使党的工作重心从经济建设转移到了阶级斗争上来，“党的九大又使‘文革’的错误理论和实践合法化”③。长达十年的“文革”给我国经济和科技事业都造成了较大的危机。由于作为科技活动主体的知识分子遭受不同程度的打击和折磨，大多数科技活动处于停滞状态，中国现代技术思维方式的发展演进因缺乏专业的科技人才队伍和相应的科技活动而停滞不前。

---

①《毛泽东思想和中国特色社会主义理论体系概论》，高等教育出版社 2018 年版，第 74 页。

②《中国共产党中央委员会关于建国以来党的若干历史问题的决议》，人民出版社 2009 年版，第 23 页。

③《中国共产党中央委员会关于建国以来党的若干历史问题的决议》，人民出版社 2009 年版，第 27–28 页。

本章小结

现代技术思维方式的首个形态在 19 世纪下半叶的西方国家形成，并在 20 世纪 40 年代中期在西方国家发展为第二形态之时，由于现代技术思维方式的各要素在半殖民地半封建社会的中国缺少适宜的成长发展环境而使这两个形态难以在中国形成，而且，现代技术思维方式的第三个形态在 20 世纪 50—60 年代孕育后在 70 年代持续发展演进。如此,1949—1976 年，中国现代技术思维方式演进面临三重任务。

在这一历史阶段，一方面，基于以毛泽东同志为代表的第一代中共中央领导集体建构并发展了技术思想、领导制定了两个科技发展规划，并在组织和领导技术共同体研制现代电子计算机和“两弹一星”的技术实践活动中推进现代技术思维方式的首个形态在中国形成后，又推进它向第二个形态发展。另一方面，“大跃进”运动和苏联中断对华的科技和人才援助，不同程度地影响了中国现代技术思维方式形成和发展的实践和人才基础，使得中国现代技术思维方式在 1957—1960 年的形成和初步发展过程中遭遇了曲折。同时，“文革”动摇了中国现代技术思维方式发展的实践和人才基础，现代技术思维方式的第三个形态在中国的兴起和发展受到严重阻碍，中国现代技术思维方式在 1966—1976 年几乎处于停滞状态。

第四章

中国共产党领导下中国现代技术思维方式发展的历史转折（1977—1988）

一段历史之所以能长久地影响未来，就在于这个历史时期“为未来确定了长久的规范、必要的准则和实践目标以及方式”，当然，“所有这些规范、准则、目标”都“必须是符合当时的历史趋势”，又“能助力于未来”。[①]这一历史阶段通常被视为历史转折时期。对于中国现代技术思维方式的发展而言，1977—1988年，就是这样一个历史转折时期。在这一历史时期，以邓小平同志为核心的第二代中共中央领导集体不仅扫除了阻碍中国现代技术思维方式由低级向高级形态发展的桎梏，而且改善了它向高一级形态发展演进的环境，把中国现代技术思维方式的发展引到现代技术思维方式发展演进的新趋势上来，为中国现代技术思维方式新形态发展的实践和人才基础确立了规范和准则、目标和方向。

---

① 李靖云：《1976—1984年长时段的历史转折时刻》，《南方都市报》2014年8月24日。

第一节 中国共产党对中国现代技术思维方式发展历史转折的思想领导

重新确立思想路线后，邓小平又形成了对社会主义本质的科学认识，以马克思主义科学技术思想为指导，结合世界科技发展最新趋势和中国科技发展的实际，建构了中国特色社会主义的科技思想，使中国共产党实现了对中国现代技术思维方式发展历史转折的思想领导。

一、历史转折中中国共产党思想领导的前提

邓小平指出，马克思和恩格斯创立了辩证唯物主义和历史唯物主义的思想路线，毛泽东同志用中国语言将它们概括为“实事求是”，并把它确立为党的思想路线。[①] 在十一届三中全会前后，为应对社会主义四个现代化建设进程中的新情况和新问题，邓小平把实事求是发展为解放思想、实事求是和勇于创新。

1977 年 5 月，邓小平就“两个凡是”问题表明了鲜明的反对立场。在他看来，这个问题是一个重要的理论问题，涉及是否以及如何坚持历史唯物主义的问题，他认为，一个彻底的唯物主义者，应该学习毛泽东同志对待问题的态度，即认识到一个人不可能事事绝对准确、不犯错误，因此要坚决反对“两个凡是”，我们要学习、运用和坚持的应该是“准确的完整

① 《邓小平文选》（第 2 卷），人民出版社 1994 年版，第 278 页。

的毛泽东思想”，并用它来指导中国社会主义的革命和建设事业。[①] 在邓小平看来，毛泽东思想是一个思想体系，是发展了的马克思主义，要获得关于它的准确理解，必须立足整个体系，而不是个别词句。邓小平尤其突出毛泽东同志倡导的群众路线和实事求是这两大作风，他认为，这是毛泽东思想体系中建党学说的最根本的两条，对于1977年的中国形势和中共的党风而言，其中的实事求是又是最重要的。[②]

1978年9月，邓小平明确指出，毛泽东思想的基本点是实事求是，也是其思想的精髓，即把马列主义的普遍真理与中国革命的具体实践相结合。在邓小平看来，高举毛泽东思想的旗帜，一是要在每一时期，处理各种方针政策问题时，都要坚持从实际出发；二是要立足当下现有的实际，充分利用各种有利条件，实现毛泽东和周恩来同志提出的四个现代化的目标。邓小平指出，对于这一目标的实现，毛泽东同志提出过要扩大中外经济技术交流，包括与有些资本主义国家发展经贸关系、引进外资等，只是苦于当时不具备对外交流的条件，但毛泽东同志的战略思想为当下中国与世界各国各种关系的发展开辟了道路，过去不具备的条件现在具备了，因而要充分利用过去所没有的好条件，推进四化建设，发展生产力。同时，邓小平指出，新事物和新问题层出不穷，闭关锁国、思想僵化，会导致落后；对于毛泽东思想，应该像对待马克思主义一样，既要完整而准确地理解和把握它的科学原理，也要在新的历史条件下推进它的发展，这也就是所谓的“理论要通过实践来检验”。[③] 概而言之，就是要坚持实事求是的原则，避免陷入唯心主义和形而上学的泥潭。

1978年12月，邓小平首先强调了“工作重心转移到实现四个现代化上”的根本指导方针，其次是对真理标准问题的争论发表了看法。在他看

① 《邓小平文选》（第2卷），人民出版社1994年版，第38–49页。

② 《邓小平文选》（第2卷），人民出版社1994年版，第42–46页。

③ 《邓小平文选》（第2卷），人民出版社1994年版，第126–128页。

来，这一争论实际就是要不要解放思想的问题，他认为，这既是一个思想路线的问题，也是一个重大的政治问题，关系到党和国家的前途和命运。他认为，思想僵化和不从实际出发的本本主义会滋生各种阻碍四化建设的怪现象，只有解放思想，坚持实事求是，一切从实际出发，才能准确地在马列主义和毛泽东思想的指导下解决历史遗留的和新出现的一系列问题，四化建设才有希望。同时，邓小平把四化的实现当成是“一场深刻的伟大的革命”，尤其是对生产关系和上层建筑的改革，不可避免会出现新情况和新问题，对于如何应对，邓小平认为，一是要勇于思考、勇于探索，勇于创新，敢闯敢干；二是要善于学习，甚至是重新学习，不仅要学习马列主义和毛泽东思想，把马克思主义的普遍原则与中国实现四个现代化的具体实践结合起来，还要学习经济学、科学技术和管理。[①]1980 年，邓小平把“解放思想”界定为“在马克思主义指导下打破习惯势力和主观偏见的束缚，研究新情况，解决新问题”，同时强调解放思想必须坚持四项基本原则，不能偏离轨道。[②]

二、历史转折中中国共产党思想领导的根本

20 世纪 70 年代下半期和整个 80 年代，邓小平都在思考和探讨过去没有完全搞清楚的一个问题，即“什么是社会主义”。1987 年中共十三大报告首次在理论上对其进行阐述后，1992 年南方谈话，邓小平从生产力和生产关系两个角度对社会主义的本质进行了高度概括。

1977 年 9 月，邓小平指出社会主义制度优越性的两个根本表现：一是社会生产力的高速发展，二是人民的物质文化生活得到不断改善。[③]1979

① 《邓小平文选》（第 2 卷），人民出版社 1994 年版，第 140–153 页。

② 《邓小平文选》（第 2 卷），人民出版社 1994 年版，第 279 页。

③ 《邓小平文选》（第 2 卷），人民出版社 1994 年版，第 128 页。

年，邓小平赞同吉布尼把中国“高速度实现现代化”看成是“一场新的革命”，邓小平认为，这场革命的目的是解放和发展生产力，同时，邓小平强调中国的社会主义既与苏联道路不完全一样，也不会走资本主义道路，中国应该是发达的、生产力发展的、国家富强的社会主义，而不是贫穷落后的。[①]

1980 年，邓小平指出，较之于资本主义制度，社会主义制度的优越性首先是表现在经济发展的速度和效果，归根结底要大幅度发展生产力和改善人民的物质和精神生活。[②] 同时，在邓小平看来，革命不仅是生产关系层面的阶级斗争，还有生产力层面的革命，邓小平从历史发展的角度强调后一种革命是最根本的革命。而且，在他看来，从 1949—1979 年的 30 年间，中国建立起了社会主义的初步基础，但最根本的问题就是耽误了时间，生产力发展太慢，马克思主义历来主张生产发展的速度高于资本主义是社会主义优于资本主义的体现，发展缓慢、贫穷落后与社会主义完全不相称，经济长期处于停滞状态、人民生活长期停留在低水平都不能叫社会主义。鉴于人民收入的提高要以生产力的发展为基础，他强调，一定要发展生产力，而且要讲究经济效果；他认为，社会主义是一个很好的名词，但要体现它的本质就要正确理解它，并能按照经济规律因地制宜地制定正确的经济政策，回顾新中国成立 30 年的经验，他把“生产力是否发展”和“人民收入是否增加”[③] 作为衡量社会主义经济政策正确与否的两个标准。

1985—1986 年间，邓小平在总结社会主义建设的经验时指出，在过去一个长时期里，中国忽视了发展社会主义生产力，其原因在于，我们没有完全搞清楚“什么是社会主义”。邓小平认为，社会主义有很多任务，但

---

① 《邓小平文选》（第 2 卷），人民出版社 1994 年版，第 231、235 页。
② 《邓小平文选》（第 2 卷），人民出版社 1994 年版，第 251 页。
③ 《邓小平文选》（第 2 卷），人民出版社 1994 年版，第 311-314 页。

最根本的一条就是“发展生产力”[①]，根本的目标是“实现共同富裕”[②]。1987年，邓小平指出，新中国成立以来最根本的一条经验教训就是要弄清楚“什么是社会主义”以及怎么建设它的问题，他认为坚持社会主义，首先是“摆脱贫穷落后状态，大力发展生产力”[③]，体现社会主义优于资本主义的特点；而要做到这一点，就是要通过对内改革和对外开放来建设四个现代化，建设有中国特色的社会主义。

在1992年的南方谈话中，邓小平指出，推翻三座大山的革命和对社会主义经济体制的改革都是解放生产力，过去只是认识到要在社会主义条件下发展生产力，但没认识到要通过改革来解放生产力，应该把两者结合起来，坚持“一个中心，两个基本点”；针对姓“资”姓“社”的问题，邓小平提出了三个“有利于”标准，他认为特区经济占主体的是公有制的国有大中型企业，政权在我们手里，特区姓“社”不姓“资”，“三资”企业有利于社会主义，可以多搞点；他强调市场与计划不是社会主义与资本主义的区别，社会主义的本质应该是“解放生产力，发展生产力，消灭剥削，消除两极分化，最终达到共同富裕”。[④]

三、历史转折中中国共产党的思想领导

邓小平立足于解放和发展社会生产力这一社会主义的根本任务，对科学技术的社会功能、地位与作用、发展方向、人才培养、发展的起点与对外开放、发展的基本任务和战略目标、体制改革等方面进行了全面而科学的论述，建构中国特色社会主义的科技思想。

---

①《邓小平文选》（第3卷），人民出版社1993年版，第137页。

②《邓小平文选》（第3卷），人民出版社1933年版，第155页。

③《邓小平文选》（第3卷），人民出版社1993年版，第223–224页。

④《邓小平文选》（第3卷），人民出版社1993年版，第370–373页。

第一，在1978年3月召开的全国科学大会上，邓小平论述了科学技术的社会功能、历史地位和作用、发展方向、人才培养和队伍建设。

在建设现代农业、工业、国防和科学技术，即建设四个现代化（也称四化建设）中，邓小平认为四化建设的关键是“科学技术的现代化”，他把它摆在第一位；他援引马克思的相关论述，强调“科学技术是生产力”是马克思主义的一贯主张，鉴于科学与工业生产技术之间关系的密切程度，尤其是20世纪40年代以来的几十年间，现代科学技术的发展不只是个别科学理论和个别工业生产技术的发展，而是各门科学技术领域的体系化和系统化的综合性变革，产生了一系列的新兴科学技术，而且许多新生产工具和工艺都首先在科学实验室里被创造出来，可以说，一系列的新兴工业都是建立在新兴科学知识体系和科学方法上。邓小平认为，理论研究的重大突破是工业生产技术获得进步的动力，当代社会物质生产各领域的进步和变革，如基于电子计算机、控制论和自动化技术的生产自动化程度是当代自然科学以空前的规模和速度应用于工业生产技术的结果。[①] 概而言之，在邓小平看来，新兴基础科学和应用科学的理论研究与生产技术融为一体聚集着巨大的潜能，成为社会物质生产进步和变革，乃至社会生产力发展进步的动力。

同时，鉴于生产力中劳动资料和劳动力两个基本因素，尤其是作为生产力中最活跃因素的人或劳动者与科学技术的紧密关系，邓小平强调，面对日新月异的科学技术，劳动者要想在现代化的生产中发挥更大的作用，必须具备三个条件：一是较高的科学文化水平；二是丰富的生产经验；三是先进的劳动技能。为此，既要通过世界观的改造建设宏大的“又红又专”的科技队伍，又要通过大力兴办教育事业，加强科技人才的培养。[②]

---

①《邓小平文选》（第2卷），人民出版社1994年版，第86–87页。

②《邓小平文选》（第2卷），人民出版社1994年版，第88、91页。

第二，在发展起点上，邓小平提出要以世界先进的科学技术成果作为发展起点，这就意味着要引进和学习先进的技术、设备和工艺以及相应先进的管理和经营方式。在邓小平看来，要引进技术，就要在坚持社会主义公有制的基础上实行开放政策，而引进技术的最终目标又是为了解放生产力和提高人民的生活水平，这是有利于中国社会主义国家和制度发展的。

第三，在发展的任务上，邓小平指出科技主要是为经济建设服务。[①]这就意味着科学技术与经济的结合。在邓小平看来，这二者的有机结合有赖于科技和经济这两方面的体制改革，解决这二者长期存在的脱节问题，而这两方面的改革最重要的又是人才问题，他认为，最关键的是两点，一是切实而有效地解决知识分子的问题，二是创造一种能够使拔尖人才脱颖而出的环境，此外，还要推进教育体制改革。[②]

---

①《邓小平文选》（第3卷），人民出版社1993年版，第240页。

②《邓小平文选》（第3卷），人民出版社1993年版，第108-109页。

第二节　中国共产党对历史转折的政治领导：领导制定两个科技规划

邓小平在全国科学大会开幕式上的讲话中指出："党委的领导，主要是政治上的领导，保证正确的政治方向，保证党的路线、方针、政策的贯彻，调动各个方面的积极性。同时，是通过计划来领导，要抓好科学研究计划，要知人善任，把力量组织好。"[①] 如此，在中国现代技术思维方式发展的历史转折中，中国共产党通过制定科技发展规划来加强政治领导，以保证中国现代技术思维方式发展的正确政治方向。

一、《1978—1985 年全国科学技术发展规划纲要》的制定及其基本内容

1978 年 3 月 18—31 日，全国科学大会在北京召开，邓小平阐述了科学技术是生产力、知识分子是工人阶级的一部分的观点，同时制定了《1978—1985 年全国科学技术发展规划纲要》(简称"八年规划")。该规划提出了"全面安排、突出重点"的方针，其总目标是要以当代世界先进水平为起点，在 20 世纪内，即在 23 年内把我国建设成为全面实现四个现代化的伟大的社会主义强国；1978—1985 年 8 年时间的科学技术工作要实现四个奋斗目标：一是通过完成 108 个国家重点科学技术研究项目，使部分重要的科学

① 《邓小平文选》（第 2 卷），人民出版社 1994 年版，第 98 页。

技术领域接近或达到20世纪70年代的世界先进水平；二是正确执行党的知识分子政策，进一步扩大和提高工人阶级的“又红又专”的科技人才队伍，专业科学研究人员的数量要从1978年的36万人增加到80万人；三是拥有一批现代化的科学实验基地；四是建成全国科学技术研究体系，中国科学院、国务院各部门、高等学校、各省市县以及工矿企业和事业单位要恢复、加强和新建一批重点科学研究机构，尤其是要加强薄弱的学科、专业，新建和扩展急需的基础理论研究和新兴科学技术研究机构。[①]

二、《1986—2000年科学技术发展规划》的制定及其基本内容

为了贯彻落实十一届三中全会提出的工作重点转移到经济建设（四个现代化建设）上来的总方针，适应国民经济发展目标的调整和“六五”计划的实施，科技界在1980年开始反思“八年规划”对国民经济促进作用的发挥程度，1981年全国科技工作会议清理了科技发展目标、规模和速度以及管理体制上的“左”倾思想的影响，1982年10月召开的全国科技奖励大会强调“经济建设要依靠科学，科学技术工作要面向经济建设”（简称“依靠、面向”），“各行各业，情况不同，到底在技术上能达到什么水平，要实事求是，不要‘争先恐后’去‘赶超’，切忌‘一刀切’”。[②]1982年底，作为对“八年规划”的调整，我国出台了《“六五”（1982—1986年）科技攻关计划》，该计划把“八年规划”中的108个项目调整为38项，从1983年开始实施；同时，国家计委和科委制定了《1986—2000年科学技术发展规划》（简称“十五年规划”），该规划以“依靠、面向”为基本方针，

① 《1978—1985年全国科学技术发展规划纲要》，《科技日报》2009年9月8日。

② 国家科学技术委员会：《中国科学技术政策指南·科学技术白皮书第1号》，科学技术文献出版社1986年版，第280–290页。

突出科技与经济的结合、科技体制的改革、科技成果应用于生产，相继制定了推动高技术研究发展的“863计划”、推动高技术产业化的“火炬计划”、面向农村的“星火计划”、支持基础研究的国家自然科学基金等科技计划。

三、两个科技规划的制定：技术创新意识从无到有

从“八年规划”的具体内容来看，它既是对1953—1966年赶超思想和科技规划思想的继承，对毛泽东有关科教文化工作指导方针和知识分子问题上主导思想的继承，也是对中国科技政策的恢复和整顿；第一个“十五年规划”是在1984年和1985年中共中央分别作出关于经济和科技体制改革的决定后制定的，因此，相对于“八年规划”，它不仅是一种发展，还是一种革新，而两者之间又是以第一个科技攻关计划，即“六五”科技攻关计划的制定和实施作为过渡成功实现转换的。可以说，“八年规划”是脱离了中国实际的对世界先进水平的盲目追赶，还具有浓厚的求大求全的思想和急于求成的不良作风，尽管规划中提到了“勇于创新”，强调了科技人才的培养、要有大规模的研究实验基地、基础科学和应用科学科研机构的建设以及科技成果的推广和应用，但规划本身没有体现创新的两大要旨，即缺少创新的主体（企业）和驱动力（市场），有了创新的意识，但总体上还停留在现代综合系统工程思维阶段，也可以说是以政府计划手段为主导的技术创新模式。作为对“八年规划”的发展和革新，“十五年规划”贯彻的“依靠、面向”方针突出了科技与经济的结合，这意味着中国政府有了技术商品化和市场化的意识。

第三节　中国共产党对中国现代技术思维方式发展环境的改善

在1985年3月召开的全国科技工作会议上，邓小平强调："我们这些人能做的工作，只是为大家创造条件。"[①] 在中国现代技术思维方式发展的历史转折中，中国共产党能做的工作也就是发现问题，排除干扰，创造条件，以改善它的发展环境。

一、中国共产党对中国科技工作者历史地位的尊重和科学定位

第一，在1977年8月8日召开的科学和教育工作座谈会上，邓小平指出，我们国家要赶上世界先进水平，要从科学和教育两个方面着手。围绕这一主题，邓小平探讨了重视和尊重知识分子的问题。

邓小平认为，1956—1966年间，毛泽东在科研和文化教育工作方面的基本精神是值得鼓励和提倡的，他对绝大多数知识分子都是愿意服务于社会主义所作的估计也是应该肯定的，概而言之，毛泽东在这10年间的主导思想是正确的，是我们今后科教工作的指导思想；同时，在邓小平看来，绝大多数知识分子在新中国成立17年间的劳动和工作是值得肯定的，他们都是自觉自愿地服务于社会主义，由于历史不断向前发展，他们的世

① 《邓小平文选》（第3卷），人民出版社1993年版，第109页。

界观也要继续改造，但要进行思想改造的，不仅是他们，还有工人农民和共产党员。[①] 邓小平指出，为了调动知识分子在科研和教育工作上的积极性，一是要尊重和重视从事科研和教育工作的知识分子，他们都是脑力劳动者，他们的地位是同等重要的；二是要尊重人才，恢复知识分子的名誉，发挥他们的专长，在邓小平看来，毛泽东尽管不赞成"天才论"，但他并不反对尊重人才，他认为"人才难得""老九不能走"，这就意味着知识分子的重要性他是知道的，他也是尊重人才的；三是要有奖惩制度，改善他们的物质待遇。[②]

第二，1978 年，在全国科学大会上，基于科学技术是生产力的认识，邓小平首先把从事科技工作的人称为脑力劳动者或知识分子，进而援引马克思、列宁和毛泽东的观点，探讨了他们在新旧社会制度里与资本家和体力劳动者的关系，提出了在中国社会主义社会里对待他们的态度。换句话说，基于马克思主义经典作家对脑力劳动者或知识分子的相关主张，邓小平结合中国社会状况，对我国科技工作者的历史地位作出了科学的界定，认为他们不再是剥削社会中的对立关系，他们中的绝大多数已经是工人阶级和劳动人民的一部分。

在马克思看来，在资本主义的生产关系中，由资本家占有的资本通过对技术发明的资金投入实现了对科学和技术发明的应用和占有，科学和发明家及其发明成果一起为资本服务[③]，如此，从事科技工作的科学家、发明家和工程技术人员与工人一起参与了剩余价值的创造[④]，他们和工人一样受资本家的剥削。同时，由于现代技术发明在生产中的应用，过去生产中所依赖的手工劳动被机械技艺所取代，熟练的手工业者被普通的妇女和儿童

① 《邓小平文选》（第 2 卷），人民出版社 1994 年版，第 48–49 页。

② 《邓小平文选》（第 2 卷），人民出版社 1994 年版，第 50–51 页。

③ 马克思：《机器、自然力和科学的应用》，人民出版社 1978 年版，第 206 页。

④ 《马克思恩格斯全集》（第 26 卷 1 册），人民出版社 1972 年版，第 444 页。

所取代，以至于科学、技术与资本一样成为资本家压迫和奴役、统治劳动者的力量，与之相对立。[①] 也就是说，在资本主义生产关系中，科技工作者的社会关系具有双重性，一方面他们本身与劳动者一样受资本家剥削，另一方面他们又服务于资本家，与体力劳动者相对立。对此，列宁认为，科技工作者尽管浸透了资产阶级的偏见，但他们本身不是一味追求经济利益、唯利是图的资本家，而是追求真理和功效的“学者”。[②] 对此，毛泽东提出了知识分子依附在哪张“皮”上的问题。邓小平认为，科技工作者的劳动成果被资本家所利用是受社会制度决定的，并不是出于他们的自由选择；在社会主义社会里，从事科技工作的知识分子或脑力劳动者与体力劳动者不再是剥削社会中的对立关系，他们中的绝大多数已经是工人阶级和劳动人民的一部分，都是服务社会主义革命和建设的劳动者，脑力劳动者与体力劳动者的区别只是社会分工的不同。[③] 基于此，邓小平认为，对于不尊重知识分子的错误思想，要坚决纠正，要尊重知识、尊重人才，尊重从事科技工作的脑力劳动者和知识分子。[④]

二、中国共产党对科教机构及其工作的恢复和调整

在 1977 年 8 月 8 日召开的科学和教育工作座谈会上，邓小平在体制和机构问题上谈了他的个人意见。邓小平首先指出，教育有教育部管，也要有一个统管科学工作的机构，因此他充分肯定了关于恢复和重建国家科委的意见。在邓小平看来，过去国家科委的工作方针是正确的，毛泽东同志也同意打好科学技术这一仗，才能提高生产力。邓小平认为，恢复国家

---

① 马克思：《机器、自然力和科学的应用》，人民出版社 1978 年版，第 207 页。

② 《列宁全集》（第 36 卷），人民出版社 1985 年版，第 151–152 页。

③ 《邓小平文选》（第 2 卷），人民出版社 1994 年版，第 85–87 页。

④ 《邓小平文选》（第 2 卷），人民出版社 1994 年版，第 41 页。

科委这一机构，可以在科学方面进行统一规划、统一调度、统一安排、统一指导协作，这就正如有些同志说的，“只要我们充分发挥社会主义制度的优越性，把力量统一地合理地组织起来，人数少，也可以比资本主义国家同等数量的人办更多的事，取得更大的成就”①，有利于改变当时的科学状况。

其次，在科研和教育部门的调整问题上，邓小平认为，科研工作能不能搞起来，归根结底是有关执行政策的领导班子的问题，在调整过程中关键要解决“三把手”的问题：第一是配备好领导班子，党委统一领导，一定要选好书记的人选；第二是一定要由内行的人，至少是内行或比较接近内行的外行来领导科研或教学；第三是应当由勤勤恳恳、扎扎实实、甘当无名英雄的人来管后勤。②

再次，邓小平阐述了科研机构的组织措施和衡量工作好坏的主要标准。邓小平根据中央规定，强调“科学研究机构要建立技术责任制，实行党委领导下的所长负责制”。同时，他强调科研机构的基本任务是“两出”：一是出又多又好的科技成果，二是出“又红又专”的科技人才，概而言之，即“出成果、出人才”，而科研机构党委工作的好坏就在于它能否完成好这个基本任务。③

最后，邓小平强调（重点）高等院校有能力和人才两方面的优势，应当是科研的一个重要方面军。他认为生产部门的科研重点是应用科学，基础科学研究为辅，科学院和大学尤其是工科院校要多搞基础科学研究，应用科学研究为辅。④

---

①《邓小平文选》（第 2 卷），人民出版社 1994 年版，第 52 页。

②《邓小平文选》（第 2 卷），人民出版社 1994 年版，第 33、53 页。

③《邓小平文选》（第 2 卷），人民出版社 1994 年版，第 97 页。

④《邓小平文选》（第 2 卷），人民出版社 1994 年版，第 53 页。

三、中国共产党科技工作重心的转移和对规律的尊重

十一届三中全会指出，全党工作的着重点和全国人民的注意力“应该从1979年转移到现代化建设上来”，为迎接这一伟大任务，会议对新中国成立以来经济建设的经验教训进行了回顾，认为毛泽东在《论十大关系》中提出的基本方针是符合客观规律的，对国民经济重新高速而稳定地向前发展仍然保持着重要的指导意义。概而言之，也就是结束阶级斗争，回到致力于实现四个现代化建设的轨道上。正如前面所述，实现这一历史使命的“关键是科学技术的现代化”。对于科技工作的重心和注意力，邓小平认为，科学院、高等院校、技工学校、生产部门都要研究和掌握科技工作的规律，加强科学技术人才的培养和队伍的建设，注重基础理论科学和应用研究；党和政府加强体制改革。[①]

如此可见，20世纪80年代以来，党和政府以经济建设为主战场，通过宏观调控和市场配置的双重手段开展科技工作，使得作为活动主体的政府、科研机构、大学和企业相互间的界限逐渐被打破，有机的紧密联系和分工协作的程度日益增强。值得一提的是，这里主体的科技活动不再过多地依赖强大的意志和国家强大的政府行政手段来运行，而是适度地依赖单位和个人，强调尊重科学，运用科学方法，按照客观规律来办事，例如科技和教育工作的规律、人才成长发展的规律、科学技术自身发展的内在规律和市场经济发展的价值规律；而且，也不再局限于仅仅满足于国防军事尖端技术的发明与制造，还强调满足市场和人们生产生活的需要，不仅是国防，还要与经济社会发展和人们生活水平的提高结合起来。

---

① 《邓小平文选》（第2卷），人民出版社1994年版，第85–99页。

四、中国共产党启动经济和科技体制改革

在邓小平看来，他在1978年3月强调的“科学技术是生产力”和“中国的知识分子已经成为工人阶级的一部分”两个观点，在7年的时间里，被实践所证明、被群众所接受，农民通过亲身的生产实践懂得了科学技术能够发展生产和摆脱贫困。邓小平把这功劳归因于两点：一是中央作出的科技界面向经济建设的正确方针和决策；二是科技界同志扎实的工作和可喜的成绩，人民群众通过科学家、教授、工程师的科技工作和成果来评价“科学技术在现代化建设中的地位”和“科学技术人员的作用”。[①]换句话说，中央科技工作重心的转移和正确的科技人才政策逐渐改善了科技与经济相脱节的问题。但是，在邓小平看来，这只是从方针政策和认识两个方面来解决科技和经济结合的问题，这一问题还需从经济和科技体制改革方面来进一步解决。

邓小平强调，科技体制改革要与整个经济体制改革的方向保持一致，即都是要解放生产力，新的经济体制应该是有利于技术进步的体制，新的科技体制应该是有利于经济发展的体制，双管齐下来解决长期存在的科技与经济脱节的问题。同时，邓小平指出，他最关心的是人才，他希望经济和科技体制改革可以解决人才的两个问题：一是要切切实实解决知识分子的问题，二是要创造一种能使人才脱颖而出的环境。

因此，在经济体制改革方面，1982年中共十二大报告提出“计划经济为主、市场调节为辅”原则，由此迈开了经济体制改革的步伐。1984年10月20日，中共十二届三中全会作出关于经济体制改革的决定，决定指出改革的基本任务是“从根本上改变束缚生产力发展的经济体制，建立起具有中国特色的、充满生机和活力的社会主义经济体制”，它“突破了把计划经

---

①《邓小平文选》（第3卷），人民出版社1993年版，第107–108页。

济同商品经济对立起来的传统观点，指出了中国社会主义经济是公有制基础上的有计划的商品经济”。[①]这是全面进行经济体制改革的纲领性文件。1987年2月6日，邓小平强调计划和市场都是发展生产力的方法，现在不要再讲计划经济为主了。[②]同年10月召开的中共十三大提出“国家调节市场，市场引导企业”经济运行机制，确认市场机制作用的中枢地位。

在科技体制改革方面，1985年3月13日，中共中央作出关于科学技术体制改革的决定，决定强调“应当按照经济建设必须依靠科学技术、科学技术工作必须面向经济建设的战略方针，尊重科学技术发展规律，从我国的实际出发，对科学技术体制进行坚决的有步骤的改革”；明确科技体制改革的目的是“使科学技术成果迅速地广泛地应用于生产，使科学技术人员的作用得到充分发挥，大大解放科学技术生产力”；明确提出要“促进技术成果的商品化，开拓技术市场，以适应社会主义商品经济的发展”，并“鼓励研究、教育、设计机构与生产单位的联合，强化企业的技术吸收和开发能力”。同时，规定了运行机制、组织结构和人事制度方面改革的内容（如表4–1所示）。由此开启了科技体制改革的序幕。

表4–1　1985年3月中共中央关于科学技术体制改革的主要内容

序号	改革的具体对象	改革的具体内容
1	运行机制	要改革拨款制度，开拓技术市场，克服单纯依靠行政手段管理科学技术工作，国家包得过多、统得过死的弊病； 在对国家重点项目实行计划管理的同时，运用经济杠杆和市场调节，使科学技术机构具有自我发展的能力和自动为经济建设服务的活力。

①《邓小平文选》（第3卷），人民出版社1993年版，第396页。

②《邓小平文选》（第3卷），人民出版社1993年版，第203页。

（续上表）

序号	改革的具体对象	改革的具体内容
2	组织结构	要改变过多的研究机构与企业相分离，研究、设计、教育、生产脱节，军民分割、部门分割、地区分割的状况； 大力加强企业的技术吸收与开发能力和技术成果转化为生产能力的中间环节，促进研究机构、设计机构、高等学校、企业之间的协作和联合，并使各方面的科学技术力量形成合理的纵深配置。
3	人事制度	要克服“左”的影响，扭转对科学技术人员限制过多、人才不能合理流动、智力劳动得不到应有尊重的局面，营造人才辈出、人尽其才的良好环境。

1988年5月，国务院出台《关于深化科技体制改革若干问题的决定》，该决定明确提出“鼓励和支持科研机构以多种形式长入经济，发展新型生产经营实体，鼓励各级政府部门要充分发挥现有科技人员的作用，有计划地组织科技人员或支持科技人员以调离、辞职、停薪留职、兼职等方式，创办、领办、承包、租赁中小企业和乡镇企业”[①]。如此，促进了科研机构和科技人员以灵活多样的方式和形式转制和转型，科技与经济的传统界限开始被打破，二者朝着一体化的方向发展。

---

① 汪涛、李祎、汪樟发：《国家高新区政策的历史演进及协调状况研究》，《科研管理》2011年第6期，第108–115页。

第四节　中国共产党推动现代技术思维方式新形态的兴起

邓小平对“创新”一词的提出和运用，把中国技术实践活动方式引到了创新的方向上来。而且，在中共中央的领导下，试办新技术产业开发区的设想成为现实以及“863 计划”和国家重点新产品计划的制定和实施，助推现代技术思维方式的新形态在中国兴起。

一、邓小平将中国技术实践活动引到创新的方向上来

1978年9月，邓小平提出要引进先进技术改造企业、提高创新的主张。尽管邓小平没界定什么是创新，但他将创新与技术引进和企业改造联系在了一起；同年 12 月，邓小平又把创新与解放思想和开动脑筋联系在了一起，认为革命和建设一样，都要实事求是、解放思想，要有一批勇于创新的闯将。这里“创新”用作动词，其动作的第一个对象是技术，包括工艺和设备，目的是企业的生产发展，即通过创新技术或技术的创新实现对企业的改进，最终促进生产的发展和职工收入的提高；其动作的第二个对象是解决问题和处理事情的办法和方法，其目的是取得革命的胜利和建设的成功。如此，邓小平不仅把技术的创新看作是企业改造和生产发展众多环节中的一环，还把方法和办法的创新看成是影响革命和建设成功与否的一个重要因素，甚至把它与真理标准问题的争论放在一起，视为影响党和国家前途和命运的因素。邓小平对“创新”一词的提出和运用为中国技术实

践活动方式指明了新的方向。

二、中国共产党领导系列科技计划的启动实施

如前所述，作为现代技术思维方式第三个形态的技术创新思维方式，在活动主体方面，强调作为市场主体的企业是创新主体；在技术应用或价值上，强调经济和社会效益的现实转化以及转化的商品化和市场化手段。十一届三中全会后，中共中央除了通过改革经济体制和科技体制，改善中国现代技术思维方式的发展环境外，还通过试办新技术开发区，启动实施一系列科技计划，在新的技术实践活动中推进现代技术思维方式第三个形态在中国的兴起。

中共中央在 1985 年 3 月作出的《关于科学技术体制改革的决定》中指出："为加快新兴产业的发展，要在全国选择若干智力资源密集的地区，采取特殊政策，逐步形成具有不同特色的新兴产业开发区。"1985 年 4 月，原国家科委提出在北京、上海、武汉、广州等地的智力资源密集区（一般是重点高校和科研机构的集中区域）试办新技术产业开发区的设想；1985 年 7 月末，深圳市政府和中国科学院共同创办了我国大陆第一个科技园区——深圳科技工业园，这也是我国第一个类似于国家高新区功能的高新技术产业园，设想随之转变为现实。在江泽民看来，兴办科技工业园区是 20 世纪科技产业化方面最重要的创举，"这种产业发展与科技活动的结合，解决了科技与经济脱离的难题，使人类的发现或发明能够畅通地转移到产业领域，实现其经济和社会效益"[①]。

鉴于 1983 年欧美和日本等发达国家相继出台和实施着眼于 21 世纪的

---

①《"火炬计划"国务院批准建立国家高新技术产业开发区》,《经济日报》2009 年 11 月 3 日（第 3 版）。

世界高技术发展战略计划，例如美国提出的星球大战计划、欧洲的“尤里卡”计划、经济互助委员会成员国的“2000年科学进步综合纲要”和日本的“今后十年科技振兴政策”，中国的四位科学家[①]在1986年3月向中共中央提出“要跟踪世界先进水平，发展我国高技术”的建议，邓小平作出重要批示后，中共中央和国务院组织200多位专家进行研究和部署，经过半年多的严格论证，中共中央和国务院于1986年11月正式批准了《高技术研究发展计划（863计划）纲要》。该计划坚持“有限目标，突出重点”的方针，选择7个重点研究和开发的高技术领域，皆在“跟踪国际水平，缩小同国外的差距”，并力争“把阶段性研究成果同其他推广应用计划密切衔接，迅速地转化为生产力，发挥经济效益”。例如在“863计划”的支持下，中国已成功地掌握了计算机集成制造系统（CIMS）的信息集成技术，并在企业获得了很好的应用效果，同时清华大学建成了国家CIMS工程研究中心，在机械、电子、航空、纺织等11个行业的50多家工厂推广应用CIMS，产生了明显的经济社会效益。

中共中央和国务院在1988年5月出台的《关于深化科技体制改革若干问题的决定》中指出：“促进传统产业技术改造和新技术、高技术产业的形成”，“智力密集的大城市，可以积极创造条件试办新技术产业开发区，并制定相应的扶持政策”。1988年5月，中共中央和国务院在总结经验的基础上，正式批准了建立北京新技术产业开发试验区；同年8月，中共中央和国务院批准在全国范围内实施火炬计划，皆在“以市场为导向，建设和发展高新技术产业开发区、建立高新技术创业服务中心、建立国家火炬计划软件产业基地，造就一批高新技术企业和企业集团，促进高新技术成果的商品化、高新技术商品的产业化以及高新技术产业国际化”。

此外，为进一步贯彻“创新、产业化”的方针，优化科技产业化环

---

① 四位科学家分别为王大珩、王淦昌、杨嘉墀、陈芳允。

境，加强与其他科技计划的衔接配合，引导和支持科研单位和企业的新产品开发试制工作，充分发挥产品创新在国家创新体系中的带动作用，科技部在 1988 年还启动实施了一项政策性引导计划——国家重点新产品计划。该计划把“新产品”界定为“采用新技术原理、新设计构思，研制的全新型产品，或应用新技术原理、新设计构思，在结构、材质、工艺等任一方面比老产品有重大改进，显著提高了产品性能或扩大了使用功能的改进型产品”。该计划优先支持的对象主要有“高新技术领域的高技术产品；具有自主知识产权、创新性强、技术含量高、市场前景好的新产品，特别是原创型新产品；具有显著的社会效益、经济效益和市场发展前景的新产品”。

本章小结

现代技术思维方式的第三个形态能否在中国形成和发展演进，关键是中国共产党要尊重和重视科技人才，处理好计划与市场、科技与经济的关系，为其创造适宜的环境。但前提是要解决“两个凡是”引起的思想路线之争，形成对社会主义本质、科技、人才以及计划与市场关系的科学认识，恢复和调整一度停滞的科技和教育工作，探索经济和科技结合的方法。但新思想和认识的确立、工作的恢复和调整、新方法的实践探索都不是一蹴而就的，需要经过一段时间。因而，这里从 1977 年邓小平探讨“两个凡是”与尊重知识和人才问题，到 1988 年一系列科技计划的实施，视为中国现代技术思维方式发展的历史转折时期。在这一历史转折时期，中国共产党继续加强对科技事业发展的政治、思想和组织领导，经过十年的努力，现代技术思维方式的第三个形态也在中国兴起了。

具体而言，1976 年“文革”结束以后，以邓小平同志为核心的第二代中共中央领导集体基于新的思想路线，形成了对社会主义本质和科技的科学认识，为历史转折中的中国现代技术思维方式提供发展的新思想基础；领导制定两个科技发展规划，为历史转折中的中国现代技术思维方式指明新的发展方向；尊重和科学界定中国科技工作者的历史地位，恢复和调整科教机构及其工作，转移科技工作重心，启动经济和科技体制改革，改善中国现代技术思维方式的发展环境。同时，邓小平提出“创新”一词，直接将中国现代技术思维方式的发展引到创新的方向上来，中共中央领导启动实施的科技设想和系列科技计划，使现代技术思维方式的第三个形态在中国兴起了。

第五章

中国共产党领导下中国现代技术思维方式的持续发展（1989—2012）

1989—2012年，以江泽民同志为核心的中共中央领导集体和以胡锦涛同志为总书记的党中央继承和发展邓小平的科技思想，坚持以邓小平同志为核心的中共中央领导集体确立的科技工作指导方针，培育、聚合并组织和领导中国技术共同体顺应世界科技和现代技术思维方式发展演进的新趋势，在开展现代技术创新活动的实践中推进中国现代技术思维方式从第二个形态向第三和第四个形态发展。

第一节　中国共产党对持续发展的思想领导：建构和发展科技思想体系

邓小平把中国现代技术思维方式的发展引到创新的方向上来后，技术创新思维方式开始在中国兴起，1989 年以后，中国现代技术思维方式进入大发展时期。正如江泽民所指出的："越是大变革时期，越是需要理论指导。历史经验告诉我们，理论掌握了群众，就能化为巨大的物质力量，就能推动我们的事业顺利发展。"[①]大发展和大变革一样，都需要中国共产党思想理论的指导，在中国共产党思想理论的指导和领导下，技术活动主体才能更好地推动中国现代技术思维方式顺利发展。也正因为这样，江泽民和胡锦涛立足世界科技发展最新趋势，在邓小平科技思想的基础上形成和发展新的科技思想体系，建构中国特色社会主义的科技思想体系，使中国共产党实现对中国现代技术思维方式在 1989—2012 年快速发展的思想领导。

一、科技创新思想的建构和发展

以马克思关于科学技术是生产力的观点和邓小平关于科学技术是第一生产力的论断为指导，江泽民阐述了科技进步的重要地位和巨大作用，确立了科技进步的两个前提、一个动力源和"四化"目标，提出了加快科技进步的举措。其中包含着技术创新思想的丰富内涵，是江泽民科技创新思

① 《江泽民文选》（第 1 卷），人民出版社 2006 年版，第 43 页。

想的最初表述。在此基础上，江泽民还直接规定了技术创新的概念和内涵，阐明了技术创新的主体、作用和意义，以及技术创新的根本和要把握的关键点。胡锦涛立足战略性新兴产业发展的最新趋势，阐明新兴产业创新的作用和意义，发展了江泽民的科技创新思想。以上江泽民和胡锦涛的科技思想成为中国技术活动主体在1989—2002年和2003—2012年开展技术创新活动和推动技术创新思维方式在中国形成和发展的行动指南。

1. 江泽民对科技进步与创新思想的建构

第一，江泽民阐述了科技进步的重要地位和巨大作用，确立了科技进步的两个前提、一个动力源和“四化”目标。在他看来，科学技术称得上是人类的一种伟大实践，也是推动人类社会历史发展进步的革命性力量，现代科技进步或者说新的科学发现和技术发明，尤其是高科技的研究及其产业化发展对人类社会生产力发展的决定性作用在持续增强，对人类生产方式和产业结构、生产力要素以及人们生活方式的影响也变得愈加广泛和深刻。[①] 江泽民援引马克思关于科学技术是生产力的观点和邓小平关于科学技术是第一生产力的论断，认为科技进步是经济社会乃至生产力发展的主导力量和决定性因素，它的加速应该放在经济社会发展的关键地位。为此，他一是强调要把经济建设由依靠科技转到依靠科技进步和提高劳动者素质上来；二是强调要加强基础性科学研究和高新技术的研究和开发，有组织、有计划地发展高新技术，推进其实现产业化；三是强调要面向经济建设，强化应用技术的应用和推广，推进科技成果向现实生产力转化和商品化、产业化和国际化[②]，这里简称为科技进步的“四化”。换句话说，服务于经济建设的科技进步要以基础性研究和高新技术的研发为前提，以科技成果的“四化”为目标。同时，在江泽民看来，基础性研究和高新技术

---

① 江泽民：《论科学技术》，中央文献出版社2001年版，第2、145页。

② 江泽民：《论科学技术》，中央文献出版社2001年版，第21-24页。

研究是现代化建设的动力源泉，而基础性研究既是科学之源，又是技术之源，并把它定位为科技进步的先导和源泉。[①]

第二，江泽民阐明了如何面向经济建设主战场，加快科技进步、发展高新技术产业：一是要以市场和社会需求为导向，通过深化经济、科技和教育体制改革，三管齐下，促进科技、教育和经济的结合，打破企业、科研机构和高校的界限，推进产学研的结合；二是落实党的科技政策和知识分子政策，实施科教兴国战略；三是推进科技、知识和体制创新，增强自主创新能力。

第三，江泽民规定了技术创新的概念与内涵，即“应用新知识、新技术和新工艺，采用新的生产方式和经营管理模式，提高产品质量，开发新的产品，增强市场竞争的能力和抵御风险的能力”，是科技创新的很重要的一个方面。[②]在江泽民看来，增强我国的科技创新能力，国有企业负有重要责任，要走在前列，国有企业要建立自己的技术开发中心，加强技术开发力量和资金投入，要加强技术改造和技术创新，加快形成以企业为中心的技术创新机制。[③]同时，江泽民指出，科技创新不仅成为当今社会生产力解放和发展的重要基础与标志，也将进一步成为21世纪经济和社会发展的主导力量，技术创新与知识创新和高新技术产业化成为当今世界各国综合国力竞争的核心；并认为“在全社会形成推动技术创新工作的有效机制”是技术创新的根本，提出要着重把握六个方面，即发挥政治优势，面向经济建设加速科技成果向现实生产力的转化，增强自主创新能力，加强全社会的大力协同、建立和完善成果转化的配套体系，推进国家知识创新体系建设，建设高素质的人才队伍。[④]

---

① 江泽民：《论科学技术》，中央文献出版社2001年版，第54、150–151页。

② 江泽民：《论科学技术》，中央文献出版社2001年版，第148页。

③ 江泽民：《论科学技术》，中央文献出版社2001年版，第130–131页。

④ 江泽民：《论科学技术》，中央文献出版社2001年版，第148–155页。

2. 胡锦涛对江泽民科技创新思想的发展：形成战略性新兴产业创新与发展思想

在胡锦涛看来，战略性新兴产业有三个规定：一是以重大技术突破和重要需求为基础，二是引领经济社会发展的全局和长远发展，三是知识技术密集、物质资源消耗少、成长潜力大、综合效益好；并把节能环保和新能源产业、与工业化深入融合的新一代信息技术产业、生物产业、高端装备制造业、新材料产业和新能源汽车产业规定为我国要着力实现的重点领域。[①] 胡锦涛指出，2008 年国际金融危机后，新一代信息、能源、生物、材料等产业成为关系国家未来发展和国际地位的新兴产业领域，这些产业依托市场、资源、人才、技术、标准等要素构筑国际经济竞争的新焦点和新优势，以至于战略性新兴产业成为创新要素最为密集的领域，也是最能体现自主创新能力的领域。这些创新要素在全球范围内加速流动，使得科技知识创新、传播、应用的规模和速度达到了空前，科学研究、技术创新、产业发展、社会进步一体化趋势更为明显。因此，要抓住历史机遇，通过着力实现重点领域、增强自主创新能力、培育市场需求、深化国际合作和强化政策扶持，把战略性新兴产业加快培育成先导产业和支柱产业，发挥科技的引领作用。[②]

二、科技伦理思想的建构和发展

基于科学技术在社会应用上存在的问题或负面效应，江泽民提出了科技伦理的科学问题，认为科技伦理应该是 21 世纪要重点解决的三大问题之一，形成了科技伦理思想。胡锦涛则认为，“绿色制造”将会成为生产

① 《胡锦涛文选》（第 3 卷），人民出版社 2016 年版，第 512、514 页。

② 《胡锦涛文选》（第 3 卷），人民出版社 2016 年版，第 513–516 页。

方式变革的方向之一，明确了科技创新在自然生态、文化伦理和发展理论层面的意义，并对“绿色发展”和“可持续发展”进行了界定，把这两大理念的贯彻实施作为推动科技发展要做出努力的两个重点，从而发展了江泽民的科技伦理思想。

1. 江泽民对科技伦理思想的建构

2000年8月5日，江泽民在北戴河会见诺贝尔奖获得者时指出科学技术的正面和负面效应，即科学技术一方面“极大地提高了人类控制自然和人自身的能力”，另一方面“在运用于社会时所遇到的问题也越来越突出”。[①]这些问题包括“工业的发展带来水体和空气污染，大规模的开垦和过度放牧造成森林与草原的生态退化。信息科学和生命科学的发展，提出了涉及人自身尊严、健康、遗传以及生态安全和环境保护等伦理问题。比如，基因工程可能导致基因歧视，网络技术涉及国家安全、企业经营秘密以及个人隐私权的危险，转基因食品的安全性和基因治疗、克隆技术的适用范围等问题，引起了人们的高度关注。有的国家利用高技术成果提高自己的军事实力，在世界或地区范围内谋取霸权，干涉他国内政。因特网可以迅速发展、广泛地传播大量有用的信息，但也存在大量信息垃圾和虚假信息”[②]。

基于科学技术在社会运用上遇到的上述诸多问题，江泽民认为“二十一世纪，科技伦理的问题将越来越突出”，其中的核心问题是“科学技术进步应服务于全人类，服务于世界和平发展与进步的崇高事业，而不能危害人类自身”。[③]江泽民明确指出21世纪人们应该注重解决的三个重大问题，即“建立和完善高尚的科学伦理，尊重并合理保护知识产权，对科学技术的研究和利用实行符合各国人民共同利益的政策引导”[④]。

---

① 江泽民：《论科学技术》，中央文献出版社2001年版，第216页。

② 江泽民：《论科学技术》，中央文献出版社2001年版，第217页。

③ 江泽民：《论科学技术》，中央文献出版社2001年版，第217页。

④ 江泽民：《论科学技术》，中央文献出版社2001年版，第217页。

2. 胡锦涛对江泽民科技伦理思想的发展：形成新的科技伦理思想内容

2010年6月7日，胡锦涛在中国科学院第十五次院士大会、中国工程院第十次院士大会上的讲话中，一是预见“绿色制造”将成为生产方式变革的方向之一。

二是明确了科技创新在自然生态、文化伦理和发展理论层面的意义，即“不断深化人们对自然界、人类社会发展规律的系统认知，将不断丰富促进社会和谐的文化基础，引导人们树立科学的世界观和价值观、确立科学的发展理念，有效激发全社会创新意识和全民创新兴趣，推动形成科学理性的生产方式和生活方式”①。

三是对当前各国都在追求的绿色、智能和可持续发展进行了界定，即认为“绿色发展”就是要“发展环境友好型产业，降低能耗和物耗，保护和修复生态环境，发展循环经济和低碳技术，使经济社会发展与自然相协调”②；“智能发展”就是要“推进信息化与工业化融合，不断创造新的经济增长点、新的市场、新的就业形态，提高社会运行效率，实现互联互通、信息共享、智能处理、协同工作”③；“可持续发展”就是要“解决好经济社会发展的能源资源约束，有效保证发展对能源资源的需求，不仅要造福当代人，而且要使子孙后代永续发展”④。并且，将“发展的目的”明确为“要不断降低产品和服务成本，不断创造更多更好的就业和创业机会，不断提高人民生活质量和健康水平，实现广大群众安居乐业、富裕幸福”⑤。

① 《胡锦涛文选》（第3卷），人民出版社2016年版，第400-401页。
② 《胡锦涛文选》（第3卷），人民出版社2016年版，第402页。
③ 《胡锦涛文选》（第3卷），人民出版社2016年版，第402页。
④ 《胡锦涛文选》（第3卷），人民出版社2016年版，第402页。
⑤ 《胡锦涛文选》（第3卷），人民出版社2016年版，第402页。

四是明确了推动科技发展要做出努力的两个重点。首先是“我们必须切实推动以人为本、全面协调可持续的科学发展，坚定不移走生产发展、生活富裕、生态良好的文明发展道路，并明确指出了推动科技发展的重点，首先是要坚持系统谋划、节能优先、创新替代、循环利用、绿色低碳、安全持续，加强对我国能源资源问题的研究，制定我国可持续发展路线图”[①]。其次是要“重视材料的环境友好性、可再生循环性、制备使役全过程的节能减排特性，加快推进材料产业结构调整，积极发展先进结构材料和复合材料、功能材料等，积极发展电子信息材料、器件和系统技术。要促进我国制造业结构升级和战略调整，发展先进装备制造业，推进制造业绿色化、智能化，实现制造系统智能运行，形成先进材料研发与制备体系和绿色、智能、网络制造和服务体系，保障先进材料、先进装备有效供给和高效清洁循环利用，为加快建设资源节约型、环境友好型社会提供有力支持”[②]。

三、工程科技思想的建构和发展

江泽民认为，以科学为基础的工程技术是第一生产力的一个最重要因素，是人类文明进步的发动机，形成了江泽民工程科技思想。胡锦涛结合我国载人航天工程、月球探测工程和探月工程的成功实施，阐明了工程科技的意义和发展的宝贵经验，从而发展了江泽民工程科技思想。

1. 江泽民工程科技思想的内容：以科学为基础的工程技术是第一生产力的一个最重要因素，是人类文明进步的发动机

江泽民在 1995 年 5 月 26 日召开的全国科学技术大会上发表讲话时指

① 《胡锦涛文选》（第 3 卷），人民出版社 2016 年版，第 402—404 页。

② 《胡锦涛文选》（第 3 卷），人民出版社 2016 年版，第 404 页。

出，“科学技术是第一生产力”是邓小平的英明论断，他认为这也是邓小平科技思想的精髓，是对马克思主义科技学说和生产力理论的创造性发展。[①] 同时，江泽民对此作出进一步的推进，即他在 2000 年 10 月 11 日召开的国际工程科技大会上发表讲话时指出，“科学技术是第一生产力，工程科技是第一生产力的一个最重要因素。”[②] 在江泽民看来，近代人类社会生产力的发展，是科学发现、技术革命和产业革命的相互作用推进的，其中科学发现对科学原理的形成起着推动作用，工程科技推动科学原理转化为改造世界的能动力量，从而在科学发现和产业之间架起了桥梁，是产业革命、经济发展和社会进步的强大杠杆。可以说，工程科技是人类文明进步的发动机。[③]

2. 胡锦涛对江泽民工程科技思想的发展：形成新的工程科技思想

胡锦涛在多次讲话中探讨我国载人航天工程、月球探测工程和探月工程实施的战略意义和经验积累时，形成了他的工程科技思想。

2003 年 11 月 7 日，胡锦涛在庆祝我国首次载人航天飞行圆满成功大会上的讲话中指出，“载人航天是当今世界高新科技中最具挑战性的领域之一，是难度高、规模大、系统复杂、可靠性和安全性要求极强的工程”，“我国载人航天工程取得的成就，是改革开放 20 多年来我国综合国力不断增强、科技水平不断提高的重要体现”[④]。这一规模宏大、高度集成的系统工程之所以能在比较短的时间里取得历史性突破“靠的是党的集中统一领导，靠的是社会主义大协作，靠的是发挥社会主义制度集中力量办大事的

① 江泽民：《论科学技术》，中央文献出版社 2001 年版，第 48-49 页。

② 江泽民：《论科学技术》，中央文献出版社 2001 年版，第 225 页。

③ 江泽民：《论科学技术》，中央文献出版社 2001 年版，第 225 页。

④《在庆祝我国首次载人航天飞行圆满成功大会上胡锦涛同志的讲话》，《解放军报》2003 年 11 月 8 日。

政治优势”[①]。2011年11月16日，胡锦涛在庆祝天宫一号与神舟八号交会对接任务圆满成功大会上的讲话中指出，“载人航天工程牵引带动了一批新兴高技术产业特别是信息技术和工业技术快速发展，培养造就了一支能够站在世界科技前沿、勇于开拓创新的高素质人才队伍，探索形成了大型工程建设现代化管理模式，培育铸就了特别能吃苦、特别能战斗、特别能攻关、特别能奉献的载人航天精神。”[②]

胡锦涛总结了我国载人航天工程取得成功的五条珍贵经验：一是要赢得战略主动，即“坚持科学技术是第一生产力的思想，牢牢把握世界科技革命带来的机遇，着力提高自主创新能力”；二是注入强大动力，即“坚持推进改革创新，深化科技体制改革，建立健全科技决策机制和宏观协调机制”；三是凝聚了智慧和力量，即“坚持党的集中统一领导，发挥我国社会主义制度的政治优势，集中力量办大事”；四是提供了坚强人才保证，这就要“坚持人才是第一资源的观念，尊重广大科技工作者的主体地位和劳动创造”；五是提供强大精神力量，即“坚持弘扬以爱国主义为核心的民族精神，引导广大航天工作者以国家需要为最高需要、以人民利益为最高利益，刻苦攻关，奋勇登攀”。[③]

2007年12月12日，胡锦涛在我国首次月球探测工程庆功大会上的讲话中指出，我国首次月球探测工程成功实施的意义在于“突破了一大批具有自主知识产权的核心技术和关键技术，取得了一系列重大科技创新成果；带动了我国基础科学和应用科学若干领域深入发展，推动了信息技术和工业技术进步，促进了众多技术学科的交叉和融合；探索出一套符合我

① 《在庆祝我国首次载人航天飞行圆满成功大会上胡锦涛同志的讲话》，《解放军报》2003年11月8日。

② 《在庆祝天宫一号与神舟八号交会对接任务圆满成功大会上的讲话》，《光明日报》2011年12月17日。

③ 《在庆祝天宫一号与神舟八号交会对接任务圆满成功大会上的讲话》，《光明日报》2011年12月17日。

国国情和重大科技工程要求的科学管理模式和方法，积累了新形势下组织实施重大科技工程的重要经验；培养造就了一支高素质、高水平的航天科技人才队伍”[①]。

2010 年 12 月 20 日，胡锦涛在庆祝探月工程嫦娥二号任务圆满成功大会上的讲话中指出，嫦娥二号任务工程目标和科学目标的实现“不仅突破了一批核心技术和关键技术、取得了一系列重大科技创新成果，而且带动了我国基础科学和应用技术深入发展，推动了信息技术和工业技术交叉融合，进一步形成和积累了中国特色重大科技工程管理方式和经验，培养造就了高素质科技人才和管理人才队伍”[②]。

① 《胡锦涛在庆祝我国首次月球探测工程圆满成功大会上的讲话》，《工人日报》2007 年 12 月 12 日。

② 《胡锦涛在庆祝嫦娥二号任务圆满成功大会上的讲话》，《济南日报》2010 年 12 月 21 日。

第二节 中国共产党对持续发展的政治领导：领导制定三个科技发展规划

为了加强对科技事业发展的政治领导，中国共产党领导制定了三个科技发展规划，这些科技发展规划不仅描绘了中国科技发展的蓝图，规定了科技发展的目标和任务，也为中国现代技术思维方式在1989年以后的发展指明了方向。

一、《1991—2000年科学技术发展十年规划和“八五”计划纲要》的制定与基本内容

为了贯彻落实十三大及其历届全会的精神以及邓小平的科技思想，1988年3月国务院组织专家对“十五年规划”的目标和内容进行了调整，制定了《国家中长期科学技术发展纲领》，阐明了我国中长期科技发展的战略目标、方针、政策和发展重点。1990年12月召开的十三届七中全会明确指出实现第二步战略目标的任务，国家制定了《国民经济和社会发展十年（1991—2000年）规划和第八个五年（1991—1995年）计划纲要》。与之相适应，1991年3月国家科委制定了《1991—2000年科学技术发展十年规划和“八五”计划纲要》，进一步明确了十年和五年的科技发展目标和任务。其中，1991—2000年的科学技术发展规划是以“八五”（1991—1995年）和“九五”（1996—2000年）科技攻关计划的形式来实施的。该规划不仅提出了五个发展目标、六个坚定不移的指导方针、四个科学技术任务，还提出了

深化科技体制改革的六个主要任务，以及改革开放的三个支撑条件与措施。

二、《全国科技发展“九五”计划和到2010年远景目标纲要》的制定与基本内容

1992年1月邓小平到南方视察工作时，阐述了“三个有利于标准”“市场和计划都是经济手段”“社会主义的本质”等一系列观点，并强调了经济发展必须依靠科技和教育及“科学技术是第一生产力”思想；1992年10月中共十四大确立了建立社会主义市场经济体制的目标，一系列的经济改革措施相继实施；1995年5月中共中央和国务院发布《关于加速科学技术进步的决定》，提出“坚定不移地实施科教兴国战略”的决策。以此为指导，国家制定了《全国科技发展“九五”计划和到2010年远景目标纲要》。该纲要的指导方针是在继续贯彻“面向、依靠”的基础上要努力攀登科技高峰，提出要遵循的七项基本原则，要完成的八个发展目标和任务，八个发展的重点，保证目标实现的六个支撑条件与措施，还提出要深化改革，建立适应和促进社会主义市场经济发展的新型科技体制，加速人才的培养和高水平科技队伍的建设。

三、《国家中长期科学和技术发展规划纲要（2006—2020年）》的制定与基本内容

20世纪90年代末世纪之交，第二个翻番的目标基本实现，这意味着我国步入实现第三步战略目标的关键时期，国家计委和科技部在2001年5月联合发布了“十五”（2001—2005年）科技发展规划。该规划在“面向、依靠、攀高峰”的基础上，提出“创新、产业化”的指导方针，坚持七个基本原则，总目标是通过科教兴国战略的实施和科技体制的深化改革，初

步建立适应客观经济和科技发展规律的国家创新体系，提出实现目标的五个关键措施与支撑条件，并从“促进产业技术升级”和“提高科技持续创新能力”两个维度进行战略部署。

2002 年中共十六大提出全面建设小康社会的奋斗目标，国务院制定了《国家中长期科学和技术发展规划纲要（2006—2020 年）》，这里简称为“十五年规划”，也是第二个新“十五年规划”。这一规划提出要“把建设创新型国家作为面向未来的重大战略选择”，把“自主创新，重点跨越，支撑发展，引领未来”作为指导方针，强调要把“提高自主创新能力摆在全部科技工作的突出位置”，其中科技人才又是“提高自主创新能力的关键所在”；从自主创新能力、基础科学和前沿技术研究综合实力、国家创新体系等 8 个方面确立了要实现的总体目标。从总体部署看，主要是服务于国家创新体系的建设，包括 68 项进行重点安排的优先主题、16 个瞄准国家目标的重大专项、8 个技术领域的 27 项前沿技术和 18 个基础科学问题、4 个重大科学研究计划；从战略重点看，放在优先位置的是能源、水资源和环境保护技术，其次是装备制造业和信息产业核心技术的自主知识产权，然后是生物技术、空天和海洋技术以及基础科学和前沿技术研究，尤其是交叉学科的研究。截至目前，新“十五年规划”已经以“十一五”（2006—2010 年）和“十二五”（2011—2015）两个国家科技支撑计划的形式贯彻执行了 10 多年，并进入了以“十三五”（2016—2020 年）国家科技创新规划为形式继续贯彻执行的开局之年。

四、三个科技发展规划的意义：中国技术创新模式的发展演变

1991 年制定的“十年规划”，在重点任务上，提出建立资源节约型经济、人与自然关系的调整，十分重视科技成果的推广应用，在培养科技人

才的基地上，除了突出高校，还强调了大型企业，提出要试行高校与大型企业和科研院所对研究生的联合培养。在科技体制的改革上，一是提出要强化市场调节机制，建立与技术市场相适应的市场支撑体系，发挥大中型企业和企业集团技术吸收应用和开发扩散的双向功能；二是提出大中型企业和企业集团要通过吸收独立科研机构或自建等方式建立自己的技术开发机构，中小企业和乡镇企业要有自己的技术依托。这里不仅认识到了大型企业在科技人才培养和技术研发方面的功能，还考虑到了人与自然的关系，意味着技术创新模式在市场化的基础上有了生态化的人文趋向。

1994年开始制定的“九五”科技攻关计划和1996—2010年的“十五年规划”围绕科教兴国战略的实施和社会主义市场经济发展的适应和促进，提出“建立开放、流动、竞争、协作、有效的技术创新机制”，建立按市场机制运行的新型科技工作运行机制，即“使企业成为科技开发的主体”，并与科研机构和高校建立起“全社会科技进步体系”，鼓励和引导科研机构以多种形式进入企业，甚至可以改制为科技企业和面向社会的科技服务体系。这里突出了技术创新的市场机制，确立了企业作为科技开发主体地位的技术创新模式，强调企业与科研机构和高校的流动与协作。1996—2010年的“十五年规划”一是提出强化自主创新，“提高科技创新能力”，尤其是提高企业的技术创新能力，培育一批具有参与国际竞争能力的大企业和企业集团，初步建立适应市场经济体制和科技自身发展规律的国家创新体系；二是以企业为技术创新主体，充分发挥高校和科研院所在高技术研究和原创性基础研究的作用，提高科技的持续创新能力，进一步加强科研、技术开发和科技服务三个方面的体系建设，加强产学研的联合，形成以企业为主体，科研机构、高校、中介服务机构和政府机构相互联动的创新网络及运行机制，完善创新活动的运行机制，坚持集成创新。这里，在宏观上，一是将以企业作为开发主体的“全社会科技进步体系”上升为以企业作为技术创新主体的“国家创新体系”，二是创新活动的运行机制由市场机制转而向商界、学界、政界和中介组织相互联动的多元机制；在微观上，一是突出学界的高技术研究和原创性基础研究对科技持续创新能力的意义和作用，二是突出研究、开发和服务的体系建设对于产学研联合的意义。

2006—2020 年的“十五年规划”提出要“以建立企业为主体、产学研结合的技术创新体系为突破口”，全面推进“中国特色国家创新体系建设”，建设创新型国家。并把“支持鼓励企业成为技术创新主体”摆在科技体制改革重点任务的首位，强调要发挥经济和科技政策的导向作用，使企业成为开发和投入的主体，推动大企业建立研发开发机构，组建由转制科研机构或大企业以及高校和科研机构组成的国家工程实验室和行业工程中心，并使它们向企业扩大开发，支持企业承担国家研究开发任务，大力发展为企业服务的各类科技中介服务机构，促进企业间及其与高等院校和科研院所之间在科技人才培养和科技资源共享方面的多种形式的联合，促进知识流动和科技成果实现商品化和市场化。

基于以上分析，1979 年以来中国技术创新模式经历了如下四个阶段的发展演变：

一是 1979—1985 年（“八年规划”和“六五”计划期间）：以政府计划手段为主导的技术创新模式。

二是 1986—1995 年（“七五”和“八五”计划以及“十五年规划”“十年规划”前中期）：以政府计划手段为主、市场调节为辅的技术创新模式，企业的市场地位逐渐上升。

三是 1996—2005 年（“九五”和“十五”计划以及第一个新“十五年规划”前中期）：以企业为主体的国家技术创新系统模式，强调多元主体的联动与协作。

四是 2006—2012 年（“十一五”和“十二五”国家支撑计划以及第二个新“十五年规划”期间）：以政府为主导、企业为主体、产学研相结合的国家创新系统模式。

第三节　中国共产党对持续发展之人才基础的培育与聚合

基于现代技术思维方式新形态的形成和发展演进需要新的动力源泉，即作为宏观调控主体的现代服务型政府，作为市场主体的企业以及作为研发主体的技术专家、工程师和科学家，中共中央和国务院制定和实施一系列战略举措，培育以上三大主体，推动他们的成长发展，并在国家创新系统理论的指导下对他们进行聚合，为中国现代技术思维方式在1989—2012年的快速发展提供了动力之源和人才基础。

一、中国现代技术思维方式持续发展的人才基础：三大主体

技术思维方式是技术活动主体的思维方式，它的演进是技术活动主体在技术实践活动中推动的，在这一意义上，技术活动主体是技术思维方式形成、发展和演进的人才基础，是最根本的动力源泉；而且，技术思维方式在不同历史阶段的形成和发展演进需要不同的技术活动主体作为人才基础和动力源泉。受宏观生产力发展状况以及技术思维活动具体内容和方式的影响，不同历史阶段有不同的技术活动主体。同时，受生产关系的影响，不同历史阶段，技术活动主体有不同的组织机构和形式，也有不同作用机制。概而言之，技术思维方式演进的人才基础会随着历史阶段的变化而变化。

从世界范围内看，技术活动主体大致发生了如下演变：在18世纪上

半叶以前，主体是具有专门技艺的工匠。18 世纪下半叶，主体演变为由掌握一定自然科学理论和方法的个体发明家所主导的由工匠和机械工程师组成的专业技术团队，工业企业家通过资本或资金投入开始在技术发明活动中发挥作用。经过 19 世纪上半叶自然科学理论与方法的发展、科学与技术教育的实施以及“现代工程”发明方法的发明，到 19 世纪下半叶，随着致力于产品研发的研究和开发机构（工业研究实验室）在工业部门的建立以及受过专门科学和技术教育的工程师和科学家聚集其中，主体演变为有强烈商业动机的工业企业家所主导的由技术专家、工程师和科学家组成的技术共同体，政府通过制定和实施科学与技术教育，支持和资助基础和应用研究，制定有效的、灵活的研究和开发政策开始在技术活动中发挥作用。二战期间及以后，政府通过制定大型工程计划或规划及其在项目实施过程中对资源的强有力调控和整合，直接参与技术活动，主体演变为政府引导和调控下由企业、技术专家、工程师和科学家组成的技术共同体。如此，20 世纪 40 年代中期以后，技术活动主体成为政府、企业、技术专家、工程师和科学家组成的技术共同体，他们在政府机制、市场机制和学界机制的支持和制约下进行跨界沟通和合作。

由于 1949—1976 年中国实行高度集中的计划经济体制以及在若干历史阶段错误的科技人才思想和政策，中国政府的职能以及企业和技术专家、工程师和科学家在技术活动中的功能和地位已经与现代技术思维方式发展演进的趋势不相适应。中国现代技术思维方式的快速发展需要新的动力源泉。

二、对技术研发主体的培育及其成长发展

在继承和发展邓小平科技和人才思想的基础上，在江泽民看来，人才尤其是科技人才是科技发展的关键，他把知识分子看成是工人阶级队伍中从事脑力劳动的一部分，并援引毛泽东在新民主主义革命时期提出的关于

知识分子对于革命胜利意义的观点，认为在宏伟而艰巨的社会主义现代化建设事业中，没有知识分子的参与，建设和改革都不太可能胜利，要形成尊重知识、尊重人才的良好社会风尚；同时，鉴于工程科技在中国现代化建设成就中的巨大支撑作用，江泽民认为，工程师既是“新生产力的重要创造者”，也是“新兴产业的积极开拓者”，中国经济和社会的发展必然要求“尊重工程师的创造性劳动，培养大批工程科技人才”。[①] 为此，为了充分尊重和发挥他们作为研发主体的地位，中国共产党实施一系列的战略举措，培育他们，推动他们的成长发展。

1. 中国共产党培育技术研发主体的战略举措：推动科技和教育体制改革，实施科教兴国和人才强国战略，建设宏大的“又红又专”的科技人才队伍

为全面落实“科学技术是第一生产力”思想以及“尊重知识、尊重人才”的科技政策和知识分子政策，中共中央和国务院在推进科技和教育体制改革的同时，决定自1995年起实施科教兴国战略，并将其确立为我国长期坚持的一项基本国策。2002年，中共中央和国务院在《2002—2005年全国人才队伍建设规划纲要》中将2000年中央经济工作会议上提出的“实施人才战略”发展为“实施人才强国战略”后，在2007年进入全面推进阶段。2014年，习近平提出要开发人才资源，改革人才培养、引进、使用等机制，努力造就一批世界水平的科技人才和高水平创新团队，注重培养一线人才和青年科技人才。[②]

2. 技术研发主体的成长：量与质的双增长

基于中国科技和体制改革的推动以及科教兴国和人才强国“双战略”的实施，中国在人才培养和研发上的投资力度不断加大，我国R&D（基础

① 江泽民：《论科学技术》，中央文献出版社2001年版，第13、35、226页。

② 习近平：《在中国科学院第十七次院士大会、中国工程院第十二次院士大会上的讲话》，《人民日报》2014年6月10日。

研究、应用研究、试验发展三类活动）经费投入及其占 GDP（国内生产总值）的比例都在持续增长，中高等学校毕业人数和从事 R&D 的人员都在持续增长（如表 5-1 所示）。

表5-1　1995年以来我国教育经费执行情况和中高等学校毕业人数

项目	时间					
	1995年	2000年	2005年	2008年	2013年	2014年
全国教育经费总支出（亿元）	1059.94	3849.08	8418.84	14500.74	30364.72	32806.46
国家财政性教育经费占GDP的比例	2.46%	2.87%	2.82%	3.48%	4.30%	4.15%
全国职业中学生均预算内事业费（元）	897.42	1349.45	1980.54	3811.34	8784.64	9128.83
全国中等职业学校毕业生总数（万人）	—	—	—	589.15	607.46	577.70
全国普通高等学校生均预算内事业费（元）	5442.09	7309.58	5375.94	7577.71	15591.72	16102.72
全国普通本科/高职院校毕业生总数（万人）	92.59	107	338	559	699	727

注：数据来源于历年全国教育经费执行情况统计公告。

而且，在全球“高被引科学家”名单中，2018 年的名单中，中国大陆入榜人数达到 482 人次，2019 年达到 636 人次。①2019 年 9 月 25 日，中国科技网和科睿唯安共同发布了《筑梦七十载，奋进科研路——从全球学术文献数据看中国科研发展》报告。该报告显示，近年来我国发表的高影响力论文数量进步明显，过去 11 年间，我国共发表 29037 篇高被引论文，仅次于美国，居全球第 2 位；其中，2018 年我国在 *Nature*、*Science*、*Cell* 三大期刊发表论文 332 篇，占这三种期刊当年全部论文总数（2157 篇）的

① 《杭电教授祁力群入选 2019“全球高被引科学家”榜单》，光明日报客户端，2019 年 11 月 25 日。

15.49%。[①] 可见，我国的研发主体实现了量与质的双增长（如表 5-2 所示）。

表5-2 我国R&D和基础研究经费投入概况与研究人员人数

项目	时间				
	1990年	2013年	2014年	2017年	2018年
R&D经费投入（亿元）	125	11847	13015.6	17606.1	19677.9
R&D经费占GDP比例	0.67%	2.01%	2.05%	—	2.15%
基础研究经费投入（亿元）	9.3	555	613.5	975.5	1090.4
基础研究经费占GDP比例	长期保持在近5%的比例				
从事R&D的人数（万人）	—	225	—	—	657.1
从事基础研究的人数（万人）	—	17.7	22.32/年（仅次于美国）		

注：数据来源于《我国 R&D 经费投入稳居全球第二》，《新华日报》2020 年 4 月 9 日。

三、对市场主体的培育及其成长发展

以马克思列宁主义的观点和方法为指导，中国共产党在 1978 年以后对计划和市场的关系形成了正确的认识，建立了中国特色社会主义市场经济理论，一系列的战略举措在这一理论的指导下得以推行，市场主体的培育及其成长发展得到推进。

1. 中国共产党培育市场主体的战略举措及早期探索：推进国有企业改革和发展，鼓励非公有制经济发展；从建设经济特区，到建设高新技术产业开发区，再到设立自由贸易区

第一，十一届三中全会召开后的第二年年末，即 1979 年 11 月 26 日，邓

① 郑金武：《中国高被引论文数量跃居全球第二位》，《中国科学报》2019 年 9 月 25 日。

小平就开始思考在社会主义的中国搞市场经济的问题，也即利用市场经济来解放和发展中国社会主义生产力的问题，在1982年中共十二大，提出“以计划经济为主、市场调节为辅”经济体制改革目标；1984年的十二届三中全会通过了《关于经济体制改革的决定》，提出“社会主义经济是在公有制基础上的有计划的商品经济”的概念，把经济体制改革的重点由农村转移到城市；1987年中共十三大提出“社会主义有计划商品经济的体制”应该是“计划与市场内在统一的体制”；1990年的十三届四中全会提出“建立适应社会主义有计划商品经济发展的，计划经济体制与市场调节相结合的经济体制和运行机制”；1992年中共十四大明确提出“建立社会主义市场经济体制”目标；1999年提出要在21世纪的头十年“建立起比较完善的社会主义市场经济体制”。[①]

第二，为了适应社会大生产和市场经济的发展，基于国有企业，尤其是大中型企业的发展壮大对我国社会主义经济制度和政治制度以及科技实力所具有的意义，十四届三中全会通过的《关于建立社会主义市场经济体制若干问题的决定》把建立现代企业制度确立为国有企业改革的方向，把国有企业发展为“产权清晰、权责明确、政企分开、管理科学”的现代企业，使企业成为法人实体和市场主体，改变过去计划经济体制下，国有企业依据政府的行政指令和计划来安排生产经营活动的做法。[②]自1978年至1998年的20年间，国有企业在改革中焕发出新的生机，在市场竞争中不断发展壮大，国有企业对铁路、电信、航空、石油和电力等领域的技术起着关键作用，能源、冶金、化工、汽车、机械、电子等领域在国民经济中占支配地位。[③]1999年，江泽民提出进一步加快国有企业改革和发展的步伐，着力点主要是坚持建立现代企业制度的改革方向，从战略上调整国有

① 《江泽民文选》（第2卷），人民出版社2006年版，第376页。

② 《江泽民文选》（第1卷），人民出版社2006年版，第441–444页。

③ 《江泽民文选》（第1卷），人民出版社2006年版，第377页。

经济布局和改组国有企业，加快推进技术进步和产业升级以及建设高素质的经营管理队伍。[①]

第三，在非公有制经济发展方面，早在1979年邓小平就提出，可以利用外国的资金和技术，也可以与之合营，华侨、华裔也可以回来办工厂。1980—1992年，把劳动者的个体经济规定为社会主义公有制经济的补充；1984年，把“坚持多种经济形式和经营方式的共同发展”规定为长期方针；1987年十三大，提出“鼓励发展个体和私营经济”的方针；1992年十四大，提出多种经济成分长期共同发展；1997年十五大，确立“以公有制为主体、多种所有制经济共同发展，是我国社会主义初级阶段的一项基本经济制度”；2005年，国务院下发关于鼓励支持和引导非公有制经济发展的政策性文件。

为了吸收大批华侨、港台以及国外企业以与中资合作或他们独资的形式来华投资设厂，有计划地发展个体经济，也即中国的商品经济，1980年8月26日，五届全国人大常委会第十五次会议批准国务院提出的在广东省深圳、珠海、汕头和福建省厦门建立经济特区的决定。邓小平在1984年2月视察了广东和福建的3个特区，他把特区称为技术、管理、知识和对外政策的窗口，并决定增开大连、青岛、海南等14个沿海港口城市为对外开放城市；20世纪80年代末到90年代末，又在知识与技术密集的大中城市和沿海地区建立国家级高新技术产业开发区；2011年开始，在上海、天津、重庆、成都等省份增设了“新特区”；2013年后，在上海、广东、天津、福建等省份建立自由贸易区。

2. 中国共产党培育的市场主体的成长发展情况

深圳作为最早实行对外开放的经济特区，市场经济得到较早孕育，非公有制经济获得较快发展，截至2015年底，深圳非公有制市场主体已占

① 《江泽民文选》（第2卷），人民出版社2006年版，第380-386页。

市场主体总量的95%，在就业方面的贡献率超过了85%，2015年全市非公有制企业经济增加值7488.61亿元，占全市生产总值42.8%，近“半壁江山”。[①] 同时，根据国家工商总局（现国家市场监督管理总局）对2011—2013年三年数据记录，我国非公有制市场主体的数量在持续增加（如表5-3所示），对我国市场经济的发展起着非常重要的作用。

表5-3　2011—2013年我国个体工商户与企业户数变动表

项目	时间						
	2011-6	2011-9	2012-6	2012-12	2013-3	2013-6	2013-9
个体工商户总数（万户）	3601.13	3697.26	3896.07	4059.27	4062.92	4134.78	4311.57
企业总数（万户）	1191.16	1228.21	1308.57	1366.6	1374.88	1408.31	1469.31
个体工商户与企业户数比值	3.02	3.01	2.98	2.97	2.96	2.94	2.93

注：数据来源于国家工商总局。

四、对宏观调控主体的培育及其成长发展

现代意义上的政府是以英国资产阶级革命后建立的资产阶级联合政府为始点的，经过几百年的发展，资本主义国家的现代政府理论和模式逐渐完善。中国共产党领导的无产阶级政权在1949年成立了中华人民共和国中央人民政府，经过几十年的发展，建构了具有中国特色的社会主义现代政府理论。

具体而言，为了让中国的市场主体“舒筋骨”，给中国经济社会发展增添新动力，打掉“拦路虎”，2014年8月19日，李克强在国务院常务会议

① 《我市提升非公有制经济组织党建工作科学化水平迈出坚实步伐》，《深圳特区报》2016年6月26日。

上强调“要持续把简政放权、放管结合作为政府自我革命的‘先手棋’和宏观调控的‘当头炮’”[①]；在2014年12月12日召开的国务院常务会议上，李克强确定“新一批简政放权、放管结合措施，促进转变政府职能、建设现代政府”，会议认为，简政放权是政府自身革命的“重头戏”，是行政体制改革的关键，必须持续推进，进一步激发市场活力。[②]可以说，鉴于政府在市场经济运行中具有的宏观调控职能，对经济发展起着非常关键的作用，中国共产党领导下的中国政府努力通过简政放权、放管结合这两种对政府行政体制改革具有革命性质的措施，来推进政府职能的转变和现代政府的建设，其目的是为了发挥市场主体的主体地位作用，激活市场活力。仔细考察，上述所提到的关于建设现代政府的两个措施、对措施革命性质的界定以及所要达到的经济目的都并不陌生，它们是十一届三中全会期间及其后中国共产党对中国政府职能、机构和体制改革的科学认识在新时期的发展和深入。同时，邓小平强调中国搞的社会主义不是苏联或西方模式，而是坚持马克思主义及其与中国实际的结合，是具有中国特色的模式，中国的政治体制改革是以社会主义的民主和法制为前提进行的。为了与资本主义性质和其他社会主义国家的现代政府理论区别开来，这里把中共在十一届三中全会以来的一系列关于中国政府职能、机构和体制改革，也即如何建设中国现代服务型政府的科学认识称为“中国特色社会主义现代政府理论”。可以说，这一理论经历代中共中央领导集体的推进后，得到了丰富和发展；同时，在这一理论的指导下，建设现代政府的实践也在不断推进，政府作为宏观调控的主体在不断推进的理论和实践中得到成长。

1. 理论推进及其认识发展：中国共产党关于服务型政府建设的科学认识及理论渊源

在十一届三中全会到十三大期间，第二代中共中央领导集体形成了中

---

①《2014：40次国务院常务会议21次强调“简政放权”》，《中国青年报》2015年1月9日。

②《2014：40次国务院常务会议21次强调“简政放权”》，《中国青年报》2015年1月9日。

国特色社会主义现代政府理论的基本框架，并在后来得到了各代中共中央领导集体的进一步推进，建构了关于建设中国现代服务型政府的现代政府理论，为中国现代政府的建设提供了理论基础。

第一，以邓小平同志为核心的中共中央领导集体：形成中国特色社会主义现代政府理论的基本框架。

自十一届三中全会以来到十三大，邓小平关于政府职能，政府机构，政府体制改革目标、内容和前提以及政治体制评价标准的观点形成了中国特色社会主义现代政府理论的基本框架。

在十一届三中全会期间，邓小平在谈到"发扬经济民主"问题时探讨了政府如何行使和规范管理经济的职能。一是强调政府要给经济活动主体放权，使他们有自主权。他认为，我国政府的经济管理体制权力过去集中，应该有计划地大胆下放，否则不利于充分发挥国家、地方、企业和劳动者个人四个方面的积极性，也不利于实行现代化的经济管理和提高劳动生产率，应该给地方和企业、生产队，首先是给厂矿企业和生产队有更多的经营管理的自主权，发挥他们的主动创造精神，有必要在统一认识、统一政策、统一计划、统一指挥、统一行动之下，在经济计划、财政和外贸等方面给予更多的自主权。二是强调要加强法制，要用法律的形式来确立国家与企业、企业与企业、企业与个人之间的关系。[①] 三是强调要研究和解决政府的管理方法、管理制度和经济政策这三方面的问题：在管理方法上，他认为首先要克服官僚主义，它是小生产的产物，与社会化大生产根本不相容，这是建设四化、把社会主义经济全面地转到大生产的技术基础上来的必然要求，其次要学会用先进的经济管理方法管理经济；在管理制度上，要建立严格的责任制，要通过三项措施来发挥这一制度的作用，即扩大管理人员的权限，善于选用人才、量才授予职责，严格考核、赏罚分

① 《邓小平文选》（第 2 卷），人民出版社 1994 年版，第 145–147 页。

明；在经济政策上，要允许和鼓励先富，发挥他们的示范力量。[①]

1982年1月，邓小平阐述了精简机构是一场对政治体制革命的认识。他指出中国政府组织机构及其工作人员存在三个问题：一是机构臃肿重叠、职责不清；二是工作人员不称职、不负责；三是工作缺乏精力、知识和效率。邓小平认为，这些问题是社会主义四化建设所不能容忍的，甚至涉及亡党亡国的问题；他估计可能要精简几百万人，仅就中央一级而言，要精简1/3的人员，并且提议老人和病人要给比较年轻、有干劲和有能力的人让路，要选贤任能，实现干部队伍的革命化、年轻化、知识化和专业化，在他看来，这有利于焕发政府朝气、提高工作效率，使方针和政策得到充分贯彻。[②]也正是在精简政府机构的规模和意义上，邓小平把它称为是一场政治体制的革命。

1986年9—11月，邓小平阐发了有关政治体制改革目标、内容和前提的问题。他首先指出政治体制改革的必要性和紧迫性：改革是全面的改革，不仅包括科技体制、教育体制和经济体制，还有政治体制改革。近年来，科技和经济体制改革进行得基本顺利，但随着改革的进一步发展，存在着政治体制不适应，甚至是阻碍科技和经济体制改革的问题，也即生产关系与生产力的发展不相适应了，不搞政治体制改革，科技和经济体制都难以贯彻，政治体制改革到了刻不容缓的地步了。[③]其次是政治体制改革的目标，他多次谈到了这一点，概括起来讲就是要做到三点：一是消除和克服官僚主义，提高效率；二是发扬社会主义民主，调动各行各业基层人员、工人、农民和知识分子的积极性，始终保持党和行政机构以及整个国家体制的活力；三是实现干部的“四化”，巩固社会主义制度，发展社会主义社会生产力。同时，他也强调了必须坚持的一个前提，即政治体制改革的模式必须根据我国的实

---

① 《邓小平文选》（第2卷），人民出版社1994年版，第149-152页。

② 《邓小平文选》（第2卷），人民出版社1994年版，第396-398页。

③ 《邓小平文选》（第3卷），人民出版社1993年版，第176-177页。

际情况，党在思想上和组织上的领导地位不可动摇；在改革的内容上，他提出从三个方面着手：一是党政分开，解决党如何领导的问题；二是权力下放，解决中央与地方的关系；三是精简机构，也是解决权力下放的问题。[①]

1987年，邓小平明确提出评价一个国家政治体制好坏的标准后，强调了中国特色社会主义的民主模式。在他看来，一个国家政治体制、政治结构和政策的正确与否，关键是看如下三点：一是国家的政局是否稳定；二是能否增进人民的团结和改善人民的生活；三是生产力能否得到持续发展。邓小平强调中国的社会主义要有中国特色，也就是中国坚信马克思主义，并坚持马克思主义与中国实际的结合。[②]同时，他一方面强调了社会主义民主制度的最大优越性就是总的效率高，即只要作出决议，可以立即执行，不受牵扯；另一方面也认可资本主义国家在经济管理和行政管理上的效率，认为在这两个方面可以吸收他们的管理方法。[③]1987年6月，在与美国卡特总统会谈时，邓小平强调中国政治体制改革坚持的是从中国实际出发的社会主义的民主和法制，中国不会也不可能照搬美国的模式。[④]邓小平还多次表示，要把政治体制改革写进中共十三大报告。

第二，以江泽民同志为核心的中共中央领导集体：从政府机构改革的原则、目标和方针三个方面发展了中国特色社会主义现代政府理论。

江泽民以马克思主义关于经济基础与上层建筑的辩证关系原理为基础，基于十四大以来政府机构存在的问题对于社会主义市场主体和市场经济改革和发展的不良影响，提出了政府机构改革的目标、原则和方针，发展了邓小平建构的中国特色社会主义现代政府理论。他指出，根据经济基础与上层建筑的辩证关系原理，不断发展的经济基础要求上层建筑也要不断调整和完善，作为上层建筑的中国政府机构要不断地适应中国不断向前发展

① 《邓小平文选》（第3卷），人民出版社1993年版，第178–180、241页。
② 《邓小平文选》（第3卷），人民出版社1993年版，第213–214页。
③ 《邓小平文选》（第3卷），人民出版社1993年版，第240–241页。
④ 《邓小平文选》（第3卷），人民出版社1993年版，第244–245页。

的经济基础。江泽民援引邓小平在1980年和1982年提出的关于机构必须改革和精简机构是一次革命的观点，强调了机构改革既是党和国家制度改革的重要任务，也是政治体制改革的重要内容。在他看来，到1998年，面对不断发展的社会主义市场经济，我国政府机构现有的设置、职能、体制都与之不相适应，存在“政企不分、职能重叠、机构臃肿、人浮于事、效率低下、官僚主义严重”等问题，这些问题不仅严重影响国有企业真正走向市场，而且影响社会主义市场经济体制的建立，甚至影响改革开放和现代化建设的步伐。[①] 基于此，江泽民提出与社会主义市场经济发展相适应的政府机构改革的四个目标、四大原则和三个方针（如表5-4所示）。

表5-4　适应社会主义市场经济发展的政府机构改革

四个目标	四大原则	三个方针
1. 建立办事高效、运转协调、行为规范的行政管理体系	1. 转变政府职能，实现政企分开	1. 决心要大
2. 完善国家公务员制度	2. 按照精简、统一、效能的原则，调整政府组织结构	2. 工作要细
3. 建设高素质、专业化的国家行政干部队伍	3. 按照权责一致的原则，调整政府部门的职责权限，明确划分部门之间的职能分工	3. 妥善安置分流人员
4. 提高为人民服务水平	4. 按照依法治国、依法行政的要求，加强行政体系的法制建设	—

2001年，针对国内外给予中国政治体制改革问题的高度关注，江泽民强调了中国在政治制度和政治体制上对“共产党的领导、社会主义制度和人民民主专政”的坚持，明确指出中国政治体制改革的目标是为了更好地巩固和坚持社会主义政治制度，是为了发展有中国特色社会主义的民主。[②]

---

①《江泽民文选》（第2卷），人民出版社2006年版，第107-109页。

②《江泽民文选》（第3卷），人民出版社2006年版，第233-235页。

他重申了政治体制改革必须坚持的六个原则，与邓小平所强调的基本上保持一致。

第三，以胡锦涛同志为总书记的党中央：从六个方面深化中国特色社会主义现代政府理论。

十六大以来，以胡锦涛同志为总书记的党中央从政府职能的科学界定与转变、行政管理体制与行政审批制度改革、服务型政府的建设以及加强和创新社会管理等方面深化了中国特色社会主义现代政府理论。

2002 年召开的中共十六大，将政府职能界定为“经济调节、市场监管、社会管理和公共服务”。在 2003 年召开的十六届三中全会上，胡锦涛强调“要增强政府的服务职能，首要的是深化行政审批制度改革，使政府职能由‘全能型’向‘服务型’转变”。2004 年 2 月，党中央提出“服务型政府”的概念，并在 2005 年的政府工作报告中强调要“努力建设服务型政府”。2005 年 12 月，鉴于行政管理体制不适应于经济社会发展不断推进的新形势，胡锦涛在中共中央政治局集体学习时提出要推进行政管理体制改革，加快转变政府职能等，他强调“要以政府职能转变为重点，继续推进政企分开、政资分开、政事分开、政府与市场中介组织分开，加强和完善宏观调控，减少和规范行政审批”，切实把政府职能转变到上述四个方面上来。2006 年召开的十六届六中全会以中央文件的形式确定了“建设服务型政府”的目标。2007 年中共十七大强调“加快行政体制改革，建设服务型政府”。2008 年的政府工作报告把“加快转变政府职能”视为深化行政管理体制改革的核心，中共中央政治局第四次集体学习时强调“服务型政府建设是加快行政管理体制改革、加强政府自身建设的重要任务”。2010 年全国两会的政府工作报告提出“要努力建设人民满意的服务型政府”，并指出中国政府存在“职能转变不到位，对微观经济干预过多”的问题。2011 年，胡锦涛在亚太经济合作组织（APEC）工商领导人峰会上发表主旨演讲时提出，中国将“加快建设法治政府和服务型政府，深化行政审批制度改革，减少政府对微观经济活动的干预，健全制约和监督机制，推动政府服务朝着更加规范有序、高效便民、公开透明的方向发展”。2011 年 2 月，胡锦涛在省部级主要领导干部社会管理及其创新专题研讨班开班式上发表讲话时提出，“加强和创新社会管理”，突出政府社会管理职能。

综上，十一届三中全会以来，中共中央领导集体围绕政府职能的转变，基于对机构和体制改革的科学认识和实践推进，形成和发展了关于建设服务型政府的现代政府理论。

2. 实践推进：战略举措的实施与政府机构、体制和职能的转变

改革开放至今（2016 年），中国政府在中国共产党的领导下进行了七次政府机构改革，分别是 1982 年、1988 年、1993 年、1998 年、2003 年、2008 年，最新一轮从 2013 年开始启动。可以说，中国政府在不断推进的政府机构改革中推进行政管理体制的改革和职能的转变，也正是在这一进程中，作为宏观调控主体的政府获得了成长和发展、进步和完善。

从前面的论述可知，早在十一届三中全会期间，邓小平就提出要通过精简政府机构和简政放权这两项措施来提高政府的工作效率，实现干部的“四化”和调动广大人民群众的积极性，1982 年更是把政治体制改革定位为“一场革命”，这一年国务院各部门从 100 个减为 61 个，编制从 5.1 万人减为 3 万人。十三大（1987 年）提出“逐步健全以间接管理为主的宏观经济调节体系”的目标，在关于政府体制改革的部分，一是提出以“凡是适宜于下面办的事情，都应由下面决定和执行”为原则逐步下放权力；二是提出新一轮进行的机构改革“必须抓住转变职能这个关键，按照经济体制改革和政企分开的要求，合并裁减专业管理部门和综合部门内部的专业机构，使政府对企业由直接管理为主转变到间接管理为主”。第二年，即 1988 年，国务院部委从 45 个减为 41 个，改革后人员编制减少 9700 多人。十四大（1992 年）确立了社会主义市场经济体制改革的目标后，1993 年，国务院组成部门、直属机构从 86 个减少到 59 个，人员减少 20%。为落实十五大（1997年）作出的关于“推进机构改革”的战略部署，十五届二中全会（1998年）通过了《国务院机构改革方案》，国务院撤销15个部委，新建4个部委，更名3个部委，改革后，国务院的组成部门从原有的40个减少到29个。十六大（2002年）作出了“深化行政管理体制改革”的战略部署，提出要“进一步转变政府职能，切实解决层次过多、职能交叉、人员臃肿、权责脱节和多重多头执法等问题”，十六届二中全会（2003年）审议通过了《关于深化行政管理体制和机构改革的意见》，国务院组成部门由29个整合为28个。为贯彻十七大（2007年）的战略部署，十七届二中全会（2008年）审议通过了《关于深化行政管理体制改革的意见》和《国务院机构改革方案》，为形成更加完善的宏观调控体系，改革后，除国务院办公厅外，国务院组成部门设置27个，这次国务院改革涉及调整变动的机构共15个，正部级机构减少4个。为贯彻十八大（2012年）的战略部署，十八届二中全会（2013年）通过了《国务院机构改革和职能转变方案》，国务院组成部门将减少至25个，这也是改革开放以来的第七次政府机构改革。

自2001年以来，政府通过推进行政审批制度改革来实现简政放权。自2001年推行行政审批制度改革以来，行政审批目录从2001年的4300多项，到2012年底，减少到1700多项；2013年以来，国务院各部委已取消、下放334项行政审批等事项，李克强提出“削减三分之一”的任务已完成大半。[①] 到2015年初，新一届政府先后取消和下放了7批共632项行政审批等事项，同时修订了政府核准的投资项目目录，改革商事制度，减少、整合财政专项转移支付项目，大力减少行政事业性收费，清理并取消资质资格许可事项和评比达标表彰项目。[②]

---

①《政府职能转变：从“全能政府”到“有限政府”》，《中国经济周刊》2013年11月19日。

②《九新：新常态下的全面深化改革》，《学习时报》2015年3月2日。

从上面的论述可知，中国政府在中国共产党现代政府理论的指导下，以转变政府职能为核心，对政府机构、行政管理体制和行政审批制度进行了持续不断的改革，使自己逐渐摆脱了计划经济条件下的官僚主义作风，打造成为适应并推动社会主义市场经济体制改革和发展的现代服务型政府。

五、对三大主体的聚合

中国共产党对以上三大主体的聚合是伴随着国家创新系统理论的发展而推进的。

中国共产党的国家创新系统理论最早可以追溯到 1978 年 9 月邓小平关于引进先进技术改造企业要提高创新的主张，尽管邓小平没界定什么是创新，但他将创新与技术引进和企业改造联系在了一起；同年 12 月，邓小平又把创新与解放思想和开动脑筋联系在了一起，认为革命和建设一样，都要实事求是、解放思想，要有一批勇于创新的闯将。这里“创新”用作动词，其动作的第一个对象是技术，包括工艺和设备，目的是企业的生产发展，即通过创新技术或技术的创新实现对企业的改进，最终促进生产的发展和职工收入的提高；其动作的第二个对象是解决问题和处理事情的办法和方法，其目的是取得革命的胜利和建设的成功。如此，邓小平不仅把技术的创新看作是企业改造和生产发展众多环节中的一环，还把方法和办法的创新看成是影响革命和建设成功与否的一个重要因素，甚至把它与真理标准问题的争论放在一起，视为影响党和国家前途和命运的因素。邓小平对“创新”一词的提出和运用为中国特色社会主义国家创新系统理论奠定了基础。这也是中国特色社会主义国家创新系统理论的萌芽。经过江泽民和胡锦涛的推进后，得到了进一步丰富和发展。也正是在这一过程中，中国共产党对技术活动的各类主体进行了聚合。

江泽民首先在思想路线上把“创新”与“与时俱进”联系在一起，进而建构了技术创新系统理论，经由国家技术创新系统理论，发展为国家创新系统理论。在1995年5月26日召开的全国科学技术大会上，江泽民首次阐发了他关于以政府为主导的，面向市场、产学结合的技术创新系统理论。在促进科技与经济结合的层面，他提出要“建立技术创新机制”，尤其是要“建立、健全企业的技术创新体系”[①]；他强调要实行三种结合，一是企业与科研机构和高等院校的结合，二是研究开发与生产的结合，推动科研院所面向市场，进入大型企业集团，三是企业内部实行科研、设计和生产的结合。同时，在江泽民看来，创新之于民族进步，是灵魂；之于国家的兴旺发达，是不竭动力。他一是强调在坚持技术引进的同时要坚持不懈地提高自主创新能力，即提高自主研究开发能力，二是强调在市场机制尚不健全的情况下，对于与经济建设密切相关的技术开发和成果推广等活动，既要发挥市场机制的作用，使企业逐渐成为这些活动的主体，但政府也要在这些方面给企业提供政策支持；对于事关国家整体利益和长远利益的，则要以政府的投入为主，由重点科研院所和高校来承担相应的基础和应用研究。[②]这里，尽管江泽民只是提出了“技术创新”一词，没有明确地界定它的概念，但从具体的语境看，江泽民话语体系中的技术创新不仅包含着生产性的企业以科学研究为基础的技术开发和成果推广活动，要与专业的研究机构合作，而且包含着科研机构的研究活动要以市场需求为导向，要与生产性的企业合作。也就是说，企业和科研要打破计划经济时代生产（企业）与科研（机构）相分离的局面，使企业与科研机构都以市场为导向通过技术创新活动展开合作，甚至使企业自身执行基础和应用研究的功能。基于此，可以说，在江泽民看来，技术创新是基于基础和应用

① 江泽民：《论科学技术》，中央文献出版社2001年版，第53页。

② 江泽民：《论科学技术》，中央文献出版社2001年版，第53–57页。

研究的技术开发和应用推广，即科技研究成果的商品化和现实生产力的转化。

1997 年，江泽民在科技、教育和经济结合的层面，强调政府要从政策上支持和鼓励“企业从事科研、开发和技术改造”，“使企业成为科研开发和投入的主体”[①]，使科研机构和高校以不同形式进入企业或与企业合作，走产学研结合的道路。如此，教育领域的高等院校加入了技术创新的行列。也就是说，高校和研究机构一样，他们的科研成果都要通过生产性的企业来实现现实生产力的转化，以至于江泽民直截了当地指出，“企业是技术创新的主体”[②]。由此，江泽民建构了以企业为主体、市场为导向、产学研相结合的技术创新系统理论。

随着知识经济，即“建立在知识的生产、分配和运用之上的经济”时代的到来，1998 年 3 月，江泽民不仅提出了“知识创新”，还强调“要树立全民族的创新意识，建立国家的创新体系”。[③] 同年 6 月，江泽民又提出了“加快建立当代中国的科技创新体系”，全面增强科技创新能力。1999 年 5 月再次强调了这一点，还提出要“加快形成以企业为中心的技术创新机制”，在他看来，一个国家和地区能否“在发展上占据主导地位”取决于它能否“在知识和科技创新上占优势”。[④] 在 1999 年 8 月召开的全国技术创新大会上，江泽民提出“建设国家知识创新体系”[⑤]，在他看来，科技创新是“当今社会生产力解放和发展的重要基础与标志”，一个国家和民族的发展进程由它决定。而技术创新作为科技创新最重要的一个方面，又必须进一步加强，进而他对技术创新进行了界定，即“企业应用新知识、新

---

① 江泽民：《论科学技术》，中央文献出版社 2001 年版，第 93 页。

② 江泽民：《论科学技术》，中央文献出版社 2001 年版，第 93 页。

③ 江泽民：《论科学技术》，中央文献出版社 2001 年版，第 101 页。

④ 江泽民：《论科学技术》，中央文献出版社 2001 年版，第 130–133 页。

⑤ 江泽民：《论科学技术》，中央文献出版社 2001 年版，第 143 页。

技术和新工艺，采用新的生产方式和经营管理模式，提高产品质量、开发新的产品，增强市场竞争的能力和抵御风险的能力”[①]。这一界定一方面明确了技术创新的主体、内容和目标，另一方面明确了技术创新的前提，即要有可供现实应用的新的知识、技术和工艺以及新的生产方式和经营管理模式，科学发现和技术发明活动是技术创新活动的前提，要求打破科研机构之间、企业之间、高校之间以及科研机构、高校与企业之间的界限。同年11月，他提出“大企业和企业集团要建立技术开发中心，实现市场开拓、技术创新和生产经营一体化”，而且科研机构除了进入企业，与企业合作外，还可以改制为企业，尤其是应用开发型机构。[②] 由此，江泽民形成了较为成熟的国家技术创新系统理论。

2000 年 6 月，江泽民又提出了理论和体制的创新，从而使创新由“知识 + 技术”发展为“知识 + 科技（科学 + 技术）”，再发展为“知识 + 科技 + 理论 + 体制”；同时，他强调了国家需求与科学前沿的结合，提出通过知识、技术和体制的三重创新来建设国家创新体系，提高全社会的创新意识和国家创新能力。[③] 此外，继 1996 年 12 月提出军事理论的创新后，2000 年 7 月，江泽民把自主创新与自力更生一起视为国防科技建设的根本立足点，强调国防要服从国家的经济建设，坚持以经济建设为中心，国防科技工业的发展要坚持“寓军于民”和“大力协同”，改变军民分割的局面，促进军民科研体系之间的联系、结合与合作，形成社会大协作体系。[④] 由此又形成了国家创新系统理论。在 2006 年 1 月召开的全国科学技术大会上，胡锦涛首次全面而系统地阐发了这一理论。会上，胡锦涛提出“制度创新”和“建设创新型国家”，并强调要建设由技术、知识、国防科技、

---

① 江泽民：《论科学技术》，中央文献出版社 2001 年版，第 148 页。

② 江泽民：《论科学技术》，中央文献出版社 2001 年版，第 172 页。

③ 江泽民：《论科学技术》，中央文献出版社 2001 年版，第 207 页。

④ 江泽民：《论科学技术》，中央文献出版社 2001 年版，第 209–210 页。

区域、科技中介服务这五个创新体系有机组成的具有中国特色的国家创新体系。这也标志着中国特色社会主义国家创新系统理论形成和发展。

中国共产党以国家创新系统理论为指导，通过推进和深化科技、经济和教育体制的改革，建立和健全“政府—市场—学界—社会”多元结构的国家创新系统机制，将政府、企业、科研机构、高校和科技中介服务机构聚合为一个有着共同目标——建设中国特色社会主义国家创新体系的共同体。

第四节 中国共产党对持续发展之实践基础的组织领导

从前面的阐述可知，现代技术思维方式的形态会随着技术实践活动的发展而发展，以至于不同历史阶段有不同的现代技术思维方式形态。也就是说，现代技术思维方式的不同形态需要相应的实践活动作为它形成和发展的实践基础和前提。例如，从世界范围来看，现代技术思维方式的第三个形态——技术创新思维方式在20世纪50年代伴随着第三次技术浪潮的发起而萌芽和兴起，随着第三次技术浪潮在20世纪70年代的推进而形成，并在20世纪80年代末90年代初以新的高级形态持续演进。基于此，在1989年以后，中国共产党紧跟世界科技和技术思维方式发展的趋势，继续坚持对技术实践活动的组织领导，推进中国现代技术思维方式的快速发展。

一、持续发展的实践基础：中国共产党组织领导的信息和高铁技术创新

在现代信息技术方面，汤姆·马杰里森在《技术史》中把预见计算机具有商业价值，并于1948年成立公司制造首台商用电子计算机UNIVAC的埃克特和毛希利称为“技术创新的领先者”。换言之，二战期间基于军事目的研制的现代电子计算机在20世纪50年代初开始从军用转向民用，

走上了商业化和市场化的发展征程；60 年代开始呈现产业化的发展态势，60 年代末又开启了互联网时代[①]；70 年代揭开微机发展的序幕后，又在 80 年代逐渐走向了大众化[②]。这也成为技术创新思维方式在西方兴起后形成和发展的典型实践基础。基于这一背景，1989 年以后，以江泽民同志为核心的中共中央领导集体立足世界科学技术发展的趋势和中国信息技术发展的现状，组织和领导中国技术共同体在原有的技术积累上开展信息技术的创新活动，为中国现代技术思维方式的快速发展，尤其是技术创新思维方式形态的形成奠定了一个坚实的实践基础。

同时，在铁路方面，早在 19 世纪上半叶，恩格斯就认为运用科学原

---

① 随着第二代晶体管电子计算机在 1958 年推向市场，计算机需求快速增长，到 1960 年，一个从事计算机设计、制造和销售的新兴产业和市场应用体系逐渐建立了起来，美国有 26 个公司，英国 7 个，德国 3 个，荷兰 2 个，法国和意大利各 1 个；日本从 1960 年开始引进 IBM 专利技术后，通过两年的分析、消化、设计和生产的方式，很快进入工业化大生产的阶段，并迅速推向市场。由于欧洲国家的计算机主要用于科学和国防目的，美国的大多数计算机用于会计和商业计算，到 1965 年，IBM 的国际市场占有率由 1960 年的 70% 增加到 75%，这种新兴产业已经达到世界一流水平。同时，第三代电子计算机在 1964 年问世后，制造商致力于研制成本低、功能强大的微型计算机，它以第四代大规模集成电路计算机的形式在 1970 年开始进入销售市场，深受中小企业事业单位的青睐。

② 随着新型集成电路的发展及其在计算机主机中的应用，计算机的外围设备及其基本软件和相关辅助软件在系统占经费中所占份额持续增长，尤其是软件费用，到 1970 年，软件费用占全部系统费用的比例由 20 世纪 50 年代的 5%～10% 增加到了 70%。此外，与电子计算机生产发展的批量化趋势相反，它所带来的“信息革命”朝着分散化和满足个性化需求的方面演化。以教育为例，正如 1969 年经济合作与发展组织（OECD）在《电子计算机》的报告中所指出的，现代电子计算机辅助教学和教学机的发展，使个性化的“专门教育”在理论上成为可能。这就意味着，在古代，只有特权阶层才能得到个性化教育，即“从自己师傅的专门教育”；而现在，随着计算机在教育领域的应用，所有的学生都可以获得。也正是在 1969 年，在美国国防部高级研究计划署（ARPA）制定的协定下，美国 4 所大学的 4 台主要计算机连接起来，组成了互联网，即因特网，开启了互联网时代，增强了沟通交流的便捷性，实现了资源和信息的共享。1971 年，美国英特尔公司研制出了 Intel 4004 和世界首台基于 4004 的 4 位微机 MCS-4，揭开了微机发展的序幕；1976 年成立的苹果公司在 1977 年就成功推出了 Apple Ⅱ微型个人计算机，1981 年，IBM 进入微机领域，推出了 IBM-PC，个人计算机逐渐得到普及。

理修筑的铁路是人类文明进步的推动力，马克思认为它是“现代工业的先驱”。[①] 速度是运输业的灵魂，当铁路的运行速度在20世纪中叶受到高速公路和航天飞机的挑战后，铁路作为“工业先驱”的地位受到了严重挑战，出现了日渐衰落的势头。1964年日本新干线的开通运营，使铁路以“高速铁路”的身份在日本恢复了它作为“工业先驱”的地位，铁路的速度自此成为衡量一个国家铁路现代化程度的重要标志，新干线被誉为“日本经济起飞的脊梁”，而且高速铁路技术作为新学科、新技术、新材料和新工艺的集大成者也被誉为一种能揭示技术革命发展方向的“大国技术”[②]，它不仅成为人类现代科技进步和技术创新的重要标志，也成为衡量一个国家综合国力的重要标志，反映一个国家和民族创新能力的高低。2012年11月召开的中共十八大更是把高速铁路视为“创新型国家建设成效显著”的重要标志，也是现代技术思维方式第四个形态——国家创新系统思维方式形成的典型实践基础。

自日本在1964年开启高铁时代以来，在法国和德国的相继推动下，高铁技术在20世纪90年代后期迎来大发展。然而，当法国和德国在20世纪80—90年代奋力追赶日本高铁技术时，中国铁路错过了20世纪80年代与改革开放同步发展的十年良机，1990年，中国铁路的平均运行时速（48.3公里）略高于英国在1830年开通运营的首条铁路的时速（47公里）。中国在1995—1996年对既有线路进行试验性提速后，1997年进行了首次大面积提速，由此拉开了中国高铁发展的序幕。1997—2012，经过十年（1997—2007）的高速铁路科研试验和技术储备、四年（2008—2012）的大规模高铁建设与运营，中国系统地掌握高速铁路的关键技术，成为世界上仅有的几个具备从勘测、设计到建设和运营管理、国际市场竞争，即全面掌握高

① 《马克思恩格斯选集》（第1卷），人民出版社1995年版，第35、772页。

② 王雄：《中国速度——中国高速铁路发展纪实》，外文出版社2016年版，第89页。

铁整体技术的国家之一，中国铁路时速和装备制造水平的世界排名也从20世纪末的60位之后到2016年跃居世界前列。中国高速铁路技术在十多年里的持续创新与超越为中国现代技术思维方式的快速发展又奠定了一个坚实的实践基础。

二、中国共产党组织领导信息技术创新活动的开展

中国信息技术的创新活动有四个重要的关节点：一是概念的提出，即邓小平在1978年提出技术创新；二是1985年，完成了微机的研制和鉴定；三是1994—1996年，建立了中国的电子信息技术产业及其市场应用体系；四是1996年以后开始走向大众化。

1983年，中国电子工业部计算机工业管理局把生产IBM-PC兼容机确立为我国计算机发展的方向，该任务交由电子工业部第六研究所承担。第六研究所结合XT兼容机的硬件和汉字操作系统CCDOS，成功地创建了硬件与软件相匹配的中文操作系统，完成了0520A的研制。在电子工业部计算机局的组织下，实施了1000台微机批量生产的项目，中国国产微机真正进入市场。但是，由于字库和打印方面的不足，速度慢、应用不便，开发、生产与销售相脱节，简言之，即并不能真正满足我国市场的需求；同时，随着改革开放政策的实施，IBM等国外品牌微机大势涌入中国，对中国国产微机产生了巨大的冲击，国内主要厂商陷入困境，到1985年，我国微机产业处于崩溃的状态。鉴于这一情形，电子工业部计算机局打破原有各自为政的格局，组织骨干，在日本开发中文显示软件，在香港研制硬件，并于1985年成功开发出长城0520CH，这是首台具备完整中文信息处理能力的国产微机，在汉字信息处理上处于国际领先地位，在国内市场上占有一席之地。然而，这是计划经济体制下的政府行为在20世纪80年代的延续。1986年以后，长城和浪潮公司逐渐成长起来，到1995年，长城

和联想集团的微机年产量超过了10万台，我国微机市场年销售量首次突破百万台，中国微机呈现出商业化和市场化的发展态势。1996年，联想集团成为我国微机市场的龙头老大。1997年，我国还涌现出如方正、同方、实达、海信等国产品牌的微机。[①]由此，有力地推进了计算机应用在我国的普及。

在软件方面，计算机辅助软件工程CASE的出现和兴起突破了软件发展的瓶颈，它使软件开发脱离了手工作坊和手工工艺的方式，进入了工程化生产阶段，它是基础性、战略性的软件开发平台，是举足轻重的软件技术和产品。[②]在“七五”和“八五”科技攻关期间，我国先后自主研制了作为我国软件发展标志性成果的第一代和第二代CASE，即青鸟系统，1994年以它为核心成立了包括5个子公司在内的北大青鸟集团，构筑了以软件和微电子计算为核心的产品体系；1995年，科技部组建了国家火炬计划软件产业基地后，具有代表性的软件园和软件企业获得发展，到1997年，软件园的发展已初具规模，用友软件公司、科利华集团、东软集团和方正集团等实现由公司向规模化的软件企业转变，成为我国软件产业的龙头企业。[③]

在互联网的应用方面，1987年9月20日，即北京市计算机应用研究所实施国际联网项目一年后，我国钱天白教授发出了第一封电子邮件；1992年，中国科学院院网、清华大学和北京大学的校园网初步完成了局域网的建设，并投入运行；1993年，中国科学院在中关村地区的30多个研究所率先实现了计算机网络互联；1994年4月，我国的NCFC开通了64K的国际

---

① 刘益东、李根群：《中国计算机产业发展之研究》，山东教育出版社2005年版，第123-124页。

② 刘益东、李根群：《中国计算机产业发展之研究》，山东教育出版社2005年版，第150页。

③ 刘益东、李根群：《中国计算机产业发展之研究》，山东教育出版社2005年版，第150-159页。

专线，实现了与 Internet 的全功能连接，由此，我国被国际上正式承认为有 Internet 的国家；1996 年 10 月，经原邮电部批准，北京地区有 31 家的商业 ISP（互联网服务提供商），国内大大小小的 ISP 发展到了数百家；具有代表性的中国阿里巴巴网络公司和北京珠穆朗玛电子商务网络有限公司分别在 1999 年 3 月和 5 月成立。[①]

基于以上阐述，经过十余年的孕育，到 1994—1996 年，随着长城、联想、北大青鸟等计算机软硬件生产企业的规模化以及数百家商业 ISP 的成立，中国电子信息技术产业及其市场应用体系得以建立，以科技成果的商品化和市场化为目的的技术创新活动有了实质进展。

三、中国共产党组织领导高铁技术创新活动的开展

日本新干线投入运营的时速从 210 公里增速到 300 公里花了整整 33 年（1964—1997 年），法国 TGV 投入运营的时速从 260 公里增速到 360 公里花了整整 27 年（1981—2008 年），德国 ICE 投入运营的时速从 300 公里增速到 330 公里花了将近 10 年（1991—2000 年）。2008 年 8 月投入运营的中国首条高速铁路时速为 350 公里，中国国产投入运营的动车组时速从 350 公里增速到 380 公里仅花了 5 年（2008—2013 年），从下线的时间看，从 350 公里增速到 380 公里，中国仅花了 2 年（2008—2010 年）；而且，在这期间，中国高速铁路构建了符合中国国情和路情的比较完善的技术标准体系来保证列车的“高速度、高密度、高安全性、高平稳性”性能；加之高速铁路作为“大国技术”，是高新技术及其产业的集大成者，涉及冶金、通信、电子、信息、材料、航空、航天、环保、计算机原材料等各个

① 刘益东、李根群：《中国计算机产业发展之研究》，山东教育出版社 2005 年版，第 189-190、200-205 页。

产业，汇集了空气动力学、高速轮轨系统动力学、金属与非金属材料轻量化技术、交流传动与控制技术、电—空复合制动技术、减阻降噪技术、空气自动调节与气密性技术、计算机网络控制与自动诊断技术、人体工程学等当代高科技领域和最新科技成果，集中反映了当代新型牵动动力、高性能轻型车辆、高质量线路、运行控制指挥、运输组织和经验管理等方面的技术进步。[①] 如此，可以说，较之日本、法国和德国，中国高铁技术的发展起步虽晚，但起点高，而且在短时间内自主地掌握了高铁技术的系统集成，达到了高标准和高性能，实现了产业化，具有了参与国际市场竞争的优势。也就是说，起步虽晚的中国高铁技术在相对较短的时间内实现了跨越式发展。具体的活动过程如下。

1. 有组织有计划的技术准备：由铁道部主导

中国高速铁路的技术准备是从既有线路的提速技术、高铁技术科研攻关与技术储备以及高速列车制造主体的培养这三个方面协同进行的。

第一，1990 年是中国高铁科研攻关的启动年。这一年，铁道部重点组织“高速铁路成套技术”重大科技攻关项目论证，并于 1991 年经国家批准列入国家“八五”（1991—1995 年）重点科技攻关计划，同时铁道部正式立项，下达了“中国高速铁路发展模式和规划的研究”科研课题，由中国铁道科学院具体负责实施。1991—2003 年，中国铁道科学院与路内外上百个单位联手攻关，先后承担了铁道部下达的与高速铁路相关的科研项目共 353 项，项目广泛涉及高铁的发展模式、基础理论、专业技术、设计与施工、运输组织、材料应用和检测技术等领域，为中国高铁建设奠定了理论与技术基础。同时，秦沈铁路客运专线作为中国自主研究、设计、施工建设的第一条客运专线，标志着中国初步拥有了自主知识产权的时速 200 公里以上铁路设计、建造以及成套装备制造和综合系统集成的能力，为中

① 王雄：《中国速度——中国高速铁路发展纪实》，外文出版社 2016 年版，第 88–89 页。

国高铁发展提供了丰厚的技术储备和坚实的基础。

第二，1991—1994 年对广深铁路进行的提速技术攻关以及 1995 年 5 月至 1996 年 11 月对华北、华东、东北和中原“四大战场”的技术改造和试验性提速，为 1997—2007 年全国铁路的全面大提速提供了科学依据、实践经验和建设样板。在大面积提速的过程中，铁道部始终把安全摆在首位，对提速的安全进行反复的科学论证，投入上亿元的经费，组织 50 余项重大课题攻关，大量的科学论证为提速后的安全可靠性建立了基础，每一个大提速前都要进行多次科学实验和模拟运行，为提速提供各项参数和科学依据。可以说，每一次的大提速都是以技术上可行、安全上可靠、经济上合理为实施条件的。连续 6 次的大面积提速不仅为中国掌握高速铁路技术的国际标准奠定了基础，还转变了中国铁路运输的组织和经营理念。

第三，在广深铁路提速启动的第二年，即 1992 年，铁道部成立了“高速办”，组织一批专家开始一刻不停地跟踪和研究世界高速铁路，特别是高速列车的技术发展与进步；1995 年，黄强受命主持国家“九五”重点科技攻关项目“高速试验列车技术条件的研究”；1996—2001 年，由黄强挂帅，率先研制了中国首列“先锋号”动力分散型动车组。

同时，四方、长客、唐山、株机等轨道客车制造企业通过地铁、城轨车辆研制项目，积极推进与德国西门子、法国阿尔斯通和日本川崎重工进行交流与合作，在高速铁路人才培养、技术储备和工业化改造方面取得重要进展。1997 年 4 月，以大提速为契机，中国动车组开始了走向市场的“破冰之旅”，进入一个较快的发展时期。2000 年 12 月 15 日，铁道部与中国铁路机车车辆工业总公司实施政企分开，与铁道部脱钩后的工业总公司重组为中国南方机车车辆工业集团公司和中国北方机车车辆工业集团公司，使中国铁路装备制造技术和发展有了活动主体。到 2002 年，四方、长客、唐山、株机等一批生产动车组的企业已经成长为中国铁路制造业的龙头企业，为中国高速列车技术的跨越式发展提供了人才队伍、技术储备和经验。

2. 宏图的绘制与联合行动计划的制定：高铁发展由部门共识上升为国家意志

2003 年 8—11 月，铁道部制定并审议通过了《加快机车车辆装备现代化实施纲要》。2004 年 1 月 7 日，国务院审议通过了铁道部在 2003 年 5 月组织编制的《中长期铁路网规划（2003—2020）》，这不仅是国家批复的关于铁路行业的首个中长期规划，也是新世纪国家批准的第一个行业专项规划，充分凸显了中国政府对铁路发展的高度重视。该规划明确提出，京津通道需要修建三条快速客运专线，“十一五”期间先修建京沪高铁和京津城际铁路。2004 年 4 月，国务院在研究铁路机车车辆装备问题的专题会议上，提出了“引进先进技术、联合设计生产、打造中国品牌的指导方针”，确定了项目运作的模式，形成了《研究铁路机车车辆有关问题的会议纪要》。“规划”和“纪要”为高铁网络和打造中国动车组品牌绘制了宏伟的发展蓝图。2004 年 7 月，国家发改委与铁道部联合印发了大功率交流传动电力机车和时速 200 公里动车组的技术引进与国产化实施方案。

2008 年 2 月 26 日，科技部和铁道部共同签署了《中国高速列车自主创新联合行动计划合作协议》，这是科技部有史以来首次与一个行业共同构建国家级自主创新平台，其核心目标是开发运营时速 380 公里的新一代高速列车，建立并完善中国高速铁路技术体系，使节能环保和综合舒适度都达到领先水平。

3. 有计划有组织地组成政产学研用科技创新国家队：打造技术创新平台

2006 年 9 月时速 200 公里的中国动车组下线后，铁道部开始整合全路装备制造业的资源与人才，谋划自主研制生产时速 350 公里的高速列车。铁道部建立了以四方股份、唐车公司、长客股份等主机厂为龙头，以铁科院、株洲所、四方所、戚墅堰所、永济厂等国内骨干企业为支撑的高速动车组设计制造体系，启动了研制工作。2008 年 2 月两部联合行动计划制定后，南车四方股份公司、北车长春客车股份公司、北车唐山客车股份公司三大主机厂相继建成了高速列车系统集成国家工程实验室，发展了上百家配套核心层企业，形成了一个庞大的高新技术研发制造产业链，逐渐成为中国铁路装备制造领域的领军企业。半年后，科技部以侧重于气动力学基础研究的“973”、侧重于车轮材料和检测技术研发的“863”和侧重于高速轮轨和列车研制的“科技支撑”这三大国家科技计划项目的形式，接受了新一代高速动车组减阻、降噪和运行安全的科研任务。

换句话说，各部门、行业、院校、企业的体制壁垒被打破，分散在全国的设备、资金、人才等科技资源得到整合，一个以政府为主导、企业为主体、市场为导向、项目合作为纽带、政产学研用紧密结合的战略性技术创新平台有计划有组织地快速搭建起来。该平台汇聚了国内机械、材料、力学、信息、自动控制、电力电子等相关领域的顶级专家，凝聚了 25 所一流大学、11 所研究院所、51 个国家重点实验室和国家工程中心的科技资源，南车和北车集团下属的 10 家核心企业与 68 位院士、600 多名教授级高级工程师、200 余位研究员以及上万名工程技术人员共同组成了一支集中优势力量、政产学研用紧密结合、协同创新的科技创新国家队。①

① 王雄：《中国速度——中国高速铁路发展纪实》，外文出版社 2016 年版，第 309 页。

第五节 1989—2012年中国现代技术思维方式以创新为内核持续发展

基于中国共产党政治、思想和组织三个方面的坚强领导，现代技术思维方式的第三个形态在20世纪80年代末的中国兴起后，到2002年形成了，并到2012年发展为更高一级的形态。也就是说，以企业为创新主体的技术创新思维方式在2002年形成后，继续向多元主体协同的国家创新系统思维方式的高级形态发展。

一、江泽民“创新思维”概念的提出及其在技术领域的应用

1999年6月15日，江泽民在第三次全国教育工作会议上的讲话中指出，“面对世界科技飞速发展的挑战，我们必须把增强民族创新能力提到关系中华民族兴衰存亡的高度来认识”，每一个学校都要保护学生的探索精神和创新思维。[①] 这里，江泽民以世界科技的飞速发展为背景，站在民族兴衰存亡的高度，把“创新思维”作为民族创新能力的组成部分。换句话说，青少年学生是民族的未来，年轻一代要具有创新思维，并将创新思维应用于科技领域，才能应对世界科技领域飞速发展所带来的挑战，中华民族才能立于不败之地。这是江泽民间接将创新思维运用于技

① 《江泽民文选》（第2卷），人民出版社2006年版，第334页。

术领域。

2000 年 6 月 5 日，江泽民在中国科学院第十次院士大会和中国工程院第五次院士大会上的讲话中，直接将创新思维应用于科学和技术领域。他强调，“历史上的科学发现和技术突破，无一不是创新的结果。20 世纪相对论、量子论、基因论、信息论的形成，都是创新思维的成果。正是基于物质科学、生命科学和思维科学等的突破性进展，人类创造了超过以往任何一个时代的科学成就和物质财富。”[①] 这意味着，创新思维在科学和技术领域的应用已经上升为中国共产党指导中国技术活动主体开展技术活动的思想。创新思维作为一种思维方法和思维活动的形式，与中国技术思维活动主体和思维对象相互作用，就构成中国现代技术思维方式的新形态——技术创新思维方式。

二、1989—2002 年：第三个形态的形成及伦理倾向的呈现

从前面对现代技术思维方式第三个形态——以企业为创新主体、市场为导向的技术创新思维方式的阐述来看，它具有三个特征：在技术的研发上，强调运用现代工程思维方式；在主体方面，强调企业（商界）既是市场主体又是创新主体，还强调企业与作为宏观调控主体的政府（政界）和作为研发主体的科学家、技术专家和工程师（学界）之间在市场机制下进行跨界合作；在技术的应用和价值上，强调研发成果的商业化和市场化推广，满足生产和生活需要，创造经济和社会效益。

对中国而言，在技术的研发上，随着 1949—1976 年现代工程思维方式在中国的形成和发展，现代工程思维方式在中国的发展已日趋成熟；

① 江泽民：《论科学技术》，中央文献出版社 2001 年版，第 192 页。

随着 1977—1988 年历史转折中，中国科技工作重心向服务经济建设的转移（1979 年），经济体制（1984 年）和科技体制（1985 年）改革的不断推进，高新技术产业园的创立（1985 年），“863 计划”“火炬计划”和国家重点新产品计划等系列科技计划的制定和实施，中国“在组织重大科技课题攻关，应用和推广科技成果，推动企业和农村的科技进步，开展高技术研究，发展高新产业，加强基础研究等方面取得显著进展”[①]，到 1989 年，正如江泽民这年在国家科技奖励大会上的讲话中所指出的，“我国科技工作已经初步形成了面向经济建设主战场、跟踪高技术研究并推动其产业发展、加强基础性研究三个层次的布局，科技工作的机制和格局发生了深刻变化，活力大为增强，促进了科技与经济的结合，促进了科技事业本身的发展”[②]，也包括中国现代技术思维方式的发展。可以说，1989 年以后，中国现代技术思维方式进入新的发展阶段，即现代技术思维方式的第三个形态，也即以企业为创新主体的技术创新思维方式在中国的形成和发展阶段。

1. 第三个形态——以企业为创新主体、市场为导向的技术创新思维方式在中国的形成

由于研发主体对技术的基础和应用研究也需要以市场需求为导向，才能更好地实现经济和社会效益，企业既是创新主体又是市场主体，而且我国坚持公有制作为社会主义经济制度的基础，因而技术创新思维方式在中国形成和发展的关键有三点：一是市场经济体制要在社会主义的中国得到确立和发展，创造市场机制保障的宏观经济环境；二是科研机构的企业化转制或与企业合作；三是公有制和非公有制企业而不是政府要成为市场和创新的主体。

在第一个方面，十三大（1987 年）提出建立“计划与市场内在统一的

① 江泽民：《论科学技术》，中央文献出版社 2001 年版，第 4 页。
② 江泽民：《论科学技术》，中央文献出版社 2001 年版，第 4 页。

体制”后，十三届四中全会（1990年）提出“计划经济体制与市场调节相结合”，突破了计划经济与市场经济是社会主义属性的思想束缚；十四大（1992年）又把“建立社会主义市场经济体制”确立为社会主义市场经济体制改革的目标，提出要使市场在国家宏观调控下对资源配置起基础性作用；十四届三中全会（1993年）明确了社会主义市场经济体制的基本框架；十五大（1997年）明确提出“公有制为主体、多种所有制经济共同发展，是我国社会主义初级阶段的基本经济制度”。[①] 如此，社会主义市场经济体制在我国初步建立。

在第二个方面，从前面的阐述可知，1985年，我国第一台有市场竞争力的国产微型电子计算机还是典型的政府计划行为，是国家对人力、财力和物力进行强有力宏观调控的结果。1988年国务院出台《关于深化科技体制改革若干问题的决定》后，科研院所开始改革。1990年3月，中国科学院计算机所正式成立了“国家智能计算机研究开发中心”，这是国家“863计划”以306智能机为主题的研究基地。此时，银行、网络、通信等行业日益表现出对高性能计算机的需求，为了满足这一需求，中国计算机研制者根据世界大型计算机的发展趋势，吸取美日等发达国家的经验和教训，决定采用现成的微处理器和并行处理技术，这样既可以缩短研制周期、降低成本、提高市场竞争力，还便于今后实现产业化。1992年以后，产学开始结合，探索高新技术的产业化和按照市场机制来运作，尝试着面向市场用户研发高新技术。例如，1993年10月，国家智能计算机研究开发中心推出“曙光一号”后，以知识产权为基础融资成立了“深圳曙光信息产业有限公司”。1993年，深圳曙光信息产业有限公司以曙光2000和曙光3000为技术基础，面向不同的市场需求生产出30多个型号的系列超级服务器，其中，曙光3000在研制过程中就有8家用户订货。[②]1995年提出了

① 《毛泽东思想和中国特色社会主义理论体系概论》，高等教育出版社2015年版，第168页。
② 刘益东、李根群：《中国计算机产业发展之研究》，山东教育出版社2005年版，第116页。

科教兴国战略，并发布了《关于加速科学技术进步的决定》，推动科研院所面向市场，进入大型企业集团。同年11月，国务院继续实施集成电路专项工程，即909工程，为了该工程的顺利实施，专门成立了由电子工业部部长胡启立任董事长的上海华虹微电子公司，1997年华虹公司还与日本电气公司合资建设我国最大的电子合资项目。1998年2月，我国第一条具有自主知识产权的8英寸（1英寸≈2.54厘米）硅单晶抛光生产线在北京有色金属研究院半导体材料国家工程研究中心建成投产。同年3月，北京华虹NEC集成电路设计有限公司成立。[①]1999年，中共中央和国务院出台《关于加强技术创新，发展高科技，实现产业化的决定》，强调科技系统的结构调整和人才分流，鼓励院所转制。

在第三个方面，我国的混合所有制和非公有制企业首先成为市场和创新的主体。以计算机产业化为例，1995年，长城和联想集团的微机年产量超过了10万台，我国微机市场年销量首次突破百万台；1996年，联想集团取代长城成为国内微机销售冠军，超过了AST和Compaq，并在亚太市场乃至全球市场都占有一席之地。基于此，在微机领域，我国市场已经并不落后于世界市场了。[②]到1997年，国内市场涌现出几十个国产品牌的微机，1998年以后，不少著名家电企业，如TCL、长虹、海尔等也加入微机市场，有力地促进了计算机的普及，计算机在中国走进各行各业、走进千家万户，也即计算机大众化成为可以预见的一种发展趋势。

随着计算机的普及，新浪、搜狐、网易等综合性门户网站在1997—1998年间成立。1999年，电子商务网站的代表中国阿里巴巴网络公司在杭州成立。进入21世纪，我国电子商务迅速发展，2001年我国电子商务交易总额比2000年增长了41%；到2002年，我国网络用户总量突破3000

① 刘益东、李根群：《中国计算机产业发展之研究》，山东教育出版社2005年版，第176页。

② 刘益东、李根群：《中国计算机产业发展之研究》，山东教育出版社2005年版，第126页。

万，开始产生规模效应。[①] 也是在 2002 年，党和政府把电子政务作为我国信息化工作的一项最重要内容。2002 年 10 月，全国有 1200 多家单位在《中国互联网行业自律公约》上签字，标志着我国互联网行业走向成熟。[②]

在公有制的国有大中型企业，到 20 世纪 90 年代末，政企还未分开。例如，中国铁路技术的创新活动，如规划、研制和生产建造等都由铁道部领导、主导和主管，中国铁道科学院以及四方、长客、唐山、株机等轨道客车制造企业都隶属于铁道部。1999 年 8 月 22 日，江泽民在大连主持召开东北和华北地区国有企业改革和发展座谈会时指出，“必须不失时机地推进国有企业改革和发展”[③]；在第二天召开的全国技术创新大会上，江泽民提出“要确立企业作为技术创新主体的地位”[④]。到 2000 年 12 月 15 日，铁道部与中国铁路机车车辆工业总公司实施政企分开，与铁道部脱钩后的工业总公司重组为中国南方机车车辆工业集团公司和中国北方机车车辆工业集团公司，使中国铁路装备制造技术的创新活动有了市场和创新主体。到 2002 年，四方、长客、唐山、株机等一批生产动车组的企业已经成长为中国铁路制造业的龙头企业。

随着社会主义市场经济的确立和发展、科研院所的研发面向市场、公有制和非公有制企业成为市场和创新主体，到 2002 年，以企业为创新主体的技术创新思维方式也在中国形成了。

2. 技术创新思维方式伦理倾向的呈现

从《中国互联网行业自律公约》发布和签约情况来看，我国的技术共同体在思考如何利用互联网创造经济效益的同时，也在思考如何避免互联

① 刘益东、李根群：《中国计算机产业发展之研究》，山东教育出版社 2005 年版，第 206、214 页。

② 刘益东、李根群：《中国计算机产业发展之研究》，山东教育出版社 2005 年版，第 215 页。

③《江泽民文选》（第 2 卷），人民出版社 2006 年版，第 376 页。

④《江泽民文选》（第 2 卷），人民出版社 2006 年版，第 398 页。

网带来的负面效应。加之，我国可持续发展战略的实施，以企业为主体的技术创新思维方式在中国也呈现出伦理倾向。

此外，2002 年是我国加入世界贸易组织（WTO）的第一年，我国科技和经济事业发展开始全面融入世界，我国技术创新思维方式进入新的发展阶段。

三、2003—2012 年：向第四个形态快速发展及其伦理意蕴

如前所述，从世界范围内来看，“创新”的概念是在 1912 年提出的。随着技术创新活动在 20 世纪中叶的兴起，20 世纪 60 年代学界提出了“技术创新”一词，并开始对技术创新进行理论研究。20 世纪 70 年代以后，技术创新作为一种思维方式，成为技术共同体在推进技术变革过程中思考和解决技术问题的一种思路。20 世纪 80 年代末以后，在国际上，技术创新的理论研究伴随着技术创新活动的扩展而不断深入，研究者发现，技术创新不仅强调企业的创新主体地位、市场的导向作用和市场机制的保障作用，还与国家的特殊性有关。于是，学界又提出了“国家创新系统”一词，给“成功的技术创新”确立了两个前提：一是要理解“参与创新的各行为者之间是改善技术绩效的关键所在”；二是要明确“创新和技术进步是创造、传播、应用各种知识的行为者之间错综复杂关系的结果”。[①] 它作为技术创新思维方式（第三个形态）的较高级形态（第四个形态），在现实的技术实践活动中固化为技术共同体思考和解决技术问题的一种思路。这一技术思维方式，在思维方法上，仍然强调现代工程思维的运用；在思维活动的对象或内容上，除了技术创新和经济增长，还

① 石定寰：《国家创新系统：现状与未来》，经济管理出版社 1999 年版，第 188 页。

有“一系列共同的社会目标”，如生态环境保护和可持续发展等目标；在创新的主体上，强调政府、企业、科研院所、高校和中介服务机构的协同；在整体上，要求把技术创新放在一个“包含制度、组织、知识和文化等因素的大系统”①中去考虑。换句话说，在世界范围内，20 世纪 80 年代末 90 年代初以后，成功的技术创新，不仅关涉“技术、制度、组织、文化、政策和综合研究等的协同创新”②，也关涉企业、科研院所、大学、中介机构和政府部门等不同组织间的协同合作，而且不同组织间这种协同合作不仅需要市场机制、政府机制、学界机制这三个基本机制的保障，由于市场调节和政府调控有时会出现失灵和失效的状况，因而还需要由促进知识有效流动的知识流及其合作机制来引导、维系和促进。③由于知识流及其合作机制的特殊作用和市场与政府不可避免的失效，因而学界（科研院所和高校）作为知识流增长的源头，在技术创新活动中的主体地位得以凸显。

1997 年可持续发展战略的实施和 1998 年知识创新工程的启动，为第四个形态（国家创新系统思维方式）在中国的孕育和兴起提供了环境，2003 年它开始进入快速发展的阶段。这里，以中国高速铁路技术的创新活动为例，来阐明第三个形态在 2003 年以后向第四个形态的快速发展以及它蕴含着的深刻伦理内涵。

1. 第三个形态向第四个形态的发展：多元主体协同合作的国家创新系统思维方式的形成

为了国内企业能够掌握核心技术，实现高速动车组技术的国产化，打造中国品牌，铁路装备现代化在 2004 年成为国家意志，铁道部组织南车和北车集团下属 35 家机车车辆制造企业，成立了南车青岛四方、北车长

① 刘益东、李根群：《中国计算机产业发展之研究》，山东教育出版社 2005 年版，第 5 页。
② 刘益东、李根群：《中国计算机产业发展之研究》，山东教育出版社 2005 年版，第 5 页。
③ 刘益东、李根群：《中国计算机产业发展之研究》，山东教育出版社 2005 年版，第 8 页。

客、北车唐山三个动车组技术引进平台，这三大企业先后从掌握高速动车组设计和制造技术的四大国际巨头[①]引进技术，联合生产了时速200～250公里的CRH1、CRH2、CRH3和CRH4，在2006年实现了动车组的国内制造。2006年9月，铁道部又建立了以四方股份、唐车公司、长客股份等主机厂为龙头，以铁科院、株洲所、四方所、戚墅堰所、永济厂等国内骨干企业为支撑的高速动车组设计制造体系，启动了研制工作。2007年底，铁道部组织了通号公司、铁科院、北京和利时公司联合攻关组，依托国外先进列控系统技术，搭建起高铁信号技术仿真实验室平台。[②]2008年2月26日，科技部和铁道部共同签署了《中国高速列车自主创新联合行动计划合作协议》，南车四方股份公司、北车长春客车股份公司、北车唐山客车股份公司三大主机厂相继建成了高速列车系统集成国家工程实验室，发展了上百家配套核心层企业，形成了一个庞大的高新技术研发制造产业链，逐渐成为中国铁路装备制造领域的领军企业。这是科技部有史以来首次与一个行业共同构建国家级自主创新平台。

可以说，截至2012年，各部门、行业、科研机构、院校、企业的体制壁垒被打破，分散在全国的设备、资金、人才等科技资源得到整合，一个以政府为主导、企业为主体、市场为导向、科研院所和高等院校为知识源、项目合作为纽带、政产学研用紧密结合的战略性技术创新平台有计划有组织地快速搭建起来。该平台汇聚了国内机械、材料、力学、信息、自动控制、电力电子等相关领域的顶级专家，凝聚了25所一流大学、11所研究院所、51个国家重点实验室和国家工程中心的科技资源，南车和北车集团下属的10家核心企业与68位院士、600多名教授级高级工程师、200余位研究员以及上万名工程技术人员共同组成了一支集中优势力量、政产

① 四大国际巨头分别为德国西门子、法国阿尔斯通、日本川崎重工和加拿大庞巴迪。

② 王雄：《中国速度——中国高速铁路发展纪实》，外文出版社2016年版，第121页。

学研用紧密结合、协同创新的科技创新国家队。

值得一提的是，国家创新系统思维方式尤为突出学界通过研究活动来促进知识的流动和增长，重视科技知识对技术创新的服务和贡献。因而，在中国高铁技术的研发方面，中国坚持原始创新、集成创新和引进消化吸收创新三类创新的结合，增强中国在高铁技术方面的集成和创新能力，打造了高速动车组、高铁通信信号、无砟线路技术平台三大技术研发平台，实现了高铁技术的本土化、自主化和国产化。例如，2006 年，中国铁路迅速搭建起了速度可持续提升的两个动车组技术平台，启动了时速 300 ~ 350 公里的研制工作，一个是国家发改委和科技部率先在南车四方建立了高速列车系统集成国家工程实验室和国家高速动车组总成工程技术研究中心；另一个高铁线路的一线研发人员则开展一系列的综合试验，全面研究高速条件下的系统行为，系统的提升和优化的速度，突破制约速度提升的关键技术。2007 年底，铁道部组织了通号公司、铁科院、北京和利时公司联合攻关组，依托国外先进列控系统技术，搭建起高铁信号技术仿真实验室平台，经过 4000 多个场景仿真实验模拟，中国成功研制出 CTCS-3 列控系统，并成功地运用于京沪和武广高铁线路。[①]2008 年，基础研发平台、制造平台和产学研联合开发平台在各大企业迅速搭建成型，中国不仅实现了时速 200 公里动车组的国产化批量生产，还搭建起国际先进的 CRH380 高速动车组技术平台，实现了自主研制和生产。

此外，不同于日本、法国、德国的国土面积小，气候和地质条件变化不大，中国国土面积大，地形复杂，气候和地质条件变化很大，在高速铁路的实际建设中不能完全照搬他们的技术，必须进行技术创新。为此，中国在国内短线铁路上搭建起无砟线路技术平台。这主要以京津城际轨道作为实验现场，研究人员对 17 大类 1800 多种的不同运行状况进行科学实验

① 王雄：《中国速度——中国高速铁路发展纪实》，外文出版社 2016 年版，第 121 页。

研究；在隧道多、桥梁多、里程长的武广高铁实验现场，完成高速运行空气动力学等项目的研究实验。这促进了高铁技术知识的流动（生产、扩散和利用），提高了中国高铁技术创新系统的效率。

2. 第四个形态的深厚伦理意蕴：中国高速铁路在技术支撑下具有安全、高速、平稳、舒适、节能、环保等性能

概括地讲，中国高铁具有安全、高速、平稳、舒适、节能、环保等性能，不仅省时、高效、快捷，还生态环保、乘坐环境佳，充分地照顾到消费者的体验和感受，极大地保护了生态环境，使得中国现代技术思维方式的价值取向具有了深厚的伦理意蕴和人文底蕴。当然，这些性能都是有技术作为支撑的。例如，中国首次应用了无砟轨道系统，轨道沉降误差以毫米计；针对京津沿线多为松软地质，存在地质沉降问题，工程技术人员采用松软土路基设计和施工技术；采用"以桥代路"，有效控制工后沉降；京津高铁全新铺设无缝钢轨，运用先进的国产500米长钢轨工地焊接施工工艺，保证列车运行时的"高平顺、高稳定"性能和乘坐的舒适度[①]，列车运行时，车厢内水杯里的水几乎纹丝不动。

为了保证列车能够平稳、安全运行，高铁桥梁梁面的平整度的标准必须满足4米范围内不平整度小于3毫米，工厂化生产出来的40.7万块II型轨道板每块都编有"身份证"，承轨台的打磨精度为0.2毫米；牵引系统精度由"厘米级"跃升"毫米级"；太阳能电池板和地源热泵采暖技术使京沪高铁实现了节能减排，时速300公里的京沪高铁高速列车每百人公里能耗仅3.6度，是大客车的30%、小轿车的12%、飞机的10.8%，是各种运输方式中最节能的。[②]

2010年成功研制生产了试验时速481.1公里的高速动车组，这相当于

① 雷风行：《中国速度——高速铁路发展之路》，五洲传播出版社2013年版，第43页。

② 雷风行：《中国速度——高速铁路发展之路》，五洲传播出版社2013年版，第59–60、62页。

波音飞机起飞的速度，试验中高速列车脱轨系数、轮重减载力和轮轴横向力最大值分别为0.13、0.6、16，低于标准值要求的0.8、0.8、48，安全性高，而且气动阻力比照以往车型降低15.4%，气动噪声降低7%，舒适度更好，节能环保指标更优；还搭配高级智能化“大脑”——CTCS-3列控系统，可以让列车“该走，走；该停，停”。[①]2013年9月25日，投入京沪高铁运营的CRH380CL新型高速动车组采用了细长比更大的流线型铝合金车头，降低了12%的空气阻力，车内采用LED节能光源照明，照明度提高了60%，一列列车仅此每年可节电2万度。[②]

① 雷风行：《中国速度——高速铁路发展之路》，五洲传播出版社2013年版，第95、99页。

② 雷风行：《中国速度——高速铁路发展之路》，五洲传播出版社2013年版，第102页。

本章小结

1989—2012年，在中国共产党的领导和推动下，中国现代技术思维方式以创新为内核快速发展，其中，以企业为创新主体的技术创新思维方式在1989—2002年形成了，并呈现出伦理倾向；2003—2012年，中国技术创新思维方式向国家创新系统思维方式的高级形态发展，并具有深刻的伦理意蕴。具体而言，中国共产党以江泽民和胡锦涛建构的科技思想体系为指导，对中国现代技术思维方式的发展进行思想领导；通过领导制定三个科技发展规划，加强政治领导，指明中国现代技术思维方式的发展方向；通过对技术研发主体、市场和创新主体以及宏观调控主体的培育和聚合，为中国现代技术思维方式的发展提供人才基础；进而在领导中国技术共同体开展中国信息技术和高铁技术的创新活动中，推进现代技术思维方式的第三个形态——技术创新思维方式在中国的形成，而后继续向更高级的第四个形态——国家创新系统思维方式发展。

第六章

中国共产党领导下中国现代技术思维方式的新发展（十八大以来）

基于十八大以来，以习近平同志为核心的党中央对中国现代技术思维方式的坚强领导和持续推进，中国现代技术思维方式从要素到形态都有了新的发展。

第一节 中国共产党对新发展的思想领导：完善科技思想体系

十八大以来，以习近平同志为核心的党中央从创新驱动发展战略、工程科技和科技伦理三个方面完善中国特色社会主义的科技思想体系，对中国现代技术思维方式的新发展进行思想领导。

一、习近平关于创新驱动发展战略的相关论述

一是阐明了创新驱动发展战略提出的背景。习近平认为，党的十八大作出实施创新驱动发展战略的重大部署是“党中央综合分析国内外大势、立足我国发展全局作出的重大战略抉择”[①]。在习近平看来，这主要是基于两点：首先，新一轮科技和产业革命的孕育兴起，“全球科技创新呈现出新的发展态势和特征……科技创新活动不断突破地域、组织、技术的界限，演化为创新体系的竞争，创新战略竞争在综合国力竞争中的地位日益重要；科技创新，就像撬动地球的杠杆，总能创造令人意想不到的奇迹”[②]。其次，旧的发展方式，即“主要依靠资源等要素投入推动经济增长和规模扩张的粗放型发展方式是不可持续的”[③]；按照现有发达水平人口消耗资源

① 《习近平在两院院士大会阐述创新驱动发展战略》，《人民日报海外版》2014 年 6 月 10 日。

② 《习近平在两院院士大会阐述创新驱动发展战略》，《人民日报海外版》2014 年 6 月 10 日。

③ 《习近平在两院院士大会阐述创新驱动发展战略》，《人民日报海外版》2014 年 6 月 10 日。

的方式来生产生活，全球现有资源都给我们也不够用，因此要寻找新的发展方式，新方式的核心“就在科技创新上，就在加快从要素驱动、投资规模驱动发展为主向以创新驱动发展为主的转变上”[①]。

二是阐明了创新驱动发展战略的意义。在习近平看来，“科技是国家强盛之基，创新是民族进步之魂”，实施创新驱动发展战略是实现中华民族伟大复兴的重要举措，必须把实施创新驱动发展战略“摆在国家发展全局的核心位置”。[②] 习近平指出，“今天，我们比历史上任何时期都更接近中华民族伟大复兴的目标，比历史上任何时期都更有信心、有能力实现这个目标。而要实现这个目标，我们就必须坚定不移贯彻科教兴国战略和创新驱动发展战略，坚定不移走科技强国之路。”[③]

三是对实施创新驱动发展战略提出了指导意见。首先，习近平认为，实施创新驱动发展战略最根本的是要“增强自主创新能力”，最紧迫的是要“破除体制机制障碍，最大限度解放和激发科技作为第一生产力所蕴藏的巨大潜能”。[④] 其次，习近平强调，实施创新驱动发展战略是一个系统工程，科技成果要“真正实现创新价值、实现创新驱动发展”不仅要与国家需要、人民要求、市场需求相结合，还要“完成从科学研究、实验开发、推广应用的三级跳”。[⑤] 再次，习近平指出，把创新驱动发展战略落实到现代化建设整个进程和各个方面就要“着力以科技创新为核心，全方位推进产品创新、品牌创新、产业组织创新、商业模式创新”。[⑥]

---

①《习近平在两院院士大会阐述创新驱动发展战略》，《人民日报海外版》2014年6月10日。

②《习近平在两院院士大会阐述创新驱动发展战略》，《人民日报海外版》2014年6月10日。

③《习近平在两院院士大会阐述创新驱动发展战略》，《人民日报海外版》2014年6月10日。

④《习近平在两院院士大会阐述创新驱动发展战略》，《人民日报海外版》2014年6月10日。

⑤《习近平在两院院士大会阐述创新驱动发展战略》，《人民日报海外版》2014年6月10日。

⑥《习近平在两院院士大会阐述创新驱动发展战略》，《人民日报海外版》2014年6月10日。

二、习近平关于工程科技的相关论述

在2014年国际工程科技大会上的讲话中，习近平首先结合人类文明进步的历史事实，阐明工程科技的历史作用。他认为，工程科技是社会生产力发展的一个重要源头，是改变世界的重要力量，历史证明，工程科技创新驱动着历史车轮飞速旋转，为人类文明进步提供了不竭动力源泉，推动人类从蒙昧走向文明，从游牧文明走向农业文明、工业文明，走向信息化时代。古代工程科技创造的许多成果至今仍存在着，见证着人类文明编年史。近代以来，工程科技更直接地把科学发现与产业发展联系在一起，成为经济社会发展的主要驱动力，工程科技的每一次重大突破，都会催发社会生产力的深刻变革，都会推动人类文明迈向新的更高的台阶。

其次，习近平强调，进入21世纪后，工程科技在人类社会发展中的角色愈益突出。在他看来，当今世界，科学技术作为第一生产力的作用愈益凸显，工程科技进步和创新对经济社会发展的主导作用更加突出，不仅成为推动社会生产力发展和劳动生产率提升的决定性因素，而且成为推动教育、文化、体育、卫生、艺术等事业发展的重要力量。任何一个领域的重大工程科技突破，都可能为世界发展注入新的活力，引发新的产业变革和社会变革。未来几十年，新一轮科技和产业革命将与人类社会发展形成历史性交汇，工程科技进步和创新将成为推动人类社会发展的重要引擎。[①]

三、习近平关于科技伦理的相关论述

十八大以来，习近平在多个场合论述了科学技术的绿色发展理念，强调推动形成绿色发展方式和生活方式，建构了科技伦理思想。

① 《工程科技进步和创新是推动人类社会发展的重要引擎》，《光明日报》2014年6月4日。

邓小平早在1978年就指出，“科学技术是生产力，这是马克思主义历来的观点”[①]，1988年作出了“科学技术是第一生产力”[②]的论断。江泽民则指出，“工程科技是第一生产力的最重要因素”[③]。2013年5月24日，习近平在中共中央政治局第六次集体学习时强调，“着力树立生态观念、完善生态制度、维护生态安全、优化生态环境，形成节约资源和保护环境的空间格局、产业结构、生产方式、生活方式。”“牢固树立保护生态环境就是保护生产力、改善生态环境就是发展生产力的理念，更加自觉地推动绿色发展、循环发展、低碳发展，决不以牺牲环境为代价去换取一时的经济增长。”

在2014年国际工程科技大会上的讲话中，习近平首先认为，当前的全球性难题，如“粮食不足、资源短缺、能源紧张、环境污染、气候异常、人口膨胀、贫困、疾病流行、经济危机等”对人类的生存和发展形成了严峻威胁。其次，地球上的物质资源是有限的，传统的发展方式以大量耗费物质资源为主，显然是不可持续的，如果未来仍然按现存的方式发展，后果是难以想象的。最后，“发展科学技术是人类应对全球挑战、实现可持续发展的战略选择”，也是工程科技进步和创新的新使命。[④]

2017年1月18日，习近平在联合国日内瓦总部发表主旨演讲时指出了工业化的正负效应，即“工业化创造了前所未有的物质财富，也产生了难以弥补的生态创伤”。习近平认为，我们要摒弃破坏性的方式搞发展，要认识到“绿水青山就是金山银山”，应该吸收中华民族的智慧，“遵循天人合一、道法自然的理念，寻求永续发展之路”，“倡导绿色、低碳、循环、可持续的生产生活方式，平衡推进2030年可持续发展议程，不断开拓生产发展、生活富裕、生态良好的文明发展道路”。

---

① 《邓小平文选》（第2卷），人民出版社1994年版，第87页。

② 《邓小平文选》（第3卷），人民出版社1993年版，第274页。

③ 江泽民：《论科学技术》，中央文献出版社2001年版，第225页。

④ 《工程科技进步和创新是推动人类社会发展的重要引擎》，《光明日报》2014年6月4日。

第二节 中国共产党对新发展的政治领导：领导制定体系化的国家科技创新规划

如前所述，中国共产党通过领导中国政府制定科技发展规划和纲要来实现对中国技术活动内容、形式和目标的领导，由于技术活动是技术思维方式形成和发展的“土壤”，这些规划和纲要规定的技术活动内容、形式和目标在很大程度上决定了中国技术思维方式的形态和演进方向。在这一层面上，中国共产党通过领导中国政府制定这些规划和纲要实现了对中国现代技术思维方式演进的政治领导。十八大以来，尤其是2015年以来，在中共中央的领导下，中央政府各职能部门制定了一系列不同技术领域的发展规划和纲要，内容既有统领全局的发展规划，如国家创新驱动、国家信息化、“十三五”国家科技创新，又有引领未来的新一代信息技术和与之相关的新兴产业，如“互联网+”、大数据、机器人产业、新一代人工智能。这些发展规划和行动纲领立足新一轮科技和产业革命浪潮，把以“互联网+”、物联网、云计算和大数据为代表的新一代信息通信技术作为新工具和新引擎、推动它们（信息化）与经济社会等领域的融合发展，内容相互交叉、相互补充，形成了以新一代信息技术融合发展为核心的国家科技创新规划体系。

一、2015 年制定五个行动纲领或意见：顺应“互联网 +”融合趋势

1.《关于积极推进“互联网 +”行动的指导意见》：“互联网 +”与 11 个领域的融合发展规划

2015 年 3 月 5 日，李克强在政府工作报告中首次提出要制定“互联网 +”行动计划，7 月 1 日，国务院印发了《关于积极推进“互联网 +”行动的指导意见》，是基于“互联网与各领域的融合发展正对各国经济社会发展产生着战略性和全局性的影响”这一基本形势制定的，它提出了“互联网 +”与创业创新、协同制造、现代农业、智慧能源、普惠金融、益民服务、高效物流、电子商务、便捷交通、绿色生态、人工智能等领域融合创新的发展目标（如表 6–1 所示）。

表6–1　“互联网+”11项重点行动

一、“互联网+”创业创新	1. 强化创业创新支撑 2. 积极发展众创空间 3. 发展开放式创新
二、“互联网+”协同制造	1. 大力发展智能制造 2. 发展大规模个性化定制 3. 提升网络化协同制造水平 4. 加速制造业服务化转型
三、“互联网+”现代农业	1. 构建新型农业生产经营体系 2. 发展精准化生产方式 3. 提升网络化服务水平 4. 完善农副产品质量安全追溯体系
四、“互联网+”智慧能源	1. 推进能源生产智能化 2. 建设分布式能源网络 3. 探索能源消费新模式 4. 发展基于电网的通信设施和新型业务

（续上表）

五、“互联网+”普惠金融	1. 探索推进互联网金融云服务平台建设 2. 鼓励金融机构利用互联网拓宽服务覆盖面 3. 积极拓展互联网金融服务创新的深度和广度
六、“互联网+”益民服务	1. 创新政府网络化管理和服务 2. 发展便民服务新业态 3. 推广在线医疗卫生新模式 4. 促进智慧健康养老产业发展 5. 探索新型教育服务供给方式
七、“互联网+”高效物流	1. 构建物流信息共享互通体系 2. 建设深度感知智能仓储系统 3. 完善智能物流配送调配体系
八、“互联网+”电子商务	1. 积极发展农村电子商务 2. 大力发展行业电子商务 3. 推动电子商务应用创新 4. 加强电子商务国际合作
九、“互联网+”便捷交通	1. 提升交通运输服务品质 2. 推进交通运输资源在线集成 3. 增强交通运输科学治理能力
十、“互联网+”绿色生态	1. 加强资源环境动态监测 2. 大力发展智慧环保 3. 完善废旧资源回收利用体系 4. 建立废弃物在线交易系统
十一、“互联网+”人工智能	1. 培育发展人工智能新兴产业 2. 推进重点领域智能产品创新 3. 提升终端产品智能化水平

2.《促进大数据发展行动纲要》：大数据与经济社会和国家治理融合发展规划

为贯彻落实中共中央、国务院决策部署，全面推进我国大数据发展和应用，加快建设数据强国，2015 年 9 月 5 日，国务院印发了《促进大数据发展行动纲要》，这是基于“信息技术与经济社会的交汇融合引发了数据迅猛增长，大数据正日益对全球生产、流通、分配、消费活动以及经济运行机制、社会生活方式和国家治理能力产生重要影响”的基本形势制定的，它提出要“抓住互联网跨界融合机遇，推动制造模式变革和工业转型升级”。该行动纲要不仅明确了大数据发展和应用在未来5~10年要逐步实现的五个目标：一是打造精准治理、多方协作的社会治理新模式，二是建立运行平稳、安全高效的经济运行新机制，三是构建以人为本、惠及全民的民生服务新体系，四是开启大众创业、万众创新的创新驱动新格局，五是培育高端智能、新兴繁荣的产业发展新生态；还制定了三个方面的主要任务（如表6–2所示）。

表6–2　大数据发展的三个主要任务

一、加快政府数据开放共享，推动资源整合，提升治理能力	二、推动产业创新发展，培育新兴业态，助力经济转型	三、强化安全保障，提高管理水平，促进健康发展
1. 大力推动政府部门数据共享 2. 稳步推动公共数据资源开放 3. 统筹规划大数据基础设施建设 4. 支持宏观调控科学化 5. 推动政府治理精准化 6. 推进商事服务便捷化 7. 促进安全保障高效化 8. 加快民生服务普惠化	1. 发展工业大数据 2. 发展新兴产业大数据 3. 发展农业农村大数据 4. 发展万众创新大数据 5. 推进基础研究和核心技术攻关 6. 形成大数据产品体系 7. 完善大数据产业链	1. 健全大数据安全保障体系 2. 强化安全支撑

3.《贯彻落实〈国务院关于积极推进“互联网+”行动的指导意见〉的行动计划（2015—2018年）》：新一代信息通信技术与工业的深度融合发展规划

为进一步贯彻落实国务院印发的《关于积极推进“互联网+”行动的指导意见》，加快推进工业化和信息化的深度融合，2015年11月25日，工业和信息化部制定了《贯彻落实〈国务院关于积极推进“互联网+”行动的指导意见〉的行动计划（2015—2018年）》，提出以“加快新一代信息通信技术与工业深度融合”为主线，以“实施‘互联网+’制造业”为重点，明确了主要行动的目标和内容（如表6-3所示）。

表6-3　2015—2018年“互联网+”的主要行动目标和内容

行动项目	行动目标（到2018年）	行动内容
“两化”融合管理体系和标准建设推广	形成一套完整的“两化”融合管理体系标准	1. 全面推进“两化”融合管理体系贯标 2. 加快培育互联网环境下的企业新型能力 3. 加快建立“两化”融合标准体系
智能制造培育推广	高端智能装备国产化率明显提升，建成一批重点行业智能工厂	1. 加强智能制造顶层设计 2. 发展智能制造装备和产品 3. 组织开展智能制造试点示范 4. 推进工业互联网发展部署
新型生产模式培育	重点行业形成一批众包设计、个性化定制、协同制造等新模式	1. 培育发展开放式研发设计模式 2. 发展新型生产制造方式 3. 打造服务产业转型的平台经济 4. 加快开发和应用工业大数据
系统解决方案能力提升	形成一批行业信息物理系统（CPS）应用测试验证平台	1. 推进CPS关键技术研发及产业化 2. 开展CPS应用测试和试点示范 3. 提升智能制造系统解决方案能力 4. 加强工业信息系统安全保障体系建设
小微企业创业创新培育	建成一批面向小微企业的信息化服务平台	1. 完善服务体系 2. 推动互联网技术应用 3. 支持小微企业创业创新

（续上表）

网络基础设施升级	建成一批全光纤网络城市，4G网络全面覆盖城市和乡村	1. 加快信息基础设施建设和应用 2. 加强和改进互联网市场监管 3. 加强网络基础设施安全保障
信息技术产业支撑能力提升	软硬件技术领域取得重大突破，初步建成安全可靠的产业生态体系	1. 突破核心技术和产品 2. 发展软件和信息技术服务业 3. 构建安全可靠产业生态体系 4. 提升“云计算+大数据”综合支撑能力

二、2016 年制定五个规划或纲要：围绕战略性新兴产业和国家创新驱动发展

1.《机器人产业发展规划（2016—2020 年）》：战略性新兴产业的发展规划

2016 年 3 月 21 日，为推进我国机器人产业快速健康可持续发展，工业和信息化部、国家发展改革委、财政部印发了《机器人产业发展规划（2016—2020 年）》。该规划明确了机器人产业发展的五项主要任务：一是推进重大标志性产品率先突破；二是大力发展机器人关键零部件；三是强化产业创新能力；四是着力推进应用示范；五是积极培育龙头企业。智能机器人也被列为“十三五”重点发展的先进制造业技术之一。

2.《国家创新驱动发展战略纲要》：国家创新驱动发展

2016 年 5 月 19 日，中共中央、国务院印发了《国家创新驱动发展战略纲要》，这是“中央在新的发展阶段确立的立足全局、面向全球、聚焦关键、带动整体的国家重大发展战略”。该纲要立足六个指标，对国家创新驱动发展提出了“三步走”的战略目标（如表 6-4 所示），明确了八项

战略任务：一是推动产业技术体系创新，创造发展新优势；二是强化原始创新，增强源头供给；三是优化区域创新布局，打造区域经济增长极；四是深化军民融合，促进创新互动；五是壮大创新主体，引领创新发展；六是实施重大科技项目和工程，实现重点跨越；七是建设高水平人才队伍，筑牢创新根基；八是推动创新创业，激发全社会创造活力。

表6-4 国家创新驱动发展的“三步走”战略目标

六个指标	“三步走”战略目标		
	第一步（到2020年）	第二步（到2030年）	第三步（到2050年）
进入全球价值链中高端	若干重点产业	主要产业	—
创新能力	自主能力大幅提升	总体上扭转以跟踪为主的局面	—
创新体系	协同高效	国家体系更加完备	拥有一批世界一流、国际顶尖的创新主体
创新环境	更优	创新文化氛围浓厚	制度/市场/文化更优
创新型国家	进入行列	跻身前列	—
世界科技创新强国	—	—	建成

3.《国家信息化发展战略纲要》：信息化与经济社会各领域的融合发展规划

2016 年 7 月 27 日，中共中央办公厅、国务院办公厅印发了《国家信息化发展战略纲要》，这是基于“当前，以信息技术为代表的新一轮科技革命方兴未艾，互联网日益成为创新驱动发展的先导力量”，尤其是“互联网 +”异军突起，信息化在现代化建设全局中引领作用日益凸显这一基本形势制定的。该纲要指出，“信息技术和产业发展程度决定着信息化发展水平”，在我国科技处于从跟跑并跑向并跑领跑的转变之际，如果要“抓住自主创新的牛鼻子，把发展主动权牢牢掌握在自己手里”，那么在制定技术发展战略纲要时，就要“以体系化思维”弥补单点弱势、构建安全可控的先进技术体系、培育形成具有国际竞争力的产业生态，“最大程度发挥信息化的驱动作用，实施国家大数据战略，推进‘互联网+’行动计划，引导新一代信息技术与经济社会各领域深度融合”。

4.《“十三五”国家科技创新规划》：国家科技创新发展新蓝图

2016年7月28日，国务院印发了《“十三五”国家科技创新规划》。该规划提出我国未来五年的科技创新工作将紧紧围绕深入实施《国家创新驱动发展战略纲要》，为“互联网+”和网络强国等提供有力支撑。该规划在把握科技创新发展新态势的基础上，围绕新确立的科技创新发展新蓝图，提出了“十三五”期间的四个重点任务：一是建设高效协同国家创新体系；二是构筑国家先发优势的任务，包括构建具有国际竞争力的现代产业技术体系（把新一代信息技术、智能绿色服务制造技术、清洁高效能源技术纳入其中），健全支撑民生改善和可持续发展的技术体系，发展保障国家安全和战略利益的技术体系；三是通过基础研究的持续加强、高水平科技创新基地的建设、创新型人才队伍的加快培育集聚三个方面来增强原始创新能力；四是拓展创新发展空间和推动大众创业、万众创新。

此外，该规划把智能电网、天地一体化信息网络、大数据、智能制造和机器人列入“科技创新2030—重大项目”；并将高性能计算、云计算、人工智能、物联网和智能交互等列为“十三五”重点发展的新一代信息技术，把网络协同制造、绿色制造、智能装备与先进工艺和智能机器人等列为“十三五”重点发展的先进制造业技术。

5.《新一代人工智能发展规划》：新兴产业发展规划

从前面的论述来看，2015年制定的《关于积极推进“互联网+”行动的指导意见》、《贯彻落实〈国务院关于积极推进“互联网+”行动的指导意见〉的行动计划（2015—2018年）》和《“十三五”国家科技创新规划》都对人工智能的发展作了规划，然而，2017年3月5日，李克强在作政府工作报告时提出要“全面实施战略性新兴产业发展规划，加快新材料、新能源、人工智能等技术研发和转化，做大做强产业集群”。为此，2017年7月8日，国务院发布了《新一代人工智能发展规划》。该规划以四个指标的发展程度来明确新一代人工智能的“三步走”战略目标（如表6–5所示），而且从六个方面规定了发展的重点任务（如表6–6所示）。

表6–5　新一代人工智能的“三步走”战略目标

四个指标	“三步走”战略目标		
	第一步（到2020年）	第二步（到2025年）	第三步（到2030年）
理论和技术	取得重要进展	初步建立体系	形成较为成熟的体系
产业竞争力	进入国际第一方阵	进入全球价值链高端	达到国际领先水平
伦理规范+政策法规	初步建立	初步建立体系	建成更加完善的体系
世界先进水平	总体同步	部分达到领先	总体达到领先

表6–6　新一代人工智能发展的重点任务

一、构建开放协同的人工智能科技创新体系： 1. 建立新一代人工智能基础理论体系 2. 建立新一代人工智能关键共性技术体系 3. 统筹布局人工智能创新平台 4. 加快培养聚集人工智能高端人才
二、培育高端高效的智能经济： 1. 大力发展人工智能新兴产业 2. 加快推进产业智能化升级 3. 大力发展智能企业 4. 打造人工智能创新高地

三、建设安全便捷的智能社会： 1. 发展便捷高效的智能服务 2. 推进社会治理智能化 3. 利用人工智能提升公共安全保障能力 4. 促进社会交往共享互信
四、加强人工智能领域军民融合
五、构建泛在安全高效的智能化基础设施体系
六、前瞻布局新一代人工智能重大科技项目

概而言之，中国共产党及其领导下的中国政府以“体系化思维”制定了以“新一代信息技术融合发展”为核心的国家科技创新规划体系，这一体系不仅规定了中国技术活动的内容、形式和目标，也指明了中国现代技术思维方式发展的新方向。

第三节 中国共产党对新发展之实践基础的领导：组织领导智能制造活动的推进

从以上一系列发展规划和行动纲要制定的背景和基本内容来看，以移动互联网、云计算、物联网、大数据为代表的新一代信息技术（信息化）与制造业（工业化）、金融、电子商务、语言、交通物流、民生、医疗、政务、农业、生态的跨界融合是新一代科技和产业革命浪潮的显著特征之一，基于这一客观形势，推进新一代信息技术的融合创新成为十八大以来甚至未来十几二十年里，中国共产党领导中国技术共同体着力开展的现代技术活动。其中，推进信息化与工业化的深度融合发展是主线，智能制造则是“两化”深度融合的主攻方向。由于人工智能和机器人广泛应用于金融、安防、电商零售、个人助理、自驾、医疗健康、移动设备、家居、教育等领域，因而它们是新一轮科技和产业革命的重要引领，也是中国智能制造在十八大以来及今后重点突破的核心领域，推进它们发展的技术活动也构成了十八大以来及今后中国现代技术思维方式发展演进的重要实践基础。因此，这里以中国共产党领导中国技术共同体推进人工智能技术及产业发展的技术实践活动为例，阐述中国共产党领导推进新一代信息技术融合发展的技术创新活动。

一、十八大以来中国人工智能的发展态势：跻身第三次发展浪潮的潮头

根据国家工业信息安全发展研究中心（工业和信息化部电子一所）与

极客公园在2017年7月25日联合发布的《2016—2017全球人工智能发展报告》，1950年至今，人工智能经历了五个阶段：1950—1959年的兴起、1970—1979年的第一次低谷、1980—1986年的初步产业化、1987—1996年的第二次低谷，以及21世纪初期尤其是2006年至今的快速发展。如此，也就是说，人工智能在20世纪下半叶经历了两起两落后，在21世纪初期尤其是最近十年迎来第三次发展浪潮。

同时，根据乌镇智库在2017年8月3日发布的《乌镇指数：全球人工智能发展报告（2017）》（产业篇）显示，2000—2016年，中国人工智能企业数累计增长1477家，其中2014—2016年三年是中国人工智能发展最为迅速的时期，在这三年里新增的人工智能企业数量占总数的55.38%；而且中国人工智能的发展在亚洲一枝独秀，企业总数占亚洲总数的68.67%，从全世界人工智能企业的分布密度来看，中国排在美国之后、英国之前，居第二位。基于此，可以判断，进入21世纪以后，中国人工智能也开始快速发展，而十八大以来至今的几年时间里发展是最为迅速的，跻身第三次世界人工智能发展浪潮的潮头。当然，这在很大程度上得益于中国共产党领导下中国政府高度重视，将人工智能提升到国家发展战略的高度，通过制定发展规划和政策措施，支持行业和企业的发展。

二、中共中央领导中央和地方政府进行整体布局

从2005年开始，中共中央就领导中央和地方政府通过制定科技发展计划、制定政策、设立基金项目来推动人工智能关键技术的研发和产业化，十八大以来以国家发展战略的高度开始整体布局。

2005—2011年，中共中央领导中央多部委支持智能语音的研发：2005年、2006年科技部的“973计划”和“863计划”，2005年、2009年、2012年国家自然科学基金委和2011年国家发改委都出台政策支持智能语

音关键技术的基础研究。

2006—2014 年，中共中央领导中央政府支持智能语音的产业化：工业和信息化部的电子发展基金出台政策支持智能语音的产业化。2014 年，科技部在“863 计划”中列出了“基于大数据的类人智能关键技术与系统”项目。

2013—2015 年，地方政府对产业化建设的推进：重庆市（2013 年）、河南省（2014 年）、上海市（2014 年）、安徽省（2014 年）和广东省（2015 年）等地方政府相继发布了有关机器人领域的发展计划，推进人工智能的产业化建设。

2016 年至今，中共中央领导中央政府对人工智能和机器人进行整体布局：2016 年 3 月，工业和信息化部、国家发展改革委、财政部联合发布了《机器人产业发展规划（2016—2020 年）》，国家发展改革委、科技部、中央网信办和工业和信息化部联合印发了《“互联网 +”人工智能三年行动实施方案》；2016 年 11 月，国务院发布了《“十三五”国家战略性新兴产业发展规划》；2017 年，“科技创新 2030 —重大项目”增加了“人工智能 2.0”项目；2017 年 7 月，国务院发布了《新一代人工智能发展规划》。

三、中共中央领导建立人工智能产业体系：以人工智能关键技术的研发为基础

根据《2016—2017 全球人工智能发展报告》，中国围绕如下九大领域打造人工智能生态，建立产业体系。

第一，百度、科大讯飞、腾讯和阿里巴巴等中国科技和互联网企业打造全产业链生态，这些企业对人工智能的五大关键分支技术，即计算机视觉、语音识别、自然语言理解、深度学习、自动驾驶，加大研发力度，不同企业在这些细分领域各有侧重、各有所长。例如，截至目前，百度对以上五大关键技术的研发都非常重视，建立了 Paddle 和 Warp-CTC 开源平台，着力打造

无人驾驶和移动应用两大产业链，代表产品为度秘。科大讯飞重视以上前四个关键技术的研发，打造移动应用产业链，代表产品有讯飞超脑和灵犀。腾讯重视以上前两个关键技术的研发，打造机器人、移动应用和VR（虚拟现实）等产业链，代表产品是微宝智能球型机器人。阿里巴巴也侧重对两个关键技术的研发，但打造的是智能家居、物联网和VR等产业链。

第二，中国语音识别企业的产业规模从2012年开始快速增长，并与移动终端、社会信息服务、网络信息搜索等产业深度融合，百度、科大讯飞、小i机器人、思必驰、云知声、出门问问、捷通华声等中国厂商加快智能语音八项关键技术的研发，即①人工智能、②语音技术、③自然语言处理、④智能语音交互和自然对话、⑤深度学习、⑥语音合成和语音手写、⑦光学字符的识别、⑧自然语言理解，打造具有自身优势的产业链，因而这些企业在激烈的国际市场竞争中能保持良好的发展势头，在2016年成为全球主流语音识别企业。例如，小i机器人基于对人工智能的研发，发展智能机器人服务、智能营销解决和智能设备集成方案。科大讯飞基于对语音技术和自然语言处理这两项关键技术的研发，发展输入法以及教育、电信等行业解决方案。思必驰基于对智能语音交互和自然对话关键技术的研发，发展车载、智能家居和智能机器人等智能硬件的语音交互服务。捷通华声基于对手写/光学字符的识别关键技术的研发，发展中文语音合成、手写识别技术在语音交互和模式识别技术。

经过几年的成长，2015年全球智能语音企业市场份额，科大讯飞占5.6%，排在谷歌（28.1%）、苹果（15.2%）和微软（8%）之后。国内市场主要由科大讯飞（占49.6%）和百度（25%）两大企业占据。

第三，中国计算机视觉初创企业基于对人脸识别、计算机视觉和深度学习的技术研发，加速发展相关领域的产业应用，开发新产品，在国际市场崭露头角，FACE++、商汤科技、旷视科技、图谱科技、格灵深瞳、神州云海等已经发展成为全球主流计算机视觉公司。截至目前，FACE++开发了云端 API、离线 SDK 以及面向用户的自主研发产品；商汤科技开发了人脸识别、危险品识别、行为检测和车辆检测等安防监控系统产品；旷视科技开发了 Face++ 人脸识别云服务平台和 Image++ 图像识别平台等。

第四，中国智能服务机器人企业基于对计算机视觉、无人机控制、环境及障碍感知、视觉识别、自动寻路、机器人技术和反馈控制技术的应用研究，开发了无人机航拍、图像传输、移动信息化、智能互联网的云端机器人平台、智能和神经康复机器人。目前，这一领域的大疆、达闼科技、璟和技创、金明精机等中国企业已经成为全球主流公司。此外，科沃斯、海尔、宝乐机器人、美的等企业在扫地机器人行业占据相应的市场份额。

第五，图森互联和 MINIEYE 两大初创企业基于对计算机视觉、深度学习和智能驾驶的基础研究，开发了自动驾驶、图像识别 SaaS 服务以及辅助驾驶系统。百度和京东两大中国互联网企业已经进入全自动驾驶领域，京东正在研发无人配送车。此外，百度还和宝马、福特这两大传统汽车企业在自动驾驶方面开展跨界合作。2015 年底，百度和宝马已经发布了一款半自动驾驶原型车。

第六，基于模拟神经网络出现的深度学习对芯片的能耗和运算能力都提出了更高的要求，为此，寒武纪和景嘉微两大中国主流人工智能硬件和芯片公司相应地做出了调整和优化。其中，寒武纪研发了中国首款神经网络处理器，2016 年 11 月还与京东成立联合实验室，启动基于深度学习处理芯片的智能系统研发。景嘉微自主研发了中国首款用于图像显控领域的 GPU 芯片，使我国军用 GPU 实现了国产化，打破外国芯片在该领域对我国的垄断。

第七，海尔、乐视、美的、京东、百度、阿里巴巴进入智能家居产业，竞相打造开放互联平台，通过云端数据交互，实现各智能终端之间的互联互动，搭建智能家居生态，为用户带来更舒适、便捷、健康的生活。例如，海尔打造 U+ 智慧生活平台，为用户提供智慧美食、空气、洗护、健康、安全、用水和娱乐等生活方面的解决方案，通过这一平台，各类家居设备可以实现不同品牌、不同产品间的互联互通。

第八，中国国内工业机器人骨干企业，如沈阳新松、广州数控、埃斯顿安、徽埃夫特，以及服务机器人骨干企业，如优必选、科沃斯、上海未来伙伴等，正谋求从传统工业化向智能化转型，全面重塑机器人产业。

第九，基于计算机视觉、无人机控制、环境障碍感知、视觉甄别和自动寻路等方面的技术研究，中国无人机制造商亿航公司推出了全世界首款载人无人机。深圳市大疆创新科技有限公司已经成为“全球顶尖的无人机飞行平台和影像系统自主研发和制造商”。据统计，大疆无人机是世界各国军队使用最广泛的商用无人机，也是近年来全球最受欢迎的消费级无人机，2016 年大疆创新占据全球同类商用与民用无人机高达 70% 的市场份额。[①]此外，军用无人机方面，中国航天工业总公司也生产制造出了“彩虹”和“翼龙”系列无人机。

概而言之，习近平在两院院士大会上的讲话中所提到的军用无人机、自动驾驶汽车、家政服务机器人等人工智能已经在中国成为现实。

① 麦婉华：《汪滔：无人机占全球 70% 市场份额》，《小康》2018 年第 35 期。

第四节 十八大以来中国现代技术思维方式要素与形态的新发展

从上述中国共产党领导制定的系列科技发展规划及其组织领导的中国智能制造活动来看，在以大数据、云计算、移动互联网、物联网等新一代信息技术与现代制造业和生产性服务业等（即“互联网+”人工智能）融合创新的新一轮科技和产业革命中，中国已经具有了一定的思想、人才和实践基础，而且在今后一段时间将继续沿着这一方向推进。同时，正如2016年7月28日发布的《“十三五”国家科技创新规划》所指出的，蓄势待发的全球新一轮科技和产业革命不仅深刻地影响人类的生产和生活方式，而且思维方式也将受到前所未有的深刻影响；正如2017年7月8日发布的《新一代人工智能发展规划》所指出的，人工智能作为新一轮产业变革的核心驱动力，将形成从宏观到微观各领域的智能化新需求，深刻改变人类生产生活方式和思维模式。因而，伴随着十八大以来以“互联网+”人工智能为主攻方向的新一代信息技术融合创新活动的推进，中国技术创新活动主体也要顺应技术变革的浪潮，在互联网、大数据、云计算、人工智能及其技术高度融合的支撑下开展技术融合创新的思维活动，国家创新系统思维方式作为上一阶段的现代技术思维方式形态，将在原有的基础上从微观到宏观各个尺度向纵深演进。概而言之，十八大以来，思维工具、创新主体和思维活动价值取向三个要素的新发展推进着国家创新系统思维方式形态的发展和完善。

一、思维方式机制的发展演变：基于思维工具的革新

思维工具的革新为思维活动过程提供新的技术支撑和保障，国家创新系统思维方式从四重机制演变为五重机制。也就是说，正如《新一代人工智能发展规划》所指出的，“在移动互联网、大数据、超级计算、传感网、脑科学等新理论新技术以及经济社会发展强烈需求的共同驱动下，人工智能加速发展”，人工智能随之也成为这一阶段主体思维活动的重点对象和活动中使用的重要思维工具。由于十八大以来，中共中央和国务院部署了智能制造等国家重点研发计划重点专项，印发实施了《“互联网+”人工智能三年行动实施方案》，从科技研发、应用推广和产业发展等方面提出了一系列措施，截至目前，中国的“语音识别和视觉识别技术世界领先，自适应自主学习、直觉感知、综合推理、混合智能和群体智能等初步具备跨越发展的能力”。随着中文信息处理、智能监控、生物特征识别、工业机器人、服务机器人、无人驾驶进入实际应用，人工智能作为新型思维工具已经得到实际应用。

也就是说，继语言、文字、符号、计算尺、算盘、计算器、机械计算机和电子计算机先后在不同的历史阶段成为人们或技术活动主体的思维工具后，在“互联网+”背景下，大数据、新型高性能技术架构以及深度学习帮助人工智能技术从量变到质变的飞跃，以计算机视觉、语音识别和自然语言处理三大技术为基础的人工智能成为新的思维工具，从而使国家创新系统思维方式中四重机制发展为五重机制，即从政府、市场、学界、知识流合作的四重机制发展为政府、市场、学界、知识流合作和人工智能及其保障机制。这里突出人工智能对政府、市场、学界、知识流合作四重机制运行的技术支撑和保障。

二、思维方式主体的发展演变：基于技术创新思维活动主体的壮大

技术创新思维活动主体的壮大，使主体具有多元化和群众性的特点，国家创新系统思维方式的主体从四元发展为五元，即从上一阶段的“政产学研”的协同转向“政产学研用”的协同。如此，除了强调政府的引导作用，行业骨干企业的主导作用，高等院校、科研院所的基础作用以及社会的协同之外，还特别突出对用户的关注和对应用的创新，即从用户被动地接受和使用研发主体的技术创新成果转变到“用户直接或通过共同创新平台参与技术创新成果的研发和推广应用”过程中，使用户成为技术创新活动的主体之一，甚至形成以用户为中心、开放开源为特点的广大用户参与的大众和万众创新模式。例如，智能家居产业中，海尔为用户打造的 U+ 智慧生活平台、美的为第三方打造 M-Smart 平台、京东为用户打造的 JD+ 计划平台、阿里巴巴为创业者打造的智能生态圈平台。

三、思维方式不同层面的深度融合：基于思维活动价值取向的延伸和拓展

思维活动价值取向的延伸和拓展，使得国家创新系统思维方式的伦理意蕴和人文底蕴更加深厚，中国现代技术思维方式工程与人文两个层面实现深度融合。例如，十八大以来，技术实践活动主体的思维活动以“绿色、开放、共享发展”为价值取向，以“智能、高效、协同、绿色、安全发展”为总价值目标。党中央领导中国技术创新活动主体在开展技术创新思维活动时，既注重“产学研用各创新主体”的共创共享，也注重“军民科技成果的双向转化应用”以及“军民创新资源”的共建共享，还有自行车、汽车等交通工具的共享。同时，为顺应“以智能、绿色、泛在为特征

的群体性技术革命”浪潮，注重发展“智能绿色服务的制造技术、生态绿色高效安全的现代农业技术以及安全清洁高效的现代能源技术”。

本章小结

十八大以来，习近平从创新驱动发展战略、工程科技和科技伦理三个方面完善由邓小平开创、江泽民和胡锦涛推进的中国特色社会主义科技思想体系，对中国现代技术思维方式的新发展进行思想领导。根据这一科技思想体系，中共中央和国务院制定了体系化的科技发展规划，对中国现代技术思维方式的新发展进行政治领导。基于以上科技思想体系的指导和发展方向的引导，中国共产党组织领导中国技术共同体在推进以智能制造为代表的新一代信息技术的融合创新活动中，推进中国现代技术思维方式的要素和形态不断发展，具体表现在：一是思维工具的革新为思维活动过程提供新的技术支撑和保障，国家创新系统思维方式从四重机制演变为五重机制；二是技术创新思维活动主体的壮大，使主体具有多元化和群众性的特点，国家创新系统思维方式的主体从四元发展为五元；三是思维活动价值取向的延伸和拓展，使国家创新系统思维方式的伦理意蕴和人文底蕴更加深厚，中国现代技术思维方式工程与人文两个层面实现深度融合。

第七章

对中国共产党领导下中国现代技术思维方式演进的评价与展望

回顾1949年以来中国共产党领导下中国现代技术思维方式的演进历程，其间有历史性突破与遗憾，也有实现历史性转折后的重大跨越。同时，中国共产党领导下中国现代技术思维方式演进对马克思主义技术思想与思维科学理论、中国技术发展态势以及中国共产党的政治目标和应对新一轮科技和产业革命都具有战略意义。新一轮科技和产业革命蓄势待发，根据中共中央和国务院制定和实施的体系化科技发展规划及其领导技术共同体推进的以人工智能为主攻方向的新一代信息技术融合创新活动，可以预见中国现代技术思维方式要素和形态在未来5~10年的发展趋势，与时俱进的中国共产党顺应时代潮流，适应现代技术思维方式发展演进的规律，全力应对，多措并举，推动中国现代技术思维方式持续演进。

第一节 对中国共产党领导下中国现代技术思维方式演进历程的评价

通过上述阐述，19 世纪下半叶以来，人类现代技术思维方式由现代工程思维、现代系统工程思维、技术创新思维以及国家系统创新思维依次演进，伦理意蕴和人文底蕴日益浓厚，虚拟形态正在孕育和兴起。中国现代技术思维方式经历了 1840—1949 年的断裂与停滞后，1949—2020 年，在中国共产党领导下中国现代技术思维方式演进历程清晰可见，其间，有突破，也有不足，还有实现历史性转折后的重大跨越，未来可期。在文章的最后，有必要作系统的评价。

一、1949—1976 年：历史性突破与不足并存

如前所述，从人类技术思维方式的宏观演进趋势和态势来看，现代技术思维方式在 18 世纪 60 年代萌芽，经历了 18 世纪下半叶到 19 世纪上半叶的成长发展后，到 19 世纪下半叶形成了现代工程思维方式这首个形态，标志着人类技术思维方式在西方完成了从经验时代向科学时代的过渡和转换。到 20 世纪 40 年代中期，现代技术思维方式的形态由“现代工程”发展为“现代综合系统工程”，人类技术思维方式迎来大科学时代，并在 20 世纪 60 年代末 70 年代初转换成功后，以技术创新思维方式的形态继续持续不断地向前演进。然而，1949 年新中国

成立之时，现代技术思维方式虽有萌芽，但在中国占主导地位的技术思维方式仍然是传统的经验或实践思维方式，整体上仍然处在经验时代。1949 年以后，中国技术思维方式面临三重演进任务，中国共产党面临三重使命，一是要推进现代技术思维方式的首个形态在中国的形成，使中国技术思维方式从传统（经验时代）过渡到现代（科学时代），二是要推进首个形态在中国发展为第二个形态，使中国（现代）技术思维方式从经验时代过渡到大科学时代，三是要推进第三个形态在中国的兴起和发展。

从前面第四章的论述来看，在人类技术思维方式的大科学时代，基于中国共产党的坚强领导，脱胎于半殖民地半封建社会的新中国，在近 30 年的时间里，形成了现代技术思维方式的首个形态，成功地完成了从经验时代向科学时代的过渡和转变，进而又从第一个形态发展为第二个形态，完成了从科学时代向大科学时代的转换，从而完成了中国技术思维方式自清末至民国近百年未完成的历史任务。

现代技术思维方式两个形态的形成，或者说，三个时代间的两次转换，较之西方所花费时间，较之清末至民国的转换失败，在中国共产党的坚强领导下，新中国在不到 30 年的时间里，完成了西方近两百年（1760—1945 年）才完成的任务，这是中国过去任何一个朝代都无法比拟的，这无疑是中国共产党领导下中国现代技术思维方式演进历史进程中，乃至中国技术思维方式整个演进历史进程中的重大突破。

然而，由于缺乏相应的思想、人才和实践基础以及适宜的成长发展环境，现代技术思维方式的第三个形态在中国未能与西方同步兴起，中国现代技术思维方式在 1966—1976 年的演进处于停滞不前的状态，这是中国共产党领导下中国现代技术思维方式演进历史进程中的一个历史性遗憾。

二、1977—1988 年：实现历史性转折

随着 1977 年思想路线的重新确立以及对科技和人才的重新认识，科研和教育机构开始调整，一度处于停滞状态的科研和教育活动开始恢复；1978 年全国科学大会和十一届三中全会的召开，中国共产党把科技工作的重心转移到服务四个现代化尤其是经济建设的轨道上；1984 年和 1985 年的经济体制和科技体制改革的相继实行，科技与经济的关系从长期的分离和脱节转移到相互结合的方向上来；1986—1988 年，一系列科技计划相继制定和实施，使中国技术活动主体开始从服务国防建设的技术研制活动转移到服务经济建设的技术创新活动中。

概而言之，在以邓小平同志为核心的第二代中共中央领导集体的领导下，相应的思想、人才和实践基础正在形成，中国现代技术思维方式向着顺应现代技术思维方式发展演进的趋势发展。随着现代技术思维方式第三个形态在 20 世纪 80 年代末在中国兴起，中国共产党领导下的中国现代技术思维方式演进实现了历史性转折。

三、1989—2020 年：实现历史性跨越

从整体上和宏观上看，自 20 世纪 70 年代末到 80 年代末，以邓小平同志为核心的第二代中共中央领导集体将中国现代技术思维方式的发展方向引到创新思维形态的方式上并加以培育后，1989—2012 年，中共中央领导集体顺应客观规律和趋势，领导技术活动主体推进中国现代技术思维方式完成了从第二个向第三个、继而向第四个形态的演变；十八大以来，以习近平同志为核心的党中央在完善第四个形态的基础上又培育着作为今后发展趋势的现代虚拟性技术思维方式，形态日益复杂多元。从微观上看，1989—2020 年，技术思维活动主体及其相

互间联系、合作与互动的机制和组织形态，技术思维活动的价值取向、工具、形态、对象或客体这三个方面都发生了变化（如表 7–1 所示）。

表7–1　中共现代技术思维方式各要素的发展变化

<table>
<tr><th colspan="2" rowspan="2">内容</th><th colspan="5">时间段</th></tr>
<tr><th>1949—1976年</th><th>1989—2002年</th><th>2003—2012年</th><th>2013—2017年</th><th>2017年至今</th></tr>
<tr><td rowspan="3">技术思维活动主体</td><td>主体及其地位的演变</td><td>党（领导）+政府（主导）+研（基础）</td><td>党（领导）+政府（引导）+企业（主导）+研（基础）</td><td>+学（高等院校）为基础</td><td>+用（用户）为中心</td><td>+虚拟企业/组织</td></tr>
<tr><td>相互间联系、合作与互动的机制</td><td>单一机制（政府机制）</td><td>两重机制（+市场机制）</td><td>四重机制（+学界机制+知识流合作机制）</td><td colspan="2">五重机制（+智能及其保障机制）</td></tr>
<tr><td>组织形态</td><td colspan="4">现实</td><td>虚拟</td></tr>
<tr><td colspan="2">技术思维活动的对象/客体</td><td>世界前沿和高尖端技术的研制</td><td colspan="2">信息技术等的创新（研发、市场化推广、产业化发展）</td><td>以人工智能为主攻方向的新一代技术融合（互联网+）创新</td><td>“人工智能+”技术创新</td></tr>
<tr><td colspan="2">技术思维活动的价值取向</td><td>保障国防安全为主</td><td>经济建设为中心（经济效益）</td><td>经济和社会双重效益</td><td colspan="2">绿色、服务、共享、开放</td></tr>
<tr><td colspan="2">技术思维活动的工具</td><td colspan="3">现代电子计算机</td><td colspan="2">大数据驱动的人工智能</td></tr>
<tr><td colspan="2">技术思维活动的形态</td><td colspan="4">现实</td><td>虚拟</td></tr>
</table>

从表 7–1 可以看出，技术思维活动的主体从 1949—1976 年的中国共产党领导、政府主导和政府单一机制保障，在 1989—2002 年演变为中国共产党领导和政府引导下，企业成为创新主体，并在政府和市场双重机制

支持和制约下与政府和科研院所的合作；在2003—2012年演变为政产学研四重机制保障和制约下的协同；在2013—2017年演变为政产学研用五重机制保障和制约下的协同，并孕育着虚拟企业这一新型组织形态的创新主体。主体实现了从单一向多元的跨越。

在思维活动的取值取向上，技术思维活动从1949—1976年的服务国防军事事业，在1989—2002年演变为以经济建设为中心，追求经济效益；在2003—2012年演变为经济与社会的协调发展，追求经济和社会双重效益；2013年至今，追求军事、经济、社会、自然生态的协调发展，追求多重效益。价值取向实现了从单一向多元的跨越。

在思维活动的工具上，十八大以来，人工智能的研发和使用推动思维工具发生了历史性的变革，工具日益复杂，越发类似人的智能。而且，以人工智能为基础的虚拟现实技术的研发和应用，不仅推动着技术实践活动形态的变革，即从现实实践演变为虚拟实践，与之相适应，虚拟现实技术使思维活动在人类所创造的虚拟空间或环境中运行，它以数字化的方式使思维活动行为化和感性化，思维活动过程因此如同行为或行动过程一样，可见、可感。可以说，虚拟现实技术使抽象的思维活动与具体的行为或行动相统一了，正如马克思所说的，“思维即行为”①，从而使技术思维活动的形态发生变革。随着现代虚拟技术思维方式的孕育和兴起，现代技术思维方式的形态也会发生转换。

概而言之，在中国共产党的领导下，中国现代技术思维方式的基本要素（技术思维活动的主体、客体、价值取向、工具、形态）及其本身的形态都实现了从单一向复杂多元的跨越。

---

①《马克思恩格斯选集》（第4卷），人民出版社，1995年版，第284页。

第二节　对中国共产党领导下中国现代技术思维方式演进意义的评价

如绪论中所阐述的，思维科学是一种历史的科学，会随着时代的发展而发展，而且，技术思维方式与技术实践活动和技术思想之间是一种唯物辩证关系。即技术思维方式作为形成、发展并应用于技术实践活动中的一种职业活动中的思维方式，一方面技术实践活动是它赖以形成和发展的基础和前提，另一方面它在技术实践活动中的应用又通常会推进新一轮技术实践活动的发展，技术思维方式乃至思维科学会随着技术实践活动的发展而发展。同时，技术思维方式作为技术思想的表现形式和技术理性认识的活动方式，技术思想作为技术思维方式的内核，一方面，技术思想的建构不仅需要技术实践活动，还需要思维工具和形式；另一方面，新的技术实践活动与思维工具和形式又会促进技术思想乃至思维科学的发展。

基于此，中国共产党以马克思主义思维科学理论和科技思想为指导，有组织、有计划地领导技术活动主体在开展技术实践活动中推动中国现代技术思维方式持续不断地向前演进，那么，反过来，中国现代技术思维方式的演进不仅会推动马克思主义思维科学理论和科技思想，而且会推动中国技术实践活动乃至中国科技事业的发展。由于科学技术是第一生产力，它的发展对物质生产和日常生活，乃至经济、政治、文化和社会都会产生深刻的影响，因而由中国现代技术思维方式不断演进所引起的科技和社会进步，必将助推中国共产党实现其领导中国人民为之奋斗的目标。

一、促进马克思主义两大思想理论的发展与融合

马克思、恩格斯不仅建构了技术思想和思维科学理论，还在审视机器和大工业生产并运用工业生产的实践论证思维与存在的关系时，将上述思想和理论进行了沟通与融合。中共中央领导集体领导中国技术活动主体推进中国现代技术思维方式演进的过程中，不仅继承和发展了马克思主义技术思想和思维科学理论，还推进了二者的沟通与融合。

1. 马克思主义技术思想和思维科学理论沟通与融合的理论渊源：马克思、恩格斯不仅建构了技术思想和思维科学理论，还沟通与融合了二者

第一，马克思、恩格斯思维科学理论的主要内容。

恩格斯把马克思的唯物主义辩证法归结为关于外部世界和人类思维的运动的一般规律的科学，基于这一方法，无论哪个领域都不再从头脑中构想联系，而是从事实中发现联系，以至于运用这一方法建构的关于自然和人类社会历史的辩证的自然观和历史观都作为一门科学而存在，使自然界和人类社会历史从哲学中分化出来成为相对独立存在的自然科学和社会科学。马克思、恩格斯将这一方法运用于纯粹思想领域，建构了唯物辩证的思维科学理论，创立了关于思维及其规律的思维学说，它的内容主要有如下四个方面：

一是思维的本质属性及其最本质基础。17 世纪英国哲学家就围绕思维的本质属性展开过争论，马克思、恩格斯对他们的主张进行批判性审视后，以达尔文的进化论为依据，阐明了思维的物质属性。同时，在揭示杜林思维观中相互矛盾的观点后，恩格斯阐明了思维是人脑的产物，并与马克思一起强调了思维是人类物质行动的直接产物，人的物质行动所引起的自然界的变化是其最本质和最切近的基础。

二是思维与存在的同一性问题。恩格斯认为，思维与存在的同一性已经被理论和实践证明了。同时，基于 19 世纪经验自然科学所提供的客观

事实，恩格斯运用马克思的世界观和方法论，在思维与存在的关系问题上得出了辩证唯物主义的整体性结论：能思维或具有思维能力的人类是自然界的一部分，人类和自然界一样，是一个历史发展的过程，世界是“过程的集合体”，并非“既成事物的集合体”[①]，其中的事物以及以其为基础在人类头脑中产生的思想映像都一样处于生成、经由低级到高级的发展、最后灭亡的不断变化中。

三是思维过程的属性与规律。马克思在评价李嘉图的价值理论时强调思维过程是一个受制于自然和社会历史条件的自然过程，并与恩格斯一起把辩证法区分为客观和主观辩证法，把逻辑区分为形式和辩证逻辑，认为辩证法和辩证逻辑是思维过程的规律，从自然界、人类社会和思维本身的运动中抽引出来，因而也可以用来解释它们的运动。

四是对理论思维的倡导。基于对自然科学发展历程的考察，恩格斯提出了理论思维，并就它对理论自然科学的重要性进行了论证，认为理论自然科学要达到由形而上学到辩证法的复归，即要运用辩证法来推进自然科学领域中实验观察的感性认识向理性认识的抽象上升。

第二，马克思、恩格斯技术思想的主要内容。

马克思主义的技术思想主要包括技术本质、技术实践、技术价值和技术异化四个方面的思想。具体而言，在马克思看来，首先，技术是人的本质力量对象化的产物，是人类征服和改造自然的劳动手段，是一种生产力；其次，技术是人类活动的一种最基本、最重要的实践活动，它首先存在于人的劳动中，进而被包含在人的所有的现实生活中，成为人们认识、理解、反思和批判的工具与手段，总之，在人的存在中起着不可替代的作用[②]；再次，技术的价值通过体现在社会生产力、资本、工业文明、艺术审

---

① 《马克思恩格斯选集》（第 4 卷），人民出版社 1995 年版，第 244 页。

② 乔瑞金：《技术哲学教程》，科学出版社 2006 年版，第 14–15 页。

美以及人类的自由上[①]；最后，在资本主义的生产方式下，技术已经成为一种相对独立的力量，作为一种异己的甚至反对的力量压迫人，人不再是技术的主人。[②]

第三，马克思、恩格斯对技术思想和思维科学理论的沟通与融合。

在《资本论》的“机器和大工业”中，马克思把作为生产工具的机器称为“社会人的生产器官”，认为它由人类创造，包含着人对自然的能动关系、人的生活的直接生产过程，以及人的社会生活条件和由此产生的精神观念的直接生产过程。[③] 从马克思在《资本论》中对“机器和大工业”的阐述来看，人通过精神观念和直接的生产过程与自然发生能动关系，作为生产工具的机器是这种能动关系的产物，也可以说，是人脑思维以及思维指导下的生产实践借助客观的（自然物）或人为的（人造物或技术人工物）存在创造或制造了新的存在。这是精神与物质、思维与存在唯物辩证关系的具体表现，其中既包含思维科学理论，也包含技术哲学思想。

在《路德维希·费尔巴哈和德国古典哲学的终结》中，恩格斯通过实验和工业的实践活动来证实思维与存在的同一性，从而论证思维能够彻底地认识现实世界，批评以休谟和康德为代表的近代哲学家否认彻底认识世界的可能性。恩格斯认为，“既然我们自己能够制造出某一自然过程，按照它的条件把它生产出来，并使它为我们的目的服务，从而证明我们对这一过程的理解是正确的，那么康德的不可捉摸的‘自在之物’就完结了”[④]，转化为了“为我之物”了。这里，不仅包含唯物辩证的思维科学理论和技术哲学思想，还包含唯物辩证的认识论。

---

① 乔瑞金：《马克思技术哲学纲要》，人民出版社 2002 年版，第 224 页。

② 王伯鲁：《马克思技术思想纲要》，科学出版社 2009 年版，第 292 页。

③《马克思恩格斯全集》（第 23 卷），人民出版社 1972 年版，第 410 页。

④《马克思恩格斯选集》（第 4 卷），人民出版社 1995 年版，第 225–226 页。

2. 中共中央领导集体领导中国现代技术思维方式演进过程中，推进马克思主义技术思想和思维科学理论的发展、沟通与融合

第一，中共中央领导集体建构和发展的马克思主义中国化科技思想体系是对马克思主义技术思想的继承和发展。

毛泽东技术思想是马克思主义中国化科技思想体系的重要组成部分，毛泽东关于“认识工具”之本质的认识发展了马克思关于生产工具的认识。即马克思把生产工具看成是劳动者活动的器官，认为这一器官“加到他身体的器官上”，“延长了他的自然的肢体”[①]，毛泽东和马克思一样，把工具看成是人的器官的延长，指出镢头是人的手臂的延长、望远镜是人的眼睛的延长，身体器官都可以延长。

中国特色社会主义的科技思想体系是马克思主义中国化科技思想体系的另一个重要组成部分，它的开创者邓小平关于“科学技术是第一生产力”的论断，是对马克思主义“科学技术是生产力”观点的发展。在此基础上，邓小平的继任者江泽民提出了“工程科技是第一生产力的最重要因素”的观点。

而且，在马克思、恩格斯所在的历史阶段，“科学”和“技术”作为两个独立使用的词出现，在毛泽东的话语体系中，几乎也还是如此。但从邓小平开始，“科学”与“技术”经常合二为一，以“科学技术”一词出现。而且，从江泽民开始，还经常使用“工程科技”一词。由此，马克思主义的技术思想也发展为马克思主义中国化科技思想体系。

第二，中共中央领导集体对思维科学理论的继承和发展。

如前所述，马克思、恩格斯使用了“思维方式”一词，但并没有界定它的概念，邓小平和江泽民从不同角度谈了他们对思维方式的理解。例如，邓小平在 1978 年 12 月探讨解放思想、实事求是时指出，“思想一僵

---

① 《马克思恩格斯选集》（第 2 卷），人民出版社 1995 年版，第 179 页。

化，条条、框框就多起来了”[①]。同时，邓小平在1988年5月与外宾探讨国家建设时指出，“对内也要开放搞活，不要固守一成不变的框框。过去满脑袋框框，现在突破了”[②]。这里的“框框”是邓小平对思维方式的通俗理解。江泽民则认为，“所谓思维方式，就是我们平时所说的思想方法”[③]。

不仅如此，江泽民还继承了马克思、恩格斯思维科学的主张，强调重视唯物辩证法和理论思维。例如，在1989年3月江泽民就指出，“干部的思维方式正确与否，是涉及改革事业能否取得成功的大问题”。并提出要具有“马克思主义的思维方式”和“辩证唯物主义的思想方法”，要善于“用马克思主义的立场、观点、方法来分析当前的社会问题”。[④]1993年11月2日，江泽民在学习《邓小平文选》第3卷报告会上的讲话中指出，“理论思维的成熟是党的成熟的一个重要标志”[⑤]。2001年，江泽民强调进一步发挥知识分子的作用时指出，“一个民族要兴旺发达，要屹立于世界民族之林，不能没有创新的理论思维”[⑥]。这是对恩格斯关于“一个民族要想登上科学的高峰，究竟是不能离开理论思维”[⑦]的继承和发展。

第三，中共中央领导集体推进马克思主义技术思想和思维科学理论的沟通与融合。

在《实践论》中，毛泽东把马克思主义唯物辩证的认识论称为“真理”，认为“无论什么人的实践都不能逃出它的范围”[⑧]；根据马克思主义关于社会的实践是真理之标准的论断，毛泽东系统地阐明了“实践—认识—实

---

① 《邓小平文选》（第2卷），人民出版社1994年版，第142页。

② 《邓小平文选》（第3卷），人民出版社1993年版，第260–261页。

③ 《江泽民文选》（第1卷），人民出版社2006年版，第45页。

④ 《江泽民文选》（第1卷），人民出版社2006年版，第45页。

⑤ 《建设一个什么样的党，怎样建设党》，《人民日报》2001年11月29日。

⑥ 《江泽民在北戴河强调，进一步发挥知识分子作用》，《中国新闻网》2001年8月8日。

⑦ 《马克思恩格斯选集》（第4卷），人民出版社1995年版，第285页。

⑧ 《毛泽东选集》（第1卷），人民出版社1991年版，第293页。

践”这样循环往复的认识运动和其中包含的两次飞跃，丰富和发展了马克思主义唯物辩证的认识论，建构了马克思主义中国化的认识论。但不仅于此，毛泽东还运用它来分析变革某一客观自然过程的实践，如技术和工程活动。在他看来，基于客观过程的反映和思维对客观存在的能动作用，人们的认识从感性上升到理性后，会产生大体上相应于该自然过程的法则性的思想、理论、计划或方案，将它们应用于该同一过程的实践，这些预定转变为现实，作为一种具体的认识运动就完结了。[①] 具体来讲，在毛泽东看来，在变革自然的工程中，某一工程计划的实现、某一器物的制成，都算是实现了预想的目的。[②] 如此，毛泽东又建构了马克思主义中国化的技术思想。但其中不仅包含了马克思主义唯物辩证的认识论，还有唯物辩证的思维科学理论和技术思想，或者说，毛泽东运用马克思主义唯物辩证认识论的原理建构的马克思主义中国化技术认识论，沟通与融合了马克思主义唯物辩证的思维科学理论和技术思想。

江泽民指出，“历史上的科学发现和技术突破，无一不是创新的结果。二十世纪相对论、量子论、基因论、信息论，都是创新思维的成果。正是基于物质科学、生命科学和思维科学等的突破性进展，人类创造了超过以往任何一个时代的科学成就和物质财富”[③]。这里江泽民不仅发展了科技思想和思维科学理论，还将二者沟通与融合了起来。

习近平指出，“由于大数据、云计算、移动互联网等新一代信息技术同机器人技术相互融合步伐加快，……有的人工智能机器人已具有相当程度的自主思维和学习能力”[④]。为了顺应这一趋势，迎接全球新一轮科技和

① 《毛泽东选集》（第 1 卷），人民出版社 1991 年版，第 293 页。

② 《毛泽东选集》（第 1 卷），人民出版社 1991 年版，第 293 页。

③ 江泽民：《论科学技术》，中央文献出版社 2001 年版，第 192 页。

④ 习近平：《在中国科学院第十七次院士大会、中国工程院第十二次院士大会上的讲话》，《人民日报》2014 年 6 月 10 日。

产业革命对人类生产方式、生活方式乃至思维方式所产生的深刻影响，中共中央和国务院在2016年5月19日发布的《国家创新驱动发展战略纲要》中，把创新思维与科学精神、创造能力和社会责任感作为人才培养的重点内容贯穿教育全过程，以完善高端创新人才和产业技能人才“二元支撑”的人才培养体。2016年7月27日发布的《国家信息化发展战略纲要》，提出制定国家信息领域核心技术设备发展战略纲要，以体系化思维弥补单点弱势，打造核心技术体系，带动薄弱环节实现根本性突破。2016年7月28日发布的《“十三五”国家科技创新规划》，提出要大力发展以人工智能为代表的新一代信息技术，实现类人思维，支撑智能产业的发展。这里不仅包含科技思想，也包含思维科学理论，可以说，以习近平同志为核心的党中央在新时期推进了科技思想和思维科学理论的沟通与融合。

二、助推中国技术发展态势的转变

在马克思主义看来，思维是人脑的产物，是人的类本质力量的一种体现，技术是人的本质力量的对象化或物化。例如，马克思指出，“工业的历史和工业的已经产生的对象性的存在，是一本打开了的关于人的本质力量的书，是感性地摆在我们面前的人的心理学”[①]。而且，马克思认为，“自然界没有制造出任何机器”，机车、铁路、电报和精纺机等“都是人类劳动的产物”，是“人类的手创造出来的人类头脑的器官，是物化的知识力量”。[②] 基于此，技术思维方式作为技术思维活动的形式，是人的思维能力和知识水平的一种体现，是人的本质力量的一部分，因而现代技术在某种程度上也是现代技术思维方式的物化和对象化，现代技术思维方式的演进

① 《马克思恩格斯全集》（第42卷），人民出版社1980年版，第127页。

② 《马克思恩格斯全集》（第46卷下），人民出版社1979年版，第219页。

在很大程度上推动并反映着现代技术的发展。

2014 年 6 月 9 日，习近平在两院院士大会上发表讲话时对明朝以来的中国科技发展成就作了客观的评价。在他看来，明代以后，封建统治者的闭关锁国政策和夜郎自大的秉性使“中国同世界科技发展潮流渐行渐远”；鸦片战争之后，中国一次次被“经济总量、人口规模、领土幅员远远不如自己的国家打败”的根源之一就是科技落后；新中国成立以来的 60 多年里，特别是改革开放以来的近 40 年里，在中国共产党的领导下，中国取得了一个又一个举世瞩目的科技成就，中国科技的整体水平得到大幅提升，一些重要领域跻身世界先进行列，某些领域正从“跟跑者”向“并行者”和“领跑者”转变。[①]《国家信息发展战略纲要》指出，“我国正处于从跟跑并跑向并跑领跑转变的关键时期”。《“十三五”国家科技创新规划》指出，“我国科技创新步入以跟踪为主转向跟踪和并跑、领跑并存的新阶段，正处于从量的积累向质的飞跃、从点的突破向系统能力提升的重要时期”。这里，不容否认，中国科技事业的发展是诸多因素相互作用的结果，而不是单独某一因素的影响；但同样不可否认的是，中国技术作为中国现代技术思维方式的物化或对象化，中国共产党领导下中国现代技术思维方式的不断演进在很大程度上推动并反映着中国科技发展状况的改变，二者的发展变化是同一过程。

1. 1949—1976 年：落后与追赶

在新中国成立之初、在社会主义三大改造期间，中国的科技和技术思维方式与经济文化一样都是落后的，中国共产党的任务是领导中国科学技术工作者奋力追赶世界先进科学技术水平和现代技术思维方式发展演进的新趋势。例如，1954 年 9 月 15 日，毛泽东明确指出了奋斗的目标是“准备在几

---

① 习近平：《在中国科学院第十七次院士大会、中国工程院第十二次院士大会上的讲话》，《人民日报》2014 年 6 月 10 日。

个五年计划之内，将我们现在这样一个经济上和文化上落后的国家，建设成为一个工业化的具有高度现代文化程度的伟大的国家”[①]，1956 年 1 月 25 日则指出“要在几十年内，努力改变我国在经济上和科学文化上的落后状况，迅速达到世界上的先进水平”[②]。1956 年 1 月 14 日，周恩来指出，“现代科学技术正在一日千里地突飞猛进”，“我们必须赶上这个世界先进科学水平”[③]。

到了 20 世纪 70 年代，对比新中国成立和社会主义改造时期，中国的科技事业有了很大的发展，中国初步建立了比较完整的工业体系，尤其是 20 世纪 60—70 年代以“两弹一星”为代表的科技成就使中国成为有影响的大国。现代技术思维方式的第一形态也在中国形成后发展为第二个形态。

2. 1977—2002 年：落后与跟踪

1978 年，邓小平指出，“必须清醒地看到，我们的科学技术水平同世界先进水平的差距还很大”，“新兴工业的差距就更大了。在这方面不用说落后一二十年，即使落后八年十年，甚至三年五年，都是很大的差距”。[④]同时，邓小平认为，我国古代科技方面的成就可以“坚定我们赶超世界先进水平的信心”[⑤]。这时现代技术思维方式的第三个形态已经在西方形成，在中国却在萌芽中，邓小平坚定信心，提出“创新”概念，把中国现代技术思维方式的发展引到新的方向上来。

到了 20 世纪 80 年代末，用邓小平的话说，我们现在在高科技领域“有些方面落后，但不是一切都落后”[⑥]，例如我们自己不仅搞了原子弹、氢弹、卫星、空间技术，而且我们的正负电子对撞机在全世界也是居于

① 《毛泽东文集》（第 6 卷），人民出版社 1999 年版，第 350 页。

② 《毛泽东文集》（第 7 卷），人民出版社 1999 年版，第 2 页。

③ 胡维佳：《中国科技政策资料选辑》（上），山东教育出版社 2006 年版，第 158–159 页。

④ 《邓小平文选》（第 2 卷），人民出版社 1994 年版，第 90 页。

⑤ 《邓小平文选》（第 2 卷），人民出版社 1994 年版，第 90 页。

⑥ 《邓小平文选》（第 3 卷），人民出版社 1993 年版，第 280 页。

前列。1988 年 10 月，邓小平在说起正负电子对撞机工程时指出，现在世界“在高科技领域的发展一日千里，中国不能安于落后，必须一开始就参与这个领域的发展”，他认为“不仅这个工程，还有其他高科技领域，都不要失掉时机，都要开始接触”[①]，才能赶上世界的发展。正是1988年，中国启动落实了面向 21 世纪的高科技发展计划，开始参与和加入世界高科技发展的行列。这时，现代技术思维方式的第三个形态也在中国兴起了。

1999 年，在江泽民看来，一方面“我国科技水平同西方发展国家相比，还有很大的差距”，但是，“经过几代人的努力，我国已经成为少数独立掌握核技术和空间技术的国家之一，并在某些关键领域走在世界前列”，而且“改革开放二十年来，我国科技进步取得了巨大成就”，尤其是“这些年来，我们已经建成了一批有影响力的重大科学工程”。[②] 这时，现代技术思维方式的第三个形态也正在中国形成。

3. 2003—2012 年：跟踪和并跑

2003 年 11 月 7 日，胡锦涛指出，首次载人航天飞行圆满成功标志着“中国已成为世界上第三个独立掌握载人航天技术的国家”[③]。2012 年 11 月 8 日，胡锦涛在十八大报告中指出，我国在创新型国家建设方面取得显著成效，“载人航天、探月工程、载人深潜、超级计算机、高速铁路等实现重大突破”[④]。此时，现代技术思维方式的第四个形态已经在中国形成，赶上了现代技术思维方式最新形态发展演进的步伐。

4. 2013—2017 年：并跑和领跑

经过几十年的快速发展，中国在“载人航天、载人深潜、大型飞机、

---

①《邓小平文选》（第 3 卷），人民出版社 1993 年版，第 279–280 页。

② 江泽民：《论科学技术》，中央文献出版社 2001 年版，第 133、163、183 页。

③《胡锦涛文选》（第 2 卷），人民出版社 2016 年版，第 109–110 页。

④《胡锦涛文选》（第 3 卷），人民出版社 2016 年版，第 613 页。

北斗卫星导航、超级计算机、高铁装备、百万千瓦级发电装备、万米深海石油钻探设备等”一批重大技术装备方面取得突破。2016年7月28日发布的《“十三五”国家科技创新规划》指出，“‘十二五’以来特别是党的十八大以来，我国科技创新在全球创新版图中的位势进一步提升，已成为具有重要影响力的科技大国”，在“载人航天、探月工程、载人深潜、深地钻探、超级计算、量子反常霍尔效应、量子通信、中微子振荡、诱导多功能干细胞等”方面取得重大创新成果。2016—2017年，我国在量子通信技术、喷气式客机、可燃冰试采、多晶硅生产等方面处于世界领先水平，有领跑全球的势头。

此外，中国近几年来取得的（工程）科技成就，如高铁、港澳大桥、天文望远镜、055大型驱逐舰、095核潜艇、轰20、歼20等吸引了世界的目光。其中，飞天揽月的嫦娥、深海捉鳖的蛟龙、天地互动的量子、给人类带来能源新希望的人造太阳等，被美国智库“东方—西方中心”列为“世界独占鳌头的核心装备”。[①]

三、助力中国跻身第四次科技和产业革命的潮头

2011年11月16日，胡锦涛在庆祝天宫一号与神舟八号交会对接任务圆满成功大会上的讲话中提出，“要加快培育和发展战略性新兴产业，努力在新一轮科技革命和产业革命中走在世界前列”[②]。2014年6月3日，习近平在2014年国际工程科技大会上的主旨演讲中指出，“每一次产业革命都同技术革命密不可分”。例如，18世纪发生的第一次产业革命是由瓦特发明的蒸汽机引发的，19世纪末至20世纪上半叶的第二次产业革命是由

① 《美智库：中国装备强大，西方国家没有能力复制》，《装备分析》2017年7月25日。

② 《隆重庆祝天宫一号与神舟八号交会对接任务圆满成功》，《中国青年报》2011年12月17日。

电机和化工引发的，20 世纪下半叶的第三次产业革命是半导体、计算机和网络等信息技术引发的。前面对现代技术思维方式四个发展阶段的划分，基本上都是以技术革命和产业革命的发生为标志的。可以说，每一次技术革命和产业革命都伴随着人类技术思维方式的变革和转换，技术革命和产业革命的过程与技术思维方式的变革和转换过程在某种程度上具有同一性，而且，每一次引领人类技术思维方式变革的国家或民族，一般也都能引领技术革命和产业革命。

历史表明，在 18—20 世纪的三次技术革命和产业革命浪潮中，中国几乎都错过了，相应地，中国技术思维方式也错过了从经验时代向科学时代、进而向大科学时代的两次转换，使中国被世界所抛甩，成为名副其实的落后者和追赶者。1949 年新中国成立迄今的 60 多年里，中国共产党领导中国技术共同体在追赶世界先进技术水平和四个现代化建设的实践活动中，推动中国现代技术思维方式不断演进。

2014 年 6 月 9 日，习近平在两院院士大会上的讲话中洞悉到了，智能化和信息化的“机器人革命”有望成为新一轮产业革命的切入点和增长点。2017 年 1 月 18 日，习近平在联合国日内瓦总部发表主旨演讲时强调，“要抓住新一轮科技革命和产业变革的历史性机遇”。2017 年 6 月底落幕的夏季达沃斯论坛主题是“在第四次工业革命中实现包容性增长”。由此，不难判断，以智能化和信息化为核心的第四次产业革命正在孕育和兴起，并将会给各国经济增长提供强劲动力。伴随着中国现代技术思维方式的不断革新，以新一代信息技术、高端制造、生物、绿色低碳和数字创意为代表的战略性新兴产业在中国不断扩大，而且，目前中国已在一些关键领域实现群体性突破，部分产业已具备较强国际竞争力。一篇题为《中国战略新兴产业生机勃勃　将引领第四次工业革命》的文章认为，“无论是大力推进战略新兴产业的国家战略，抑或中国本土新兴行业领军者的不断壮大，可以预见中国跻身第四次工业革命潮头不是梦”[①]。

也就是说，虽然中国因为在人类技术思维方式由传统（经验时代）向现代（科学时代）转换失败而在此后的演进中遭遇了曲折，导致中国无缘前三次技术和产业革命，但伴随着中国共产党领导下中国技术思维方式完成从经验时代向科学时代的转换后又在大科学时代保持持续快速演进的良好态势，中国和其他国家一样在孕育着现代技术思维方式新形态，中国显然不会缺席正在来临的第四次技术和产业革命的浪潮。

四、助力中国跻身创新型国家前列

鉴于理论思维对于走上理论领域的自然科学发展的必要性，恩格斯认为，一个民族要登上科学的高峰，不能离开理论思维。如前所述，鉴于理论思维的创新对于民族兴旺发达的重要性，江泽民认为，“一个民族要兴旺发达，要屹立于世界民族之林，不能没有创新的理论思维”[②]。同时，江泽民强调指出，“创新是一个民族进步的灵魂，是国家兴旺发达的不竭动力。如果自主创新能力上不去，一味地靠技术引进，就永远难以摆脱技术落后的局面，一个没有创新能力的民族，难以屹立于世界先进民族之林”[③]。换句话说，一个国家、一个民族必须在技术上具有自主创新的能力和思维方式，才能在科技方面掌握自己的命运。如果中国要跻身创新型国家前列，必须具有相应的思维能力和思维方式。

2006年1月9日，胡锦涛在全国科学技术大会上的讲话中，提出了

①《英媒：中国战略新兴产业生机勃勃　将引领第四次工业革命》，《参考消息网》2017年7月10日。

②《党和国家领导人在北戴河亲切会见部分国防科技和社会科学专家并与他们座谈》，《光明日报》2001年8月8日。

③江泽民：《论科学技术》，中央文献出版社2001年版，第55页。

"到2020年使我国进入创新型国家行列"的目标。[①]2012年7月6日，胡锦涛在全国科技创新大会上的讲话中提出了"建设国家创新体系"的目标，强调到2020年要达到的总目标是"基本建成适应社会主义市场经济体制、符合科技发展规律的国家创新体系，……进入创新型国家行列"。[②]2016年5月19日发布的《国家创新驱动发展战略纲要》除了强调"到2020年进入创新型国家行列"外，还提出"到2030年跻身创新型国家前列"。如前所述，中国不仅在2012年形成了国家创新系统思维方式，而且经过这些年的推进，发展更加成熟，而国家创新系统思维方式的不断向前发展将会极大地推动中国跻身创新型国家前列。

五、助力"两个一百年"奋斗目标和中国梦的实现

基于资本主义生产方式下技术和人的本质的异化，马克思提出要通过对资本主义私有财产的扬弃来实现人对自我本质的真正占有，如此，追求人的自由全面发展、实现共产主义社会是其中的一条出路，这也是马克思主义的最高目标，也是中国共产党的最高纲领。基于中国的历史和现实以及共产主义运动的过程性，中国共产党提出了阶段性的最低纲领——建设中国特色社会主义的阶段性行动纲领，以及"两个一百年"和"中国梦"的战略目标。中共十八大重申了"两个一百年"的奋斗目标，即"在中国共产党成立一百年时全面建成小康社会"，"在新中国成立一百年时建成富强民主文明和谐的社会主义现代化国家"。"中国梦"是2012年11月29日习近平在参观"复兴之路"展览时强调的"实现中华民族伟大复兴"。如何顺利地实现以上目标，可以从马克思的相关论述中找到通达未来目标

① 《胡锦涛文选》（第2卷），人民出版社2016年版，第402页。
② 《胡锦涛文选》（第3卷），人民出版社2016年版，第598页。

的钥匙。

在马克思看来，由于一定的生产方式或一定的工业的阶段始终是与一定的共同获得的方式或一定的社会阶段联系着的，而这种共同活动的方式就是生产力，因而，最高目标要通过生产力的发展进步来实现；加之在马克思技术思想中，工业即一般的技术，是理解人类社会的一把钥匙。因而，一方面，“关于人的以及人类的进步、解放、发展和自由等问题，即人的本质问题”成为马克思和马克思主义技术思想最根本的出发点和最终的目标所在；另一方面，技术的发展进步成为人类文明发展进步的巨大推动力。也正是因为如此，以马克思主义为指导的中国共产党强调通过发展生产力，尤其是发展作为第一生产力的科学技术来推进中国社会主义现代化建设、提高人民的生活水平，甚至是实现国家富强、民族振兴和人民幸福。基于科学技术和技术思维方式的本质关系，科技的发展进步离不开技术思维方式的发展演进。国家富强、民族振兴和人民幸福这三个目标的实现都依赖于中国科学技术的发展进步，归根结底，依赖于中国现代技术思维方式的发展演进。根据第三方机构竞争力智库联合北京甲子征信公司在2017 年 8 月 21 日发布的《中国城市小康经济指数报告 2016》，“全国 655 个城市中，有 286 个城市小康经济指数跑赢全国，占比 43.66%。全国 655 个城市中达到全面建成小康社会经济发展目标的城市达 164 个，比上一年度增加 28 个，占全国城市数量的 25.04%”。

同时，也正是由于 1949 年至今 60 多年的努力，在中国共产党的领导下，中国现代技术思维方式与中国科技的双重进步，2014 年 6 月 8 日，习近平在两院院士大会上发表讲话时指出，“今天，我们比历史上任何时期都更接近中华民族伟大复兴的目标，比历史上任何时期都更有信心、有能力实现这个目标”。在党的十九大报告中，习近平再次强调，“我们比历史上任何时期都更接近中华民族伟大复兴的目标，比历史上任何时期都更有信心、更有能力实现这个目标”。

第三节　对中国共产党领导下中国现代技术思维方式演进的展望与推动

根据中共中央和国务院面向未来5~10年制定的体系化科技发展规划以及中国技术活动主体正在着力推进的新一代信息技术融合创新活动，中国现代技术思维方式的要素将继续发展，甚至在未来5~10年有可能形成更高一级的形态。虽然不能言明具体的思维模式或形态，但根据中共中央和国务院的一些规划和部署以及当前对技术融合创新活动的推进，与新一轮科技和产业革命相适应的虚拟形态的技术思维模式正在孕育和兴起，中国共产党顺应历史潮流，推动中国现代技术思维方式实现进一步的发展演进。

一、对中国现代技术思维方式要素和形态发展的展望

第一，在思维工具方面：根据2017年7月8日发布的《新一代人工智能发展规划》，2017年下半年以后，人工智能的发展进入新阶段，基于“大数据驱动知识学习、跨媒体协同处理、人机协同增强智能、群体集成智能、自主智能系统的发展重点，受脑科学研究成果启发的类脑智能蓄势待发，芯片化硬件化平台化趋势更加明显”。中国将重点发展“大数据驱动的类人智能技术方法”，研制“以人为中心的人机物融合的相关设备、工具和平台”，突破“基于大数据分析的类人智能，实现类人视觉、类人听觉、类人语言和类人思维，支撑智能产业的发展”。这些人工智能技术以数据和硬件为基础，提升人工智能在感知识别、知识计算、认知推理、

运动执行和人机交互方面的能力，为当前在国家创新系统思维方式中起着核心作用的人工智能及其保障机制提供更坚实的技术支撑。例如，其中的跨媒体分析推理技术，有助于“实现跨媒体知识的表征、分析、挖掘、推理、演化和利用，构建分析推理引擎”；群体智能关键技术，有助于“实现基于群智感知的知识获取和开放动态环境下的群智融合与增强，支撑覆盖全国的千万级规模群体感知、协同与演化”。[①]

第二，在思维活动的主体方面：由于中国今后将“进一步明确各类创新主体的功能定位，突出创新人才的核心驱动作用，增强企业的创新主体地位和主导作用，发挥国家科研机构的骨干和引领作用，发挥高等学校的基础和生力军作用，鼓励和引导新型研发机构等发展，充分发挥科技类社会组织的作用，激发各类创新主体活力，系统提升创新主体能力”[②]，因而主体将更加多元、系统的功能更加完善、群众性特征更加鲜明。

第三，中国将研发虚拟现实智能建模技术，重点研究虚拟对象智能行为的数学表达与建模方法，虚拟对象与虚拟环境和用户之间进行自然、持续、深入交互等问题，实现虚拟现实、增强现实和混合现实技术与人工智能的有机结合和高效互动。这也就是通常所说的虚拟现实技术，包括虚拟制造技术和虚拟企业。其中，虚拟制造技术是基于虚拟现实和仿真技术，在计算机上模拟和仿真产品的整个生命周期，即从产品的设计、生产加工到装配、检验和使用的整个流程都在虚拟制造环境中进行。如此，在产品真正制造出来之前，试验的样品是在虚拟制造环境中生成的软产品原型、不是传统的硬样品，进而在虚拟的环境中对其性能和可制造性进行预测和评价。这种新型制造模式从根本上改变了设计、试制、修改设计、规模生产的传统制造模式，可以缩短产品的设计与制造周期，降低产品的开

① 《国务院关于印发新一代人工智能发展规划的通知》，《重庆日报》2017 年 7 月 21 日。

② 联办财经研究院课题组：《我国科技规划及相关政策对企业定位的演变历程》，《中国对外贸易》2020 年第 2 期，第 30–31 页。

发成本，提高系统快速响应市场变化的能力，近年来受到欧美国家政府和各大企业的重视。例如，德国实施的工业 4.0 就是通过构建“虚拟—物理系统 CPS”① 来建设全球一流的制造强国；波音 777 的整机设计、部件测试、整机装配以及各种环境下的试飞均是在计算机上完成的，Chrycler 公司与 IBM 合作开发在虚拟制造环境用于其新型车的研制。从世界范围内来看，以虚拟现实技术为基础的虚拟制造技术实践活动不仅深刻地改变人们的实践方式，也相应地改变着现代技术思维方式，即虚拟技术思维方式作为现代技术思维方式的新形态正在孕育和兴起。

同时，为了快速响应某一产品的市场需求，与该产品相关的不同企业通过信息高速公路，整合各自的优势资源，临时组建一个超越空间约束和地域限制、依靠计算机网络联系、统一指挥的虚拟经济实体或动态的企业联盟，也即虚拟企业。虚拟企业作为一种新型的企业组织形式和运作模式，具有“加快新产品开发速度、提高产品质量、降低生产成本、快速响应用户需求、缩短产品生产周期等”的优点，在变幻莫测的市场环境中表现出较强的适应能力，在瞬息多变的市场需求中展示出它对需求的快速反应能力，在与旧的企业组织形式和运作模式的市场竞争中脱颖而出。苹果计算机公司董事会主席约翰·斯卡利指出，“在今后的 10 年或 20 年内，我们将看到行业和公司分崩离析，并最终组成真正的虚拟企业。成千上万的虚拟企业将由此而产生”。这将深刻地影响主体的构成和思维活动方式。

可见，基于中共中央和国务院对虚拟现实智能建模技术研发工作的部署、中国技术活动主体在今后研发过程中对关键技术的重点突破，以及虚拟制造技术的应用推广和虚拟企业的发展，虚拟形态的现代技术思维方式与新一轮科技和产业革命相适应，正在中国孕育和兴起，中国现代技术思维方式呈现多元化趋势发展演进。

---

① 孟庆国、宋刚、张楠：《创新 2.0 研究十大热点》，《办公自动化》2015 年第 5 期，第 6–9 页。

二、对中国现代技术思维方式要素和形态发展演进的进一步推动

克劳斯·施瓦布在评述前三次工业革命时指出，“第一次工业革命的经验同样适用于今天的革命”[①]，他也强调，“我们使用的‘工业’一词过于狭隘，不足以统括这次革命的范畴”，更适合的说法或许是19世纪的思想家们所说的“产业”。[②]事实上，由科技革命引发的前三次工业或产业变革留给今天的不仅有经验，还有启示。18世纪下半叶以来的历史表明，一方面，每一次科技和产业革命都会不同程度地孕育和兴起新的思维要素或形态，推动着现代技术思维方式的发展演进，后者反过来又推动着前者，它们互进互促，推动着人类社会的科技进步；另一方面，如表7–2所示，每一次科技革命和产业变革与现代技术思维方式的新要素和形态能否在不同文明地区得到充分孕育并现实地兴起，受诸多主客观因素的制约，这些主客观因素通常构成现代技术思维方式演进动力的系统要素，影响着技术思维方式的发展演进，技术活动主体能否整合这些要素以及他们整合的能力，影响着现代技术思维方式新要素和新形态的发展演进态势。其中，紧紧抓住引发每一次科技和产业革命的关键核心技术，考察其技术创新的过程（发明和制造、商业化和广泛应用过程），分析其特点，是认识和把握现代技术思维方式新要素和新形态及其发展演进动力系统和要素、进而有效推动其发展演进的突破口。这对于推进与新一轮科技和产业革命相适应的现代虚拟技术思维方式的发展演进同样适用。

---

①［德］克劳斯·施瓦布著，李菁译：《第四次工业革命：转型的力量》，中信出版社2016年版，第5页。

②［德］克劳斯·施瓦布、［澳］尼古拉斯·戴维斯著，世界经济论坛北京代表处译：《第四次工业革命——行动路线图：打造创新型社会》，中信出版社2018年版，第5页。

表7-2 不同历史时期技术思维方式的形态及其发展演进的影响性因素

<table>
<tr><th colspan="2">阶段</th><th colspan="2">思维形态/时间段
（世界范围内）</th><th>影响性因素</th></tr>
<tr><td>经验时代</td><td>手工业</td><td colspan="2">实践思维
（1760年以前）</td><td>①技术经验和知识的积累
②工匠对技术经验和知识的有效传承</td></tr>
<tr><td>经验时代向科学时代过渡</td><td>第一次科技革命和产业变革</td><td colspan="2">实践思维与理论思维开始自觉结合
（1760—1850年）</td><td>①自然假说数学化（几何+代数）加实验验证的科学研究方法的发明与应用
②自然科学理论的建构
③在资本的作用下，科学在技术发明中的应用
④工业资本家地位的不断上升及其与发明家的合作</td></tr>
<tr><td>科学时代</td><td>第二次科技革命和产业变革</td><td colspan="2">现代工程思维
（1870—1942年）</td><td>①科学与技术教育的普及（培养专业人才）
②“现代工程”方法的发明
③工业研究实验室的建立及其对新方法的应用
④政府对科技发展的规划、资金资助、政策支持</td></tr>
<tr><td rowspan="7">大科学时代</td><td rowspan="3">第三次科技革命和产业变革</td><td colspan="2">现代系统工程思维
（1942—1950年）</td><td>①现代自然与工程科学的理论建构及其在“现代工程”方法中的应用
②政府部门、工业界和大学的融合（政府、企业、技术专家、工程师和科学家的跨界沟通与合作）
③现代电子计算机的发明与应用
④科技共同体对技术系统内外因素的整合</td></tr>
<tr><td colspan="2">技术创新思维
（1950—1990年）</td><td>①研发成果的商品化和市场化
②对人类自身与自然和社会和谐关系的考量
③市场、学界和政府等机制的形成和作用的发挥
④商、学、政三界在相应机制的作用下跨界合作</td></tr>
<tr><td rowspan="3">国家创新系统思维</td><td>各要素的孕育
（1999—2000年）</td><td rowspan="3">①技术、制度、组织、文化、政策和综合研究等的协同创新
②政府、市场、学界、知识流及其合作机制的形成和作用的发挥
③学、研、商、政和中介机构在相应机制的作用下跨界协同合作
④注重人文和伦理</td></tr>
<tr><td rowspan="4">新一轮科技革命和产业变革</td><td>形态的形成
（2000—2010年）</td></tr>
<tr><td>形态的发展
（2010—2020年）</td></tr>
<tr><td rowspan="2">虚拟思维</td><td>各要素的孕育
（2010—2020年）</td><td rowspan="2">①人工智能的研发、推广应用和产业发展
②政产学研用（公众）的跨界合作
……</td></tr>
<tr><td>形态的形成发展
（2020年至今）</td></tr>
</table>

注：不同历史阶段的思维形态及其影响性因素是相互重叠、相互渗透的。

习近平在2014年国际工程科技大会的演讲中指出，蒸汽机引发了第一次产业革命，电机和化工引发了第二次产业革命，信息技术引发了第三次产业革命，信息技术、生物技术、新能源技术、新材料技术等交叉融合正在引发新一轮科技和产业革命。[①]值得注意的是，第三次产业革命被称为计算机革命和数字革命，引发这次革命的信息技术包括半导体技术、大型计算机、个人大脑和互联网，而正在孕育和兴起的新一轮产业革命是以大数据、云计算、移动互联网等为标志的新一代信息技术，而且是横跨物理（如无人驾驶、3D打印和高级机器人等）、数字（物联网）和生物（基因工程）多个领域的互动，并以智能互联的机器和系统为支撑，推进虚拟与现实技术的融合[②]，带动几乎所有领域发生以数字、绿色、智能、泛在、跨界、融合等为特征的群体性技术革命。而且，人工智能和机器学习已开始崭露锋芒，人工智能与机器人技术的融合也将引发制造业的变革，这一变革被视为“第二次机器革命”，这一革命通过推动“智能工厂”的发展来实现自动化和生产“前所未有的事物”，与前三次革命有着本质的不同。[③]

为充分孕育现代虚拟技术思维方式的各要素，推进虚拟与现实思维模式的融合发展，推动中国现代技术思维方式在国家创新系统思维的基础上持续演进，根据历史经验，不仅要在基础研究和应用研究、成果转化和产业发展、各级各类人才培养、体制和机制改革、规划和政策制定等方面下功夫，也需要增强人文关怀和伦理认知，同时还要与时俱进，结合新一轮科技和产业革命的特点，重点推动关键领域核心技术的研发、树立新型思

① 《习近平出席2014年国际工程科技大会并发表主旨演讲》，《人民日报》2014年6月4日。

② [德]克劳斯·施瓦布著，李菁译:《第四次工业革命：转型的力量》，中信出版社2016年版，第4–5页。

③ [德]克劳斯·施瓦布著，李菁译:《第四次工业革命：转型的力量》，中信出版社2016年版，第4–5页。

维模式和发展理念、增强和发挥系统领导力和执行力。

1. 推动关键领域核心技术的研发：推进思维工具的革新

新一轮科技和产业革命最明显的一个特点就是以计算机软硬件和互联网为核心的数字技术拓展为一体化、系统化的新一代信息技术，在这一新技术和脑科学理论的驱动下，人工智能加速发展，成为“引领这一轮科技革命和产业变革的战略性技术，具有溢出带动性很强的‘头雁’效应”①，加快发展新一代人工智能不仅是我们赢得全球科技竞争主动权的重要战略抓手，也是我们掌握战略性思维工具、推进中国现代技术思维方式持续演进的关键环节。因此，要加强计算机操作系统等信息化核心技术的研发和新一代信息化，如5G基础设施的建设，夯实新一代人工智能和现代虚拟技术思维方式发展的基础。

2. 树立新型思维模式和发展理念：拓展思维活动的时空场场域和价值取向

正如第三次产业革命需要并基于第二次产业革命的电力网络，现代系统工程思维需要基于现代工程思维，既不能把互联网仅仅看作是电力网络的应用，也不能把现代系统工程仅仅看作是“现代工程”这一发明方法的应用，互联网代表着价值创造的全新生态系统，孕育着新的思维形态，如果思维和理念停留在第二次产业革命，就不可能想象有这样的全新系统和形态。基于第三次产业革命的核心技术发展起来的新一轮科技和产业革命，呈现出新的特征，其中的人工智能呈现出“深度学习、跨界融合、人机协同、群智开放、自主操控等新特征”②，被认为是科技创新的下一个“超级风口”，对经济发展、社会进步、国际政治经济格局等带来颠覆性的影响，“推动人类社会迎来人机协同、跨界融合、共创分享的智能时代”③。

---

①李彦宏：《推动新一代人工智能健康发展》，《人民日报》2019年7月22日。

②李彦宏：《推动新一代人工智能健康发展》，《人民日报》2019年7月22日。

③李彦宏：《推动新一代人工智能健康发展》，《人民日报》2019年7月22日。

因此，适应新一轮科技和产业革命的时代潮流，孕育现代虚拟技术思维方式要素的发展，推动这一新思维形态在中国的兴起，不仅需要新型思维模式，如习近平强调的辩证思维、战略思维、系统思维和创新思维，突破思维活动的时空界限，还需要新发展理念，如中国当前及今后一段时期贯彻的“创新、协调、绿色、开放、共享”新发展理念，拓展思维活动的价值取向。

3. 增强和发挥系统领导力和执行力：强化活动主体的联动协作和责任担当

由于引发新一轮产业革命的物理类、数字类和生物类新技术相互关联、相互依存、交汇融合、相伴而生，“不同学科和发现成果之间的协同与整合变得更为普遍”[①]；加之，这一轮变革也是全球性的，它将对所有国家、经济体、行业和公众产生影响，需要跨越不同国家和地区、不同个体和群体以及社会各界和各阶层的界限，实现互联互通和互动协作。而且，这一轮变革在带来巨大机遇的同时，也必然会带来一些挑战，例如人工智能与合成生物学的融合创新不断拓展人类寿命、健康、认知和能力的界限，但也面临前所未有的重大伦理和精神问题。通过传统自上而下的管制或政府的善政并不能应对挑战、实现目标，而是需要一种新型领导力——系统领导力[②]，使政党和政府能够通过系统的改革，为所有民众和组织赋能，让所有利益相关者积极开展行动，并强化相互间的联动协作和责任担当。中国共产党正在推进的“五位一体”总体布局、“四个全面”战略布局以及十九届四中全会审议通过的《中共中央关于坚持和完善中国特色社会主义制度、推进国家治理体系和治理能力现代化若干重大问题的决定》，

① [德]克劳斯·施瓦布著，李菁译：《第四次工业革命：转型的力量》，中信出版社 2016 年版，第 8 页。

② [德]克劳斯·施瓦布、[澳]尼古拉斯·戴维斯著，世界经济论坛北京代表处译：《第四次工业革命——行动路线图：打造创新型社会》，中信出版社 2018 年版，第 V 页。

正是为塑造这一新型领导力和实现新目标。

概而言之，基于中国共产党日益强大的领导力以及党对新一轮科技和产业革命趋势的认识和把握、新发展理念的贯彻落实，中国现代技术思维方式新要素和新形态的孕育和发展态势良好，持续演进的前景可期。

本章小结

回顾 1949—2020 年，中国共产党领导下中国现代技术思维方式的演进历程，其间，有历史性突破，也有不足，还有实现历史性转折后的重大跨越。而且，中国共产党领导下中国现代技术思维方式的演进对马克思主义技术思想和思维科学理论的发展、沟通与融合，中国技术发展态势的改变，迎接正在兴起的新一轮科技和产业革命、创新型国家的建设以及“两个一百年”奋斗目标和中国梦的实现都具有重大的意义。

同时，中国现代技术思维方式在未来 5~10 年的发展演进趋势是可以预见的，主要有三方面表现：一是基于类人视觉、类人听觉、类人语言和类人思维等人工智能技术的新发展，作为思维活动新工具的人工智能在感知识别、知识计算、认知推理、运动执行和人机交互方面的能力将得到大大的提升，为当前在国家创新系统思维方式中起着核心作用的人工智能及其保障机制提供更坚实的技术支撑；二是主体将更加多元，系统的整体和部分功能都将更加完善，群众性特征更加鲜明；三是基于虚拟现实技术的虚拟制造和虚拟企业使现代技术思维方式活动主体的组织形态和思维活动的形态从现实演变为虚拟，从而引发现代技术思维方式的变革。正在德国和美国孕育和兴起的现代虚拟性技术思维方式也在中国孕育和兴起，与时俱进的中国共产党顺应时代潮流，推动它进一步发展，持续演进的前景可期。

结 语

思维既是人脑特有的机能，也是人脑的产物，在自然界和人类实践活动的基础上产生和发展起来，受制于自然和社会存在以及物质生产实践活动，其中，引起自然界发生变化的人的物质实践活动是思维最本质的基础。技术是人类以自身的思维和实践能力为基础，在有目的的实践活动中根据实践经验或科学原理发明和使用的各种工具、手段、方式和方法的总和。技术与科学和工程的关系随着人类思维和实践能力的增强日趋融合和一体化。在本质上，技术是人类思维能力和实践能力的物化或对象化，它的现实生成与存在本质是作为思维和实践活动主体的人类在对象性的实践活动中对自身类本质力量的确证。而且，从起源看，技术与人类思维器官（人脑）的进化具有历史的同一性，完全进化了的人脑所具有的能力是技术行为的起源。技术与人脑机能或思维能力如此密切，以至于一方面，技术的发展进步在很大程度上依赖甚至取决于人类思维能力的提高和增强，而人类的思维能力在技术实践活动的纵深推进过程中得到提高和增强，技术思维方式的发展演进很好地诠释了这一点。

思维方式是一个综合性和多义性的范畴。从词的构成上看，它可以理解为定型化了的思维活动的方式、结构和过程；从马克思主义的观点立场来看，它是建立在一定社会生产力和生产关系基础上的精神生产方式，与物质生产的实践方式相适应，是有目的的思维活动主体运用思维工具、方法和手段把握思维对象的思维活动样式或模式。邓小平形象地称之为“脑筋里的框子”，江泽民把它理解为“思想方法”。技术思维方式是作为在技术实践活动中形成、发展和应用的一种思维活动样式或模式，是职业活动中的一种具体思维方式类型。不论是思维、思维方式，还是技术，都是历史的产物，其在不同的时代有不同的形式或形态，技术思维方式也一样。同时，马克思、恩格斯对近代机械技术和大工业初期技术思维方式的相关论述以及他们对未来技术思维方式的相关预言，揭示了技术思维方式要素和形态的发展演进和人类社会形态的更替一样，是不以人的意志为转移的。不仅如此，马克思、恩格斯对技术思维方式演进动力的相关论述，又揭示了技术思维方式的演进在 18 世纪末以前和以后有不同的动力系统和要素。

从人类技术思维方式演进的宏观历史进程来看，以现代自动机器体系为基础的物质生产实践方式（即机器大生产）推动技术思维方式从传统的经验时代向现代的科学时代过渡和转换，现代工程思维方式作为现代技术思维方式的首个形态在 19 世纪下半叶形成后在 20 世纪 40 年代中期演变为现代综合系统工程思维方式，现代技术思维方式随之进入大科学时代。20 世纪前期萌芽、到 50—60 年代兴起的技术创新思维方式，在 70 年代形成后又在 80 年代末 90 年代初向国家创新系统思维方式发展演进，伦理意蕴和人文底蕴日趋浓厚。也就是说，在相应动力系统的作用下，人类技术思维方式在 19 世纪下半叶从传统转向现代后不仅以四种不同的形态持续不断地向前演进，而且还呈现出工程与人文实现融合和一体化的演进趋向。一个国家和民族若能顺应时势、有所作为，该国现代技术思维方式的演进则持续不断；若逆势，无所作为，演进则停滞不前。

无论是马克思主义对技术思维方式演进阶级因素的相关历史考察和理论分析，还是从 19 世纪下半叶到 20 世纪 40 年代末现代技术思维方式在中西不同演进态势的阶级根源，以及发达国家政府的不同作为对该国现代技术思维方式领先地位的影响，都凸显了一个国家的政党或政府行为与现代技术思维方式演进态势之间存在的内在逻辑关系。

就中国而言，正是旧中国明清封建政府和民国政府的不作为以及中国民族资产阶级的困境，使得现代技术思维方式的各要素和形态在中国的兴起和发展受阻，同时也正是中国共产党的坚强领导和新中国中央人民政府的强有力推动，使得中国现代技术思维方式的形态在1949—2020年经历了四次历史演变，整体上呈现出持续不断的演进态势。可以说，在中国共产党的领导下，中国现代技术思维方式在1949—1976年不到30年的时间里完成了清末至民国百余年尚未完成的演进任务，实现了历史性的突破。尽管其间遭遇了曲折和短暂的停滞，但在1977—1988年实现历史性转折后，又在1989—2020年实现了从单一向复杂多元的演进，实现了重大的跨越。而且，一种与新一轮科技和产业革命相适应的现代虚拟技术思维方式正在中国共产党领导技术活动主体推进的人工智能技术融合创新活动中孕育和兴起，基于中国共产党强有力的领导及其树立的新思维模式和贯彻的新发展理念，在新时代的新征程上，中国现代技术思维方式持续演进的前景可期。

值得一提的还有，中国共产党领导中国技术共同体推进中国现代技术思维方式发展演进的过程中，也推动了马克思主义技术思想和思维科学理论的发展、沟通与融合，中国共产党领导下中国现代技术思维方式持续不断的演进态势与中国技术发展态势由落后、追赶向跟跑、齐跑甚至领跑的转变过程也具有某种程度的同一性。同时，中国现代技术思维方式的新演进不仅助力中国跻身创新型强国前列和第四次科技和产业革命的潮头，还助力中国“两个一百年”和中国梦的实现。

主要参考文献

一、中文著作类

1.《马克思恩格斯全集》(第2卷)，人民出版社1957年版。

2.《马克思恩格斯全集》(第23卷)，人民出版社1972年版。

3.《马克思恩格斯全集》(第25卷)，人民出版社1974年版。

4.《马克思恩格斯全集》(第46卷)，人民出版社1980年版。

5.《马克思恩格斯选集》(第1–4卷)，人民出版社1995年版。

6.《列宁全集》(第18卷)，人民出版社1988年版。

7.《列宁全集》(第36卷)，人民出版社1985年版。

8.《列宁选集》(第3–4卷)，人民出版社1996年版。

9.《毛泽东选集》(第1–4卷)，人民出版社1991年版。

10.《毛泽东文集》(第6–8卷)，人民出版社1999年版。

11.《邓小平文选》(第3卷)，人民出版社1993年版。

12.《邓小平文选》(第2卷)，人民出版社1994年版。

13.《江泽民文选》(第1–3卷)，人民出版社2006年版。

14.《胡锦涛文选》(第1–3卷)，人民出版社2016年版。

15. 北京大学哲学系外国哲学史教研室编译:《古希腊罗马哲学》，商务印书馆1961年版。

16. 严复:《〈原强〉评注》，吉林人民出版社1976年版。

17. 清华大学校史编写组:《清华大学校史稿》，中华书局1981年版。

18. 潘吉星:《李约瑟文集》，辽宁科学技术出版社1986年版。

19. 陈修斋:《欧洲哲学史上的经验主义和理性主义》，人民出版社1986年版。

20. 钱学森:《关于思维科学》，上海人民出版社1986年版。

21. 赵红州:《大科学观》，人民出版社1988年版。

22. 田运:《思维方式》，福建教育出版社1990年版。

23. 中央中央文献研究室:《建国以来重要文献选编》(第17册)，中央文献出版社1997年版。

24. 张静庐:《中国近现代出版史料》(第2编)，上海书店出版社2004年版。

25. 张柏春等:《苏联技术向中国的转移(1949—1966)》，山东教育出版社2004年版。

26. 刘戟锋等:《两弹一星工程与大科学》，山东教育出版社2004年版。

27. 张华夏，张志林:《技术解释研究》，科学出版社2005年版。

28. 刘益东，李根群:《中国计算机产业发展之研究》，山东教育出版社2005年版。

29. 张树生等:《虚拟制造技术》，西北工业大学出版社2006年版。

30. 王荣江:《近代科学的发生及其相关问题研究》，中国社会科学出版社2008年版。

31. 高晨阳:《中国传统思维方式研究》，科学出版社2012年版。

32. 杜宝江:《虚拟制造》，上海科学技术出版社2012年版。

33. 王雄:《中国速度—中国高速铁路发展纪实》，外文出版社2016年版。

34. [古希腊]柏拉图著，郭斌和、张竹明译:《理想国》，商务印书馆2014年版。

35. [古希腊]亚里士多德著，徐开来译:《物理学》，中国人民大学出版社2003年版。

36. [西德]R. F. 施密特等著，赵铁千等译:《神经生理学基础》，科学出版社 1983 年版。

37. [英] 李约瑟著:《中国科学技术史》(第 2、3 卷),科学出版社 1978 年版。

38. [德] 福尔迈著,舒远招译:《进化认识论》,武汉大学出版社 1994 年版。

39. [法] 笛卡尔著,王太庆译:《谈谈方法》,商务印书馆 2000 年版。

40. [法] 保尔·芒图著,杨人楩等译:《十八世纪产业革命——英国近代大工业初期的概况》,商务印书馆 1983 年版。

41. [法] 贝尔纳·斯蒂格勒著,裴程译:《技术与时间:爱比米修斯的过失》,译林出版社 2000 年版。

42. [美] 乔治·萨顿著,陈恒六等译:《科学史和新人文主义》,华夏出版社 1989 年版。

43. [美] 阿尔温·托夫勒著,黄明坚译:《第三次浪潮》,生活·读书·新知三联书店 1984 年版。

44. [法] 布鲁诺·雅科米著,蔓君译:《技术史》,北京大学出版社 2000 年版。

45. [美] 戴维·林德伯格著,王珺等译 :《西方科学的起源》,中国对外翻译出版公司 2001 年版。

46. [美] 罗伯特·金·默顿著,范岱年等译:《十七世纪英格兰的科学、技术与社会》,商务印书馆 2002 年版。

47. [美] 乔治·巴萨拉著,周光发译:《技术发展简史》,复旦大学出版社 2000 年版。

48. [美] 约·冯·诺意曼著,甘子玉译:《计算机与人脑》,商务印书馆 1965 年版。

49. [美] 卡尔·米切姆著,陈凡等译:《通过技术思考——工程与哲学之间的道路》,辽宁人民出版社 2008 年版。

50. [美] 路易斯·芒福德著,陈允明等译:《技术与文明》,中国建筑工业出版社 2009 年版。

51. ［美］爱因斯坦著，许良英等编译：《爱因斯坦文集》（第1、3卷），商务印书馆2010年版。

52. ［瑞士］皮亚杰著，王宪钿等译：《发生认识论原理》，商务印书馆1981年版。

53. ［英］培根著，许保骙译：《新工具》，商务印书馆1984年版。

54. ［英］A.N. 怀特海著，何钦译：《科学与近代世界》，商务印书馆1987年版。

二、论文类

1. 田运：《谈谈技术思维方式》，《科学、技术与辩证法》1988年第2期。

2. 蒙培元：《论中国传统思维方式的基本特征》，《哲学研究》1988年第7期。

3. M.D. 普契柯夫、A.E. 卡斯捷诺夫：《"大"、"小"科学相互关系的定量评价》，《科学管理研究》1989年第4期。

4. 杉本絜：《大科学的功与过》，《国外科技动态》1992年第5期。

5. 周楠：《杂谈新技术思维》，《科技管理研究》1993年第4期。

6. 李文库，赵崇德：《工程思维能力刍议》，《上海高教研究》1995年第3期。

7. 王前：《李约瑟对中国传统科学思维方式研究的贡献》，《自然辩证法通讯》1996年第2期。

8. 李国宁等：《略论大科学时代科学家的合作》，《科学技术与辩证法》1998年第3期。

9. 倪志安：《论马克思主义哲学与实践思维方式》，《西南师范大学学报（人文社会科学版）》2002年第2期。

10. 尹星凡、王斌：《论思维方式的四种基本历史形态》，《南昌大学学报》（人文社会科学版）2003年第1期。

11. 谈利兵、陈文化:《技术哲学研究的思维方式要与时俱进》,《科学技术与辩证法》2004 年第 5 期。

12. 贾广社，曹丽:《工程师的工程思维培养》,《自然辩证法研究》2008 年第 6 期。

13. 贺祥林:《以实践思维方式开拓马克思主义理论研究》,《理论学刊》2010 年第 1 期。

14. 林振义:《科学哲学视野中的科学思维方式》,《科学》2013 年第 4 期。

15. 李伯聪:《工程和工程思维》,《科学》2014 年第 6 期。

16. 宋伟:《后现代转向与哲学思维方式变革》，吉林大学，2006 年。

17. 吴振韩:《中国传统设计思维方式与家具风格演变研究》，南京林业大学，2011 年。

三、报刊类

1.《工程科技进步和创新是推动人类社会发展的重要引擎》,《光明日报》2014 年 6 月 4 日。

2. 习近平:《在中国科学院第十七次院士大会、中国工程院第十二次院士大会上的讲话》,《人民日报》2014 年 6 月 10 日。

3. 十八届三中全会专题报道《政府职能转变: 从“全能政府”到“有限政府”》,《中国经济周刊》2013 年 11 月 19 日。

4. 李彦宏:《推动新一代人工智能健康发展》,《人民日报》2019 年 7 月 22 日。

四、外文文献类

1. Thomas F. Carter. *The Invention of Printing in China and Its Spread Westward*, New York: The Ronald Press Company, 1955.

2. Friedrich Dessauer. *Streit um die Technik*. Frankfurt : Verlag Josef Knecht, 1956.

3. William H. McNeill. *The Rise of the West*, Chicago: Chicago University Press, 1963.

4. Joseph Needham and Wang ling, *Science and Civilization in China, IV(2)*, Cambridge: Cambridge University Press, 1965.

5. Hans Breuer, *Columbus was Chinese*. New York: Herder and Herder, 1972.

6. Tsien Tsuen–Hsuin. *Science and Civilization in China, V(1)*, Cambridge: Cambridge University Press, 1985.

7. Dieter Kuhn, *Science and Civilization in China, V(9)*, Cambridge: Cambridge University Press, 1988.

8. Arnold Pacey, *Technology in World Civilization*. Cambridge: Mass. MIT Press, 1991.

9. Carlo Cipolla. *Before the Industrial Revolution*, London: Rutledge, 1993.

10. Arthur, K. *The Will to Technology and the Culture of Nihilism: Heidegger, Nietzsche, and Marx*. Toronto: The University of Toronto Press, 2004.

后 记

本书是我的博士论文，在本书即将出版之际，内心百感交集，满满的感恩和感激。

感谢我的博士生导师吴国林教授。首先，感谢导师的知遇之恩，在我对职业发展深感彷徨和迷茫之际，您给了我宝贵的深造机会；同时，感谢导师对我英语水平的肯定和信任，您不仅带领我参加在国内召开的国际学术会议，给我与国际知名学者密切学术沟通交流的机会，还为我走出国门、到世界名校访学、接受“学术大牛”面对面的指导创造了机会，让我实现了深藏于内心、可望而不可即的愿望，我对您充满了感激之情。其次，感谢导师引领我进入了技术哲学这一新的研究领地，指引我开辟马克思主义中国化研究的新视角，您不仅不嫌弃我技术哲学理论的基础差、学术功底薄弱，而且几乎毫无保留、不厌其烦、“手把手”地向我传授您多年来累积的学术之道，您用您深厚的学术功力张弛有度地挖掘和激发我的学术潜能，没有您悉心和耐心的指导点拨和强有力的学术训练，就没有我学术素养和能力的提升。再次，感谢导师营造了学术汇报与交流讨论的良好氛围，让我能够时常浸润在古今中外哲学家的思想中，汲取养分滋养自己。最后，导师豁达洒脱和不拘小节的处世态度以及对学术的一丝不苟和孜孜不倦的执着追求，都在潜移默化地影响着我。还要感谢王丽华师母在生活上对我的照顾。

感谢美国矿业大学的米切姆教授和荷兰代尔夫特大学的克罗斯教授。你们对我博士论文的框架结构提供了非常宝贵的意见，感谢米切姆从美国寄过来的珍贵文献资料，也感谢克罗斯向我发出的访学邀请以及对我在代尔夫特大学期间的接待和学术指导。

感谢华南理工大学马克思主义学院博士生导师团队的老师们。莫岳云教授睿智敏捷的思维逻辑和扎实严谨的学术风范、李怡教授崇高的人文情怀和深厚的学术功底、霍福广教授严谨的学术态度和为人处世之道、刘社欣教授鲜活而独特的学术视角、肖峰教授温和谦逊的人格魅力和深邃的哲学思辨、解丽霞教授深厚的学术韵味和独到的学术洞见、亢升教授敏锐的学术洞察力、周云教授专业的学术修养，都让我受益匪浅，你们的人格魅力和学术品质为我树立了典范，是我学术道路上的风向标。

感谢我战友般的博士研究生同学和兄弟姐妹般的同门师兄弟妹们。亲爱的同学和同门，因为休学而错过与你们一同上课和一同开题的时光，我深感遗憾；但对于复试和开学初短暂相处的场景，我记忆犹新。亲爱的同学和同门，复学后与你们一起学习和讨论的思想交锋场面，常常在我脑海中浮现，我的思路在与你们的思想碰撞和交锋中得到迸发而茅塞顿开。借此机会，我要把你们的名字一一铭记于心：从容淡定的舍友董星辰，勤奋好学刻苦上进的同门林润燕，学术功底扎实的一号学霸王诚德，专注投入且学者范十足的二号学霸李岁科，爱深思爱发问的石金叶老师，幽默贴心的刘倩，开朗豪爽的周董周珊，坚毅实干的励志哥程锐，不惑之年依旧追求梦想的大哥谢文新；还有李君亮师兄，叶路扬、程文、杨又、陈福、胡绵、苏涛、何芬芳、王东辉等师弟师妹在深造期间的陪伴。

感谢肇庆学院马克思主义学院领导和同事的支持和鼓励。感谢广东省委宣传部、评审专家和广东人民出版社。感谢省委宣传部组织《马克思主义研究文库》的申报工作，使我的博士论文能够有机会参与申报。感谢评审专家对我的博士论文的认可，你们的认可让我如“千里马遇到伯乐”般荣幸和欣喜。感谢广东人民出版社的伍茗欣编辑对我论文出版工作付出的辛勤劳动。

感谢公公婆婆对我全日制读博的理解和支持；感恩丈夫的宽容豁达。最后要特别感谢父母的养育和栽培、理解和爱护，你们成就了我的学业、事业和家庭。谨以此书献给我的父母，愿你们身体健康、平安喜乐、安享晚年！

曾丹凤

2020 年 11 月